モバイル型パソコンの総合技術
Material & Electronics Packaging Technology for Mobile Computers

監修／大塚 寛治

シーエムシー出版

はじめに

　20年後にもっとも売れている携帯機器は，携帯電話型のパーソナル・ディジタル・アシスタント（PDA）である。なぜならば，老若男女を問わず全世界の人々の頭脳的アシスタントとしての能力，すなわち，自然な言語で会話ができる能力を持っているからである。当然この中には現在より優れたパソコンの機能から，電話・メール，キャッシングシステム，TV・ゲームなどあらゆる機器の機能をも備えている。これがないと人間らしい生活ができないという極端なことになっているかもしれない。

　その核になる機器が，現在の携帯パソコンと携帯電話である。なぜならば，前者は機能，後者は形を持ち合わせていて，機能をいかに小さくするかという手法のヒントになるためである。

　ここでは実装技術という観点から，この携帯パソコンとそれを小型にする工夫の現状と未来像に焦点を当ててみた。実は実装技術こそ，未来を切り開く中心的存在なのである。従来の同様な企画にはない内容が，随所に盛り込まれている。じっくりと読んでいただければ幸いである。

1999年9月

明星大学　教授　大塚寛治

普及版の刊行にあたって

　本書は，1999年に『小型・薄型・携帯パソコンの総合技術』―ノート型・モバイル型パソコンの技術と材料開発―として刊行されました。このたび，普及版を刊行するにあたり，内容は当時のままであることをご了承ください。

2005年2月

㈱シーエムシー出版　編集部

執筆者一覧（執筆順）

大塚 寛治	明星大学　情報学部	
塚田　裕	日本アイ・ビー・エム㈱　野洲研究所	
	（現）京セラSLCテクノロジー㈱　先端パッケージング研究所	
宍戸 周夫	㈱テラメディア　代表取締役	
石川 智久	カシオ計算機㈱　コンシューマ事業本部	
井藤 忠男	天馬マグテック㈱　常務取締役	
杉野 守彦	㈱神戸製鋼所　電子・情報事業本部	
	（現）富士(有)　高機能金属製品部	
塚田 憲一	シプレイ・ファーイースト㈱　PWB/INT 事業本部	
	（現）ティオゥテック　コンサルタント	
渡辺 好弘	CBCイングス㈱　取締役	
野村 恭司	神東塗料㈱　IU事業本部	
森山 浩明	日本電気㈱　カラー液晶事業部	
	（現）NEC液晶テクノロジー㈱　技術本部　設計部	
松下 明紀	鳥取三洋電機㈱　LCD事業部	
城石 芳博	㈱日立製作所　ストレージシステム事業部	
	（現）㈱日立グローバルストレージテクノロジーズ ヘッド・メディア本部	
三戸 敏嗣	日本アイ・ビー・エム㈱　ポータブルシステムズ	
角井 和久	富士通㈱　テクノロジ本部	
前野 善信	富士通㈱　テクノロジ本部	
平野 由和	富士通㈱　テクノロジ本部	
入野 哲朗	日立化成工業㈱　電子基材事業部	
	（現）日立化成工業㈱　配線板材料BU	
石田 芳弘	長瀬産業㈱　電子・情報材料部	
萩本 英二	日本電気㈱　半導体高密度実装技術本部	
	（現）(有)イーエイチクリエイト　知財部門	

（執筆者の所属は，注記以外は1999年当時のものです。）

目　次

はじめに　　大塚寛治，塚田　裕

【第Ⅰ編　総論　パソコンの小型・薄型・軽量化の現状と展望】

1章　小型・薄型・軽量化のためのシステム設計　　大塚寛治

1　パソコンの小型・薄型・軽量化の現状と展望 …………………………………… 3
　1.1　パソコンとシステム・オン・チップ ……………………………………… 3
　1.2　戦略的実装技術の提案 ………… 4
2　実装技術のモデルとしての人間の神経系 …………………………………………… 4
3　小型・薄型・軽量化のためのシステム設計 ……………………………………… 7
　3.1　多ピン，高速信号伝送 ………… 7
　3.2　実装設計の基本とワイアボンディング ……………………………………… 7
　3.3　チップの発熱と高速信号伝送 …… 10
4　高速信号伝送用配線 ……………… 13
　4.1　高速信号配線の概念 …………… 13
　4.2　伝送線路の損失と対策 ………… 14

2章　小型・薄型・軽量化のための高密度実装技術　　塚田　裕

1　はじめに ……………………………… 17
2　半導体チップの動向 ……………… 17
3　電気特性 ……………………………… 20
4　樹脂封止フリップチップ実装 …… 22
5　ビルドアップ配線板 ……………… 23
6　BGA実装 …………………………… 24
7　チップの品質 ……………………… 25
8　今後の展開 ………………………… 25

【第Ⅱ編 ノート型・モバイル型パソコンの小型・薄型・軽量化技術】

1章 ノート型・モバイル型パソコンの小型・薄型・軽量化の動向

宍戸周夫

1 はじめに …………………………… 29
2 小型・携帯パソコンの最新動向 …… 30
   2.1 多彩な小型・携帯パソコン ……… 30
   2.2 激化する薄型パソコン競争 ……… 31
   2.3 モバイル・コンピューティングの浸透 …………………………………… 34
   2.4 液晶デスクトップ・パソコン …… 34
3 小型・携帯パソコン開発の経緯と現状 …………………………………… 35
   3.1 1980年代前半に出現した小型・携帯パソコン ………………………… 35
   3.2 現実のものとなった「ダイナブック」 …………………………………… 36
4 要素技術 …………………………… 38
   4.1 表示装置 ………………………… 38
   4.2 外部記憶装置 …………………… 39
5 究極の小型・軽量化を目指して …… 40
   5.1 身につけるパソコン ……………… 40
   5.2 最先端技術が実現 ……………… 42

2章 「カシオペア」の小型・薄型・軽量化技術

石川智久

1 はじめに …………………………… 44
2 製品仕様 …………………………… 44
3 回路構成 …………………………… 45
4 製品形状 …………………………… 45
5 実装の実際とその技術 …………… 46
   5.1 主な構成モジュール …………… 46
   5.2 電子部品の高密度実装技術の実際 ……………………………………… 47
6 高密度実装技術のポイント ………… 51
7 軽量化について …………………… 51
7.1 E-10の軽量化について実施した対策 …………………………………… 51
7.2 今後の軽量化 …………………… 52
8 今後の課題と方向性 ……………… 52
9 「カシオペア」の新製品とその小型化技術 …………………………………… 53
   9.1 「E-55」 …………………………… 53
   9.2 「E-500」 ………………………… 55
10 おわりに …………………………… 60

【第Ⅲ編　構成部品・部材の小型・薄型・軽量化技術】

1章　ハウジングの軽量化と材料開発・薄肉成形法

1 マグネシウム合金 …… 井藤忠男 … 63
  1.1　はじめに …………………… 63
  1.2　マグネシウム合金の特性 ……… 64
  1.3　マグネシウムの成形法 ………… 69
  1.4　ノートパソコンハウジングへの適合
     性 ………………………………… 77
  1.5　構造体としてのマグネシウム合金と
     地球環境（リサイクル性）………… 80
  1.6　おわりに ……………………… 82
2 PC／ABS樹脂－ノンブロム系難燃アロイ
  「バイブレンドK」－ … 杉野守彦 … 84
  2.1　はじめに ……………………… 84
  2.2　ノートパソコンキャビネットケース
     成形材料の動向 ………………… 84
  2.3　新しく開発した薄肉成形用PC
     -ABSアロイ …………………… 85
  2.4　ノートパソコン薄肉キャビネット
     ケース用材料に要求される性能 … 87
  2.5　成形品開発期間の最短化 ……… 89
  2.6　まとめ ………………………… 91
3 PC/GF(ガラス繊維強化ポリカーボネート
  樹脂) ………………… 杉野守彦 … 92
  3.1　はじめに ……………………… 92
  3.2　薄肉ハウジング材料に求められる各
     種特性 …………………………… 93
  3.3　塗装レス薄肉ハウジングの成形 … 97

2章　ハウジングの電磁波シールド

1 シールドメッキ ………… 塚田憲一 … 99
  1.1　プラスチック難燃剤の規制の動向と
     ハウジングのEMIシールドメッキ
     …………………………………… 99
  1.2　片面シールドメッキの工法種類と特
     徴 ……………………………… 100
  1.3　銅メッキ膜厚と片面シールドメッ
     キ ……………………………… 102
  1.4　片面シールドメッキと外装塗装 … 103
  1.5　片面シールドメッキの製造 …… 103
  1.6　片面シールドメッキの今後の課題
     …………………………………… 104
  1.7　高剛性の薄肉メッキ …………… 104
  1.8　電子部品のシールドメッキとセンシ
     ルシールドプロセス …………… 105
  1.9　繊維，フィルムのシールドメッキ
     …………………………………… 105
  1.10　シールドメッキの種類と品質 … 106
  1.11　無電解メッキの環境への対応 …… 107
  1.12　おわりに …………………… 107
2 高周波イオンプレーティング
  ………………………… 渡辺好弘 … 108

2.1	はじめに ……………………… 108		法の特徴 ……………………… 116
2.2	パソコンのEMIシールド対策 …… 108	3.4	組成と特徴 …………………… 117
2.3	真空蒸着から高周波イオンプレーティングへ …………………… 109	3.5	性能 …………………………… 120
		3.6	UL認証制度について ………… 121
2.4	高周波イオンプレーティングのプロセスと特長 ………………… 111	3.7	導電性塗料の今後 …………… 122
		4	導電性ハウジング(炭素繊維強化樹脂)
2.5	マグネシウム／プラスチック筐体の組合せ ……………………… 113		……………………… 杉野守彦 123
		4.1	はじめに ……………………… 123
2.6	おわりに ……………………… 114	4.2	CFRPの分類 ………………… 123
3	導電性塗料 ………… 野村恭司 116	4.3	製造上の留意点 ……………… 125
3.1	はじめに ……………………… 116	4.4	CFRPの物性 ………………… 128
3.2	電磁波シールド塗料の種類 …… 116	4.5	CFRPの用途 ………………… 129
3.3	導電性塗料による電磁波シールド技	4.6	おわりに ……………………… 130

3章　液晶ディスプレイの高性能・薄型・軽量化と材料

1	TFT-LCD …………… 森山浩明 131	2.4	多出力TCPドライバーとカラー化
1.1	はじめに ……………………… 131		……………………………… 140
1.2	全体構成 ……………………… 132	2.5	ノートPC対応のカラーSTN … 140
1.3	薄型化・軽量化技術 ………… 133	2.6	軽薄短小化、低消費電力化 … 141
1.4	将来動向 ……………………… 138	2.7	高解像度・大画面対応と駆動方法の見直し …………………… 143
2	STN-LCD …………… 松下明紀 139		
2.1	はじめに ……………………… 139	2.8	応答時間の高速化 …………… 144
2.2	STNパネルとノートPC ……… 139	2.9	STN液晶モジュールの現状 … 146
2.3	CFL(冷陰極管)と高輝度化 …… 140	2.10	STN液晶のメリット・デメリットと課題 ……………………… 148

4章　ハードディスク装置の小型・軽量・高密度化と材料　　城石芳博

1	はじめに ……………………………… 151	2	HDDの位置付け ……………………… 152

2.1	構成と動作原理	………………	152
2.2	HDDの動作原理	………………	153
3	高密度化技術	…………………………	155
3.1	磁気記録媒体技術	……………	156
3.2	磁気ヘッド技術	…………………	160
4	小型・軽量・高耐衝撃性・低消費電力化技術		
4.1	小型・軽量化と材料	……………	165
4.2	高耐衝撃性・低消費電力化と材料		165
4.3	さらなる小型化に向けて	…………	166
5	今後の磁気記録技術動向	……………	166

5章　バッテリーの小型・軽量・長寿命化と材料　　三戸敏嗣

1　はじめに …………………………… 169
2　ノートパソコンにおける2次電池 …… 169
　2.1　新電池開発の要求 ……………… 169
　2.2　ノートパソコンにおける電池の設計 ………………………………… 170
3　ノートパソコン用2次電池開発の経緯 … 171
　3.1　NiMH電池からLi-Ion電池へ ……… 172
　3.2　Li-Ion電池の容量アップの経緯と展望 ……………………………… 173
　3.3　電極以外の部分の改良による軽量化 ……………………………… 176
4　おわりに …………………………… 180

6章　主回路基板（PCB）の小型・薄型・軽量化と材料

　　　　　　　　　　角井和久，前野善信，平野由和

1　はじめに …………………………… 181
2　ノートPCの軽量化 ………………… 182
3　小型化への取組み ………………… 183
　3.1　使用部品（パッケージ）の小型化による軽量化 ……………………… 183
　3.2　プリント板への要求 …………… 183
4　ノートPCにおけるプリント板テクノロジー ……………………………… 185
5　プリント板ユニット搭載部品の検討 … 186
6　冷却技術による小型・軽量化 ……… 188
7　まとめ ……………………………… 190

【第Ⅳ編　最先端高密度実装技術と関連材料】

1章　ビルドアップ配線板の開発と絶縁材料　　入野哲朗

1　はじめに …………………………… 193
2　ビルドアップ配線板の要求背景 …… 193
3　高密度配線，小径化とIVH形成法 …… 195
4　ビルドアップ配線板用絶縁材料 …… 196
5　材料の位置付け …………………… 197
6　フォトビア用絶縁材料 …………… 198
　6.1　感光性樹脂に要求される諸特性 … 198
6.2　フォトビア製造プロセス（フィルムタイプ適用） ………………………… 199
7　レーザビア用絶縁材料（銅箔付き接着フィルム） ……………………………… 200
　7.1　MCF-6000Eの開発コンセプト …… 201
　7.2　MCF-6000E使用ビルドアップ配線板の特性 ……………………………… 202
8　今後の課題 ………………………… 204

2章　CSPの開発とパッケージ材料　　石田芳弘

1　CSPの構造と特徴 ………………… 207
2　CSPの開発 ………………………… 208
　2.1　高密度配線基板の開発 ………… 208
2.2　パッケージデザイン …………… 209
2.3　パッケージ製造プロセス ……… 209
2.4　CSP用材料 ……………………… 214

3章　CSP実装の方法と実装材料　　萩本英二

1　はじめに …………………………… 216
2　実装方法と実装条件 ……………… 216
　2.1　温度設定 ………………………… 216
　2.2　温度プロファイル ……………… 218
　2.3　予備はんだ ……………………… 218
　2.4　CSPの基板上のレイアウト …… 219
2.5　修理 ……………………………… 220
3　実装材料 …………………………… 221
　3.1　はんだ材料 ……………………… 221
　3.2　アンダーフィル材料 …………… 222
4　実装基板 …………………………… 223
5　まとめ ……………………………… 225

4章　マルチチップモジュール（MCM）と材料　　角井和久

1　はじめに ………………………… 226
2　MCM技術 ……………………… 226
　2.1　ソルダーレスフリップチップ実装技術 ………………………………… 226
　2.2　フリップチップ実装技術の必要性 ……………………………………… 227
　2.3　フリップチップ実装における課題 ……………………………………… 227
　2.4　フリップチップ実装 ……………… 228
3　MCMの製品化 ………………… 234
4　信頼性評価 ……………………… 235
　4.1　接合部における電気特性 ……… 235
　4.2　信頼性評価結果 ……………… 236
5　まとめ …………………………… 236

第Ⅰ編 総論 パソコンの小型・薄型・軽量化の現状と展望

第1章　小型・薄型・軽量化のためのシステム設計

大塚寛治[*]

1　パソコンの小型・薄型・軽量化の現状と展望

1.1　パソコンとシステム・オン・チップ

　軽薄短小へ向けての電子回路モジュールのドラスティックな改善は，常にチップの集積度を上げること，システムをできるだけ少ないチップで仕上げることで行われてきた。少ないチップシステムは消費電力も小さくなり，電池などのサポートシステムも小型化される。血のにじむような実装技術の努力の成果より，はるかに大きな効果である。

　そして，その究極がシステム・オン・チップである。装置機能の拡大が止まっていれば，確実にシステム・オン・チップが実現できる。洗濯機，冷蔵庫，携帯ゲーム機などおもちゃは，すでにこの領域である。携帯電話もそれに近づいているが，この中に音声認識や高度処理機能を盛り込む計画があるから，システム・オン・チップまで到達しない。おそらく，携帯電話とモーバイルコンピュータは合体する可能性を秘めているため，遠い先かもしれない。

　一方，パソコン環境は未だに操作手順の堅さと複雑さが災いし，プロやマニアの世界を飛び出していない。子供など教育レベルの低い人々，教育環境が整っていない国々の人々，煩雑な操作ができなくなった老人達には使えるレベルに達していない。これら頭脳的弱者にこそ頭脳的アシスタント，すなわち，モーバイルコンピュータが役に立つ。

　未開発国の教育支援に駆けつける人々は，行った先の環境に応じ，全く柔軟に対処し，支援している。すばらしい能力である。コンピュータが自然言語を理解することで，このほんの一部でもアシストできれば，世界は変わり，コンピュータは真に万人のアシスタントとなる。

　もちろん，その場合，現状の何百倍ものパソコンが必要になり，この経済効果は計り知れない。また，このような高性能な機能を持てば，現在日本の得意とする携帯民生機器の機能部分は，ほんのわずかの機能部分を振り当てればよいため，価格の上昇なく，すべてこの中に吸収されるであろう。民生機器にとっても，この動きは他山の石ではない。

　しかし，自然言語理解ができるコンピュータは，現状の性能から，まだまだ先の未来に実現す

---

　[*]　Kanji Otsuka　明星大学　情報学部　電子情報学科　教授

るであろう。つまり，言いたいことは，コンピュータシステムの性能向上には先が見えないくらいの道のりがあり，システム・オン・チップは逃げ水を追いかける幻影に過ぎないということである。

したがって，遠い道のりを占有的にコントロールする強い会社が現れ，戦略的にシステム構築をしている。一見，現状の機能から見て最適解でないような構築がなされているが，それを使う会社群は，それに従わねばならず，どの機器を取っても金太郎あめになっている。システム構築が金太郎あめになっていることから，計らずも標準化という概念が進み，生産技術上の合理化が可能で，安いパソコンが出回ることになる。

この結果，日本で作られるパソコンは，ほとんどハイエンドパソコンか軽薄短小の先端パソコンぐらいとなる。そして，これとても，システム構築に縛られ，ほとんど独自性は出てこない。このままでは競争に負けるであろう。

1.2 戦略的実装技術の提案

そこで考えたのは，機能を妥協したポケットオフィスとでも言える電子手帳からWindows CE機のような世界を広げることであろう。携帯電話もゲーム機もこの中に入れ込むことを考え，できるだけシステム・オン・チップを使用して，生産技術の粋を集めて顧客満足度を上げた製品を作り上げる。前述のように，携帯電話をベースにして，どんどんとEmailを含めた人間アシスタント機能を盛り込むという方法が王道かもしれない。しかし，システム的に先行する占有メーカーの影におびえた商売であることは否めない。

さらに，ポケットオフィスでも，実装技術のキーワードを挙げると，ビルドアップ配線板，ビアホール/ビアランド，BGA/LGA，CSP，DCA（Direct chip attach），フリップチップ，0603チップ部品，マイクロコネクタ，SOP（System on Package），導電接着接合などであろうか。SOP以外はすべて要素技術であり，実装技術分野は相変わらずシステム設計者とチップ設計者の狭間にあって，そのつなぎ屋さん，便利屋さんに過ぎないことになる。血のにじむ努力の割には経済効果は少ない。このままでは，ポケットオフィスの中の生産技術先行性だけで日本は戦うことになる。将来は暗い。

実装技術の基本的あり方を考え，戦う実装技術，すなわち戦略的実装技術を日本発信で提案しようではないか。以下に筆者の考えを述べるので，その一助にしていただければ幸いである。

2 実装技術のモデルとしての人間の神経系

実装技術の基本を見るためには，まず人間の知的器官の実装技術を見なくてはならないであろ

う[1]。

図1は人間の目とそれにつながる神経束である。

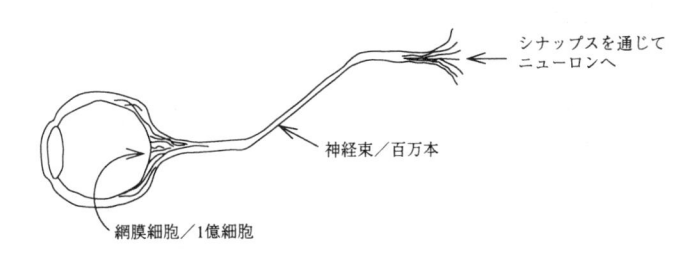

シナプスを通じて
ニューロンへ

神経束／百万本

網膜細胞／1億細胞

図1　目能力と視覚情報を伝える神経束

目の網膜細胞は1億個ある。ディジタルカメラの比ではない。微妙な表情や顔色の変化を察知し，真っ暗闇での動体感知能力など，第六感的能力を備える根源である。180度視野角の画像のうち，6度の視野角のみが注目画像であり，省略は無いが，その他は省略され，百万本の神経束で画像圧縮され，脳の視床覚に伝えられる。画像のアドレスそのままの配列で脳に伝わるため，これこそ並列処理ができる。すなわち，脳に記憶されている抽象化された画像と直接的にスーパーインポーズされ，彼は山田さんであると一瞬にして認識できるわけである。同じディジタル信号でありながら，アドレスごとにビット情報をしらみつぶしに比較しているコンピュータ処理のかなうところではない。

この機能を作る源は配線束（並列伝達可能な配線本数）であることがわかる。まさに実装がなせる機能発現である。電話の声で山田さんであることがすぐに分かるのも，音模様がスーパーインポーズ的に認識される結果である。

一束のセットになった情報処理は効率的で強力である。PentiumIII の Katomi アーキテクチャ（SSI）が三次元画像情報の1ユニット（ポリゴン）をセットにして取り扱うことで大幅効率を上げたことと似た原理である。

図2は脳細胞（ニューロン）の神経枝分かれ状態を示すものである。ニューロンは1万〜10万の外部ニューロンの情報を受け，その総合入力が，あるしきい値を超えるとハイになり，超えなければロウとなるディジタル素子で，コンピュータゲートと変わらない働きをするものである。

この素子の妙味は，何といっても入出力数の多さである。情報は一瞬にして脳全体のニューロンに伝えられる。図1で説明したように，セット情報をセット（アドレスと無関係に）のまま比較できる能力を有するのは，ここでも情報伝達の配線，すなわち実装技術の妙であるといえる[2]。

コンピュータと人間の脳の要素を比較すると，表1のようになろう。脳が優れているところは

脳の中心部，視床細胞
(ファンアウト数万本)

小脳皮質，プルキンエ細胞
(ファンアウト10万本)

軸索

大脳皮質，錐体細胞
(ファンアウト1万本)

ニューロン

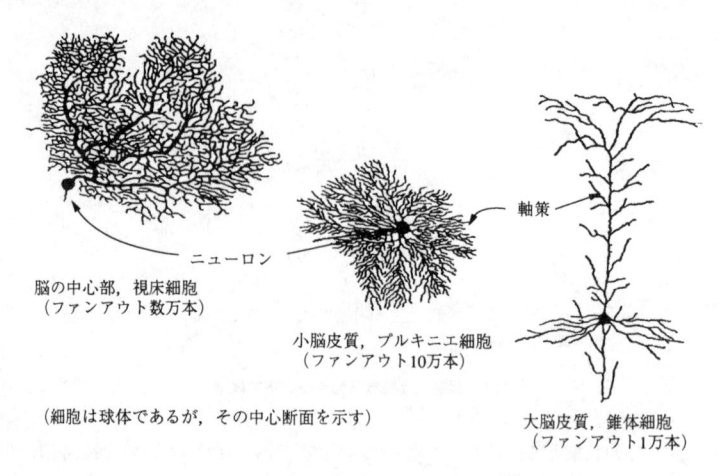

(細胞は球体であるが，その中心断面を示す)

図2　ニューロンとそれにつながる神経網

素子数と枝分かれ数である。素子数は早晩コンピュータが追いつくと思われ，そうなるとスイッチング速度などは6桁も優れているため，コンピュータの方が人間に勝ると見える。しかし，この段階でも，人間と比べ幼稚なものであろうと想像されている。

　人間の脳は想像力があり，哲学を醸成し，感情をあらわすことができる。枝分かれ(ファンアウト・ファンイン)の多さが機能発現にどれだけ威力を発揮しているかを理解していただきたい。実装技術こそが機能を発現する源であると言いたいのである。

　実装技術者は機能を発現するキーを握っていることを自覚し，発奮すれば，軽薄短小の機器実現に対し，システムをどのように変えればよいかが見えてくる。占有メーカーを乗り越え，必ず勝者になれると信ずる。

表1　コンピュータと脳の要素性能の比較

	素子数	素子スイッチング速度	計算処理速度	画像処理速度	素子枝分かれ数
脳［ニューロン］	3×10^9	数ms	数ms	数ms	1万～10万本
コンピュータ［ゲート］	10^7	数百ps	数ns	十数ns	2～5本

3 小型・薄型・軽量化のためのシステム設計

3.1 多ピン，高速信号伝送

　ニューロンのように三次元的な1万本以上の枝分かれを作ることは電子回路的配線では不可能である。たとえ作っても，電子回路ではエネルギはドライバから与えなくてはならず，1万倍のエネルギを持つドライバ素子を造らねばならない。これは不可能である。ただでさえモーバイルPCが1～2時間で電池寿命が無くなることを思えば，これはできる相談ではない。

　ニューロンにつながっている神経細胞の信号伝達は，自らエネルギを毛細血管からもらって行っていて，ニューロンは単に自身がオンオフをするエネルギだけを考えればよい，というすばらしい機構となっている。生物学的にしか真似ようがないものが，なぜ参考になるのかと読者は反論するであろう。

　そこで，次世代プレイステーション[3]について考える。次世代プレイステーションは浮動小数点演算が6.2GFLOPSという高性能で，最新のインテルPentium III（500MHz）が2FLOPSであることを思えば，いかに抜きん出たものであるかが分かる。これは，ポリゴンというセット情報をセットのまま処理するということ，その処理をチップ内で行い，128ビット幅で300MHzで処理しているところがキーになっている。チップ内であれば，配線本数が増やせること，周波数はチップ内クロックと同期に対して容易であることが理由である。システム・オン・チップ（2チップ）に近づけた効果が出たことになる。

　この二つの要素，配線本数を増やすということ，周波数を上げるということは，実装技術にとっても考えればできることである。Rambusプロトコルはプリント配線板上ですでに400MHz立上り/立下り両エッジを使う。他のプリント配線板上のシステムでは100MHzしか通っていない技術から見て抜きん出ている。次世代プレイステーションでも，チップ外の大量データ通信部ではRambusプロトコルを使用している。インテルの計らずものシステムオンチップの動きがTimna計画であるが，当然Rambusを使用するため，クロック周波数で先行している分だけ有利となる。

　すなわち，多ピンで高速信号が通る配線をものにしたところが勝者になれるということである。実装技術者がこれに目覚めれば，システムを大きく変えることができるのである。

　Rambusの配線は図3のように一筆書きである。等長配線（168本）が平行に走っている。実装技術者は最大限この単純なルールを意識しなければならない。高速信号伝送の基本である。

3.2 実装設計の基本とワイアボンディング

　ここで実装の基本に触れてみよう。図4でこれを説明する。

　チップは本質的に回路集団である。微細に集積された回路集団から入出力線を引き出すのは，

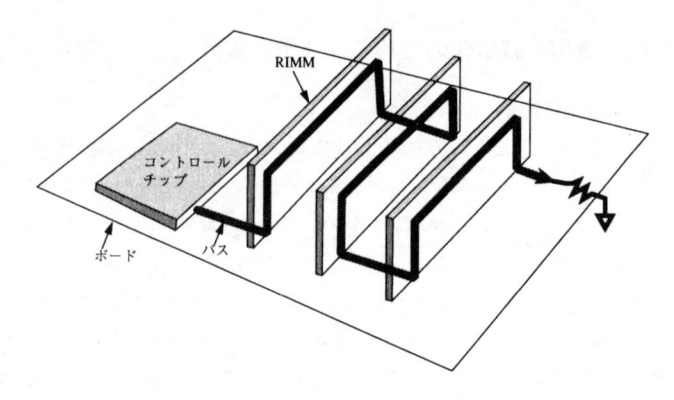

図3 Rambus のバスコネクション

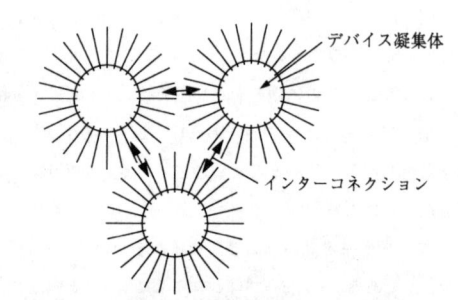

(a) ファンアウト配線を基本とするデバイス凝集体

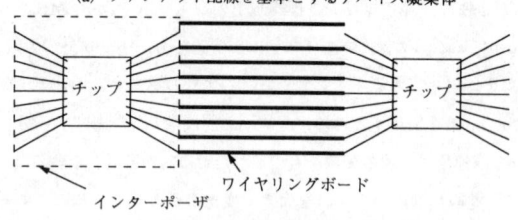

(b) ファンアウト配線を基本としたときのインターコネクション構成

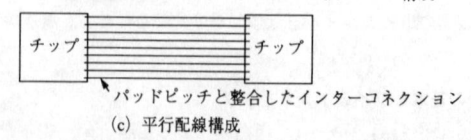

(c) 平行配線構成

図4 実装設計の基本概念

図4(a)のごとく放射状,すなわち周辺から配線を取り出すことが自然な形ではなかろうか。

微細なピッチからプリント配線板という安くてリーゾナブルな配線ピッチに引き出すためには,ファンアウトするインターポーザが必要となる。これを表した概念が図4(b)である。周辺から取り出すことができるように微細ピッチ接続とファンインしたところの微細配線が出来れば,一番簡単に等長並行配線に近い設計ができる。ファンインした配線技術が完成しているならば,図4(c)のように,それを延長して隣接チップにまでつなげれば理想である。

以上が実装設計の基本である。ここで,インターポーザがLSIパッケージである。

さて,問題は接続技術となる。異種材料を電気的に接続するため,熱・機械的応力を心配しなければならず,おいそれと微細ピッチとならない。

ここで,唯一のフレキシブル接続であるワイアボンディング技術が微細化へどんどん突き進めば,何ら問題がなかったのである。ワイアボンディングが高速信号伝送に向かないという迷信を誰が普及させたのであろうか。これは罪悪である。現に数GHz帯のマイクロ波の世界で使われている。配線設計(実装設計)が悪いだけである。

ともかく迷信に惑わされて,フリップチップという面接合技術が普及した。この悪者振りを図5で説明したい。

PentiumIIのチップは,フリップチップにするため,周辺パッドから配線を折り返して内面に持ってきている[4]。せっかく内面に持ってきたパッドから,図5(b)のようにチップパッケージで再び外に出さねばならない。配線が交錯して平行で等長という高速信号伝送の概念から外れる。しかも,図で説明しているように接続パッド間に配線を引き回さねばならないため,微細配線が必要となる。これができないため,図5(c)のように,多層構造とすると,ますます電磁界的に入り組んだ構成となる。

接続技術者ができないと言うだけで,設計的負債をこれだけ背負っても良いのであろうか。Direct Rambusの400MHz帯の周波数を取り扱う世界ではまだ許されるかもしれないが,1GHz時代になれば許されるものではない。問題を先送りしな

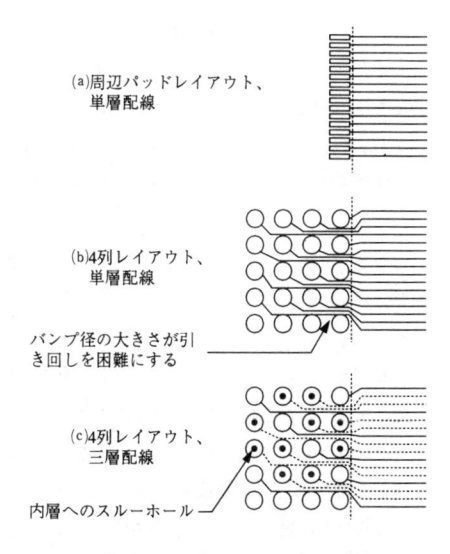

(a)周辺パッドレイアウト、単層配線

(b)4列レイアウト、単層配線

バンプ径の大きさが引き回しを困難にする

(c)4列レイアウト、三層配線

内層へのスルーホール

図5 引き回しの理想から外れる面接合技術

いように，ここでもう一度考え直す必要がある。

　前述 PentiumII チップでは，68μm ピッチのワイアボンディングパッドを設け，周辺接続の可能性を残している。賢明な選択である。配線密度から考えても図5(a)が理想であることは誰の目にも明らかであろう。接続技術者の奮起を望みたいものである。

3.3　チップの発熱と高速信号伝送

　さて，観点を変えて，軽薄短小化で大きな問題のもう一つを覗いてみよう。それはチップの発熱である。

(1) 放熱設計のムダ

　次世代プレイステーションも，例に漏れず，パソコンCPUに負けず劣らず大電力を消費する。次世代プレイステーションはポケットオフィスが戦える大きな要素を持っているが，1～2時間で電池が無くなるようではモーバイルとは言えない。パワーセービングこそが今後の戦いの焦点となろう。

　これは，システムが複雑過ぎるからである。かつて大型コンピュータのシステムがヘビーデューティになり，パソコンのCPUを並列につなげたサーバーに負け，ダウンサイジング革命が起こったことを思い返してほしい。現在のIntelを始めとするパソコンCPUメーカーは，大型コンピュータアーキテクチャの進歩の歴史をデッドコピーに近い形で踏襲している。アーキテクチャに関して現状CPUメーカーの独自性は0であると明言したい。いずれ第二のダウンサイジングが起こる。

　なぜこのようなことが起こっているのであろうか。結論を急げば，配線をハンドルしている実装技術者に電磁気的な知識が無く，大型コンピュータの滅びた時代から高速配線技術が全く進歩しなかったためである。配線の信号伝送速度がCPU処理速度に追従していれば，人間の知的器官の合理性を多少でもまねることができた。実装技術者の怠慢が現状を作っていると認識してほしい。

　しかも，実装技術者は，大型コンピュータのときと同様に，高発熱なチップを有効に冷やす技術開発に血道を上げている。至れり尽くしたサービスは人間を鈍らせる。チップ設計者は放熱設計努力に甘えるわけである。

　これがかつてのダウンサイジングを引き起こした引き金であることを学習していない。かつてメモリチップの電力を一定に押さえることが至上命令となっていて，これを守りながら集積度とアクセス時間を現在のように高度なところに持ってきた。敢然と必要悪を押さえ込む態度が重要である。何 W 以上の放熱技術は無い，という縛りをチップ設計者に叩き込む必要がある。

　人間の知恵は無限である。前提条件さえはっきりすればよいのである。この意味では，実装設計者は怠慢であった上に罪悪を作っているとしか言いようが無い。教えてもらわないから分から

ないという態度では，自らその世界を閉じる，すなわち，自殺行為と同じであろう。

(2) メモリ，バス構成複雑化の理由

ここで多少でもシステムを分かっていただき，高速信号伝送の必然を感じ取っていただくために説明をする。図6はIntel PentiumIIIの最新版の機能ブロックを示す。

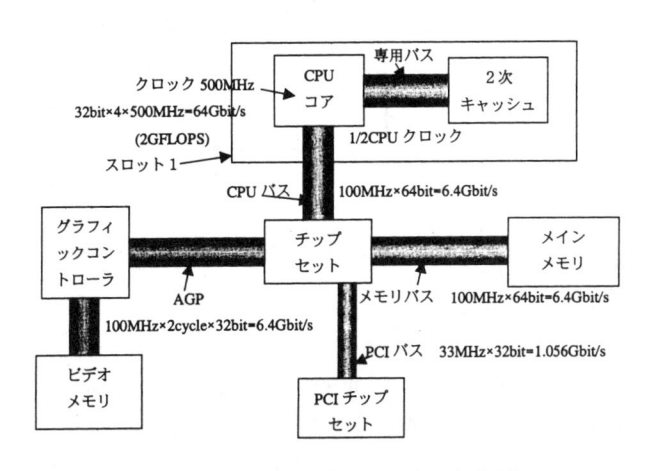

```
              クロック 500MHz    ┌──────┐  専用バス  ┌──────┐
              32bit×4×500MHz=64Gbit/s │ CPU  │─────────│ 2次  │
                (2GFLOPS)        │ コア  │          │キャッシュ│
              スロット1          └──────┘ 1/2CPUクロック └──────┘
                           CPUバス    100MHz×64bit=6.4Gbit/s
  ┌──────┐              ┌──────┐              ┌──────┐
  │グラフィ│              │チップ│              │メイン│
  │ックコン│──────────────│セット│──────────────│メモリ│
  │トローラ│    AGP       │      │  メモリバス  │      │
  └──────┘              └──────┘  100MHz×64bit=6.4Gbit/s
      │  100MHz×2cycle×32bit=6.4Gbit/s  │
      │                      PCIバス  33MHz×32bit=1.056Gbit/s
  ┌──────┐              ┌──────┐
  │ビデオ │              │PCIチップ│
  │メモリ │              │セット │
  └──────┘              └──────┘
```

図6　Pentium IIIの機能ブロックとデータ転送速度

それぞれチップからチップへのつながりがバスであり，この間のデータ転送量がCPUの要求に対して十分であれば良いことになる。CPUが図のように64GB/sの処理能力があるため，すべてのバスのデータ転送量がこれと同じであればよいことになる。

これが無いため，チップ内に1次キャッシュメモリを設け，多少のデータを貯蔵しておくことになる。このメモリだけでは足りないため，2次キャッシュメモリをつけて，このバス転送量を増やすため，スロット1の中に入れ，250MHzという高速でやり取りしている。さらに主メモリとグラフィックコントローラを通したビデオメモリを別にして，データ転送量をできるだけ多くしようと試みている。この2つのデータ群とさらにもっと遅い外部入出力バス，CPIバスの効率的な時分割を行い，CPUに転送するため，チップセットがある。

このように考えると，基本的演算装置にデータが潤沢に入ってくれば，多くのメモリ種やバス構成は不要となることが分かろう。

(3) 演算装置の基本構造と高速信号転送の必要性

その演算装置（ALU）を改めて示すと，図7のようになる。ALUには2ポートのデータの入り

11

口があり，図では8ビットしか示していないが，PentiumIIIでは32ビットのデータが2セットそれぞれのポートに入力される。このタイミングがクロック周波数で，500MHzであるとすると，1秒間に5億回入力できるわけである。

2つのデータの関係を処理するという機能がALUにあり，これが演算のすべてである。たとえば加算が行われて，下のポートに出力される。出力されたデータは元に戻り，再利用されることもあれば，レジスタを介して出力として外に出て行くこともある。

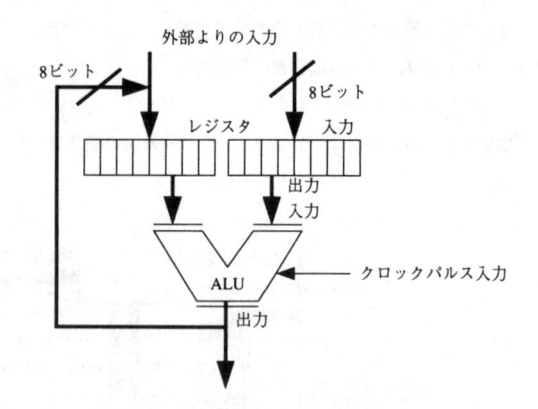

図7 演算装置の基本的構造

レジスタとはALUにデータを受け渡しする高速メモリであり，多くのレジスタを設ければ，そこでデータを順番待ちさせることができる。順番待ちさせていても，ジョブが急に変更になったりジャンプすることがあるとムダになるため，ある程度以上深くすることはできない。これを補うメモリが1次キャッシュメモリである。ジャンプしても，1次キャッシュメモリにはジャンプ先のデータがあるため，すぐに取り出して，レジスタに入れ替えることができる。

ジャンプ先のプログラムが1次キャッシュに無いときに，2次キャッシュ，主メモリ，果てはハードディスクにあるとなると，その転送の間は待たねばならない。待つのはムダであるから，プログラム順番を飛ばして，その次を投機実行する。これをアウト・オブ・オーダーと呼んでいて，出てきたデータを後で元に戻す複雑な作業が伴う。

1次キャッシュメモリに無くても，外部のデータをすばやく取り込めば，何もこのような複雑なことをしなくても良い。コンピュータアーキテクチャとは，配線のデータ転送速度が遅いために工夫した方式であると定義でき，全くの必要悪であることがお分かりいただけたと思う。ALU－レジスター1次キャッシュー主メモリーハードディスクや外部入出力バスという構成で，単純化することができるのである。

このときの主メモリはグラフィックメモリと兼用するため，これをユニファイドメモリと呼んでいる。それを目指そうとしていたのはIDTのGlen Henleyであったが，IDTは経営不振で身売りすることになって残念である。時期尚早であったと思われる。しかし，IntelのTimnaがこれを目指そうとしているようである。いよいよ本命が乗り出してきた。

単純なアーキテクチャとはトランジスタ数を極端に少なくできるということであり，発熱量は必然的に下がるということになる。もちろん価格も安くなり，冒頭で述べた目標を達成できることになる。

実装設計者は，このようなシステム的改革を自ら起こせる立場にいるということである。放熱というムダな作業を意識しないで，高速信号伝送を十分意識してほしい。

4 高速信号伝送用配線

4.1 高速信号配線の概念

高速信号伝送用配線とは何か。端的に言えば，等長並行配線の伝送線路を作れば良い。これに尽きる単純なことである。

その伝送線路の端には終端抵抗が埋め込まれていて，反対位相の配線，すなわち電源グランドの始点と終点にはバイパスコンデンサが埋め込まれているという構造である。抽象化して表すと図8のようになろう。

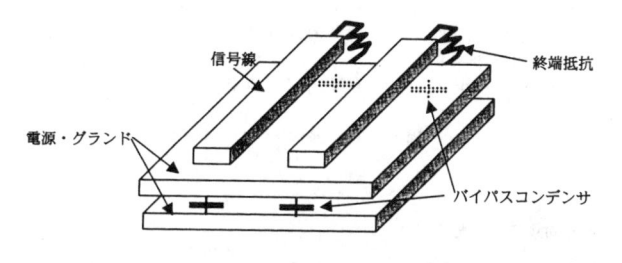

図8 高速信号配線の概念

マイクロ波領域では1本の信号線路で良いが，ディジタルシステムでは64本が交錯する線路上で実現する困難さが発生する。電池の消耗を少なくするため信号エネルギは極端に小さい。交錯する配線のクロストークは全く許されない。

線路の中の信号伝達速度は光速である。この光速でも遅れが気になる周波数のため，配線を極力短くしなければならない。微細ピッチの配線が必要となる。これは小型化の要求にも整合する。

専門的になるが，損失を小さくする一つの条件として，特性インピーダンスを正確に合わせる必要から，ミクロンオーダーの寸法精度が要求される。

4.2 伝送線路の損失と対策

(1) 誘電体損失

伝送線路の損失は3つある。その第一は誘電体損失で，有機物内の分極子（双極子）が周波数に追従しないことによる熱損失とその遅れによる位相遅れによる損失である。

そこで，双極子の全く無い分子構造が理想となる。

一つの例題を示すと，図9の構造で減衰特性は1.75db/cmとなる[6]。もし仮に表皮効果が無く直流抵抗0とすると，0.4db/cmとなり，この損失は小さいが，ポリイミドの tan δ が小さいためである。図9の下に表した式でその影響を見てほしい。

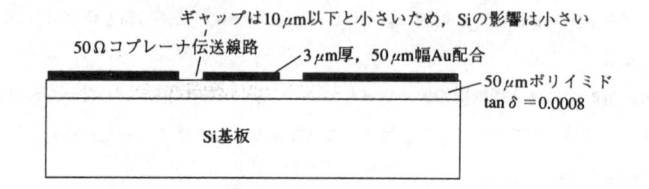

ギャップは10μm以下と小さいため，Siの影響は小さい
50Ωコプレーナ伝送線路　3μm厚，50μm幅Au配合
50μmポリイミド
tan δ = 0.0008
Si基板

表皮効果に加えて Tan δ は GHz になると大きな問題となる
線路の実行インピーダンス Z_{eff} から想像できる。
Z_{eff} = square root $\{I[(R_{eff}/I) + (j\omega L_{eff}/I)]/[(G_{eff}/I) + (j\omega C_{eff}/I)]\}$
$G_{eff} = K_c \omega C_0 \tan\delta$　K_c = 絶縁物被覆率，C_0 = 真空中の容量

図9　Ttan δ 損失を示す一例

(2) 導体の表皮効果による損失

第二は金属導体の表皮効果による損失である。

電流は高周波になると表面を流れるという現象がある。これを示すと図10のようになる[6]。直流抵抗の小さな金属ほど表面の薄い層に電流が集中する。したがって，周波数増大とともに直流抵抗が大きくなる。

金属配線を基板に強く接着するため，一般に表面は粗面にしている。図11に示すように[6]，その粗面にし

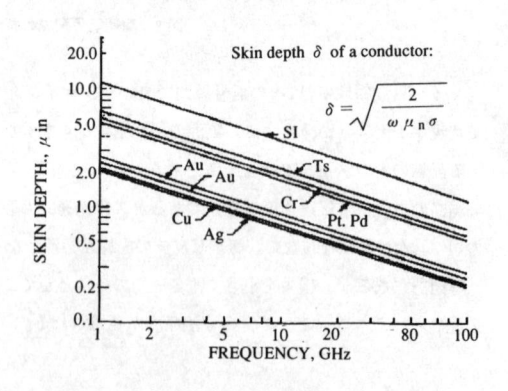

Skin depth δ of a conductor:
$\delta = \sqrt{\dfrac{2}{\omega \mu_n \sigma}}$

図10　導体の表皮効果

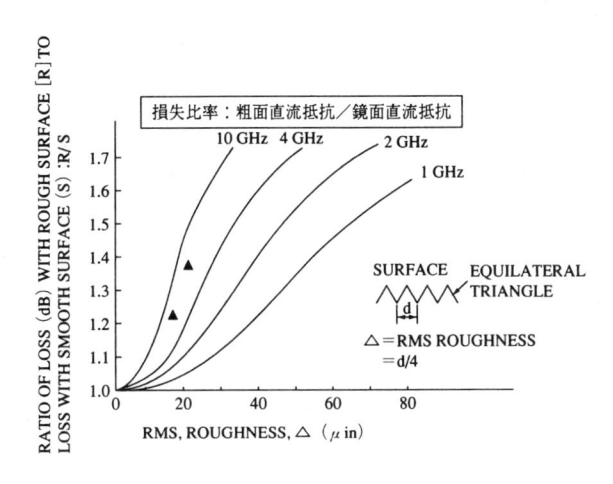

図11 界面接着粗さと損失率

た部分に電流が集中するため,大きな損失となる。これは絶縁物と金属の接合に関する問題である。

金属は一般に表面酸化している。この酸化層に有機物を接合するには分極基を作用させている。分極基は第一の損失を誘発するというジレンマがある。鏡面で金属接続し,かつ,極性基が有機物バルクに無く,環境信頼度に耐える強力な接合を得る技術が必要となる。

(3) **特性インピーダンスのばらつきによる損失**

第三に,前記したことであるが,特性インピーダンスのばらつきは損失を呼ぶ。

これを防ぐには,絶縁物厚みを含めた線路の物理寸法を1μm以下の寸法精度で作り上げ,線路特性インピーダンスを正確に設定することである。

システムはおそらく携帯電話のようなサイズ以下になろう。このときの配線寸法のイメージは10μm幅,10μmスペース,層間絶縁物厚み数μmという微細加工技術となる。0.5μmぐらいの寸法精度で作り上げる必要がある。

当然,配線の切れ方はスムースで,表皮効果による損失を押さえなければならない。ウエハプロセスとの違いは高アスペクトレイショ,すなわち,厚みとの戦いであろう。フォトレジストも有機物材料であり,これに向けた開発が必要であるとともに,10μm以下で高アスペクトレイショのビアホール加工技術が材料開発に直接絡むことになる。

以上まとめると,10μm以下の配線が鏡面で有機物と接着し,信頼度を保証するためには界面

の原子レベルでの制御が必須となる。

　なぜこれが必要かという理由をここで詳細に説明する紙面は無い。ディジタル信号に関する伝送工学は今まで無かった。マイクロ波の伝送工学と本質的に同じであるが，ディジタル回路屋の理解の範囲を超えているという問題がある。理解できる電磁気学と伝送工学を説く所が皆無であることを考え，筆者は雑誌に記事を連載中である[5]。ぜひ参照願いたい。

　以上多くの要素を少ない紙面で記述したため，理解しづらいものとなったが，軽薄短小，消費電力の小さな実装を作り上げる秘訣を著したつもりである。実装技術者は何に注目しなければならないかが多少でも感じ取れるであろうことを期待して筆を収めたい。

文　　　献

1) 大塚寛治，「小型化するシステムを支える実装技術」，電子情報通信学会誌，**81** (11), 1150-1156 (1998)
2) 大塚寛治，「コンピュータの仕組みと人間の脳の仕組み」，電子材料，**36** (12), 99-105 (1997)
3) 大塚寛治，「次世代プレイステーション発表で思うこと」，電子材料，**38** (6), 74-81 (1999)
4) J. Schutz, R. Wallace："A 450MHz IA32 P6 Family Microprocessor", 1998 ISSCC, FP15.4
5) 大塚寛治，「コンピュータ用高速ディジタル信号伝送の電磁気学」，電子材料，**38**, No.4〜連載中 (1999)
6) T. Juhola, B. Kerzar, M. Mokhtai, L. F. Eastman："High Performance Substrate Interconnects Utilizing Embeded Structure," Proceedings of 49th ECTC, pp167-173 (1999)

第2章　小型・薄型・軽量化のための高密度実装技術

塚田　裕[*]

1　はじめに

　今日の高性能な半導体チップの実装に対する要求は，数百MHzを越すクロックが動作すること，チップに対し1000を越す入出力端子を備えること，数百のドライバの同時スイッチングが可能であること，数十ワットの発熱量を放散することなど，高密度・高性能である。加えて，ダウンサイジングによる市場を支えられるように，軽薄短小，低コストで製品を実現できることである。このような多面的な要求に応えるべく1991年に発表されたのが，フリップチップ接合によりプリント配線板に直接チップを搭載するベアチップ実装である[1]。

　チップと基板の間隙をエポキシ樹脂で封止することにより，熱膨張係数がアルミナの約3倍のプリント配線板を基板として使用することを可能にした。応力の分散効果により，フリップチップ接合部の寿命は10倍以上になり，低コスト基板として開発されたビルドアップ配線板と合わせ，高密度・高性能・低コストの実装が実現できるようになった。

2　半導体チップの動向

　半導体チップから実装への要求事項は，SIA（Semiconductor Industry Association）により発行されている半導体動向白書に記載されている。1998年にヨーロッパ，日本，台湾がメンバー追加され，International Technology Roadmap for Semiconductorsとなり，改定版が発行された[2]。半導体そのものの展望が2014年まで，実装は2011年まで示され，アプリケーションとしてローコスト，ハンドヘルド，コスト／パーフォーマンス，ハイパーフォーマンス，ハーシュ（自動車エンジンルームなど），メモリの6分野について分類されている。

　図1にクロック周波数の要求を示す。チップ内部の限られた領域の非常に高速の部分を除くと，チップ内部クロック周波数は現在の数百MHzから3GHzに届き，チップ外クロック周波数も基本的に同じレベルが要求される。

---

[*]　Yutaka Tsukada　日本アイ・ビー・エム㈱　野洲研究所　理事

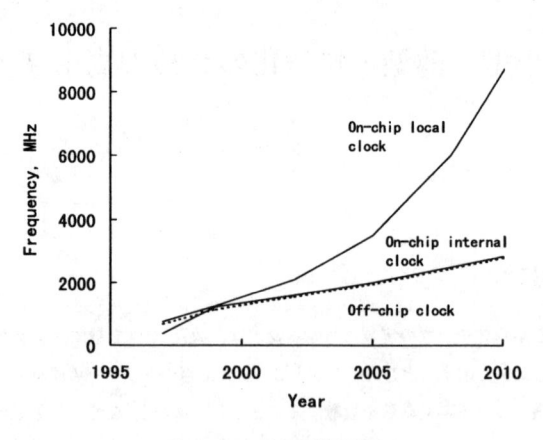

図1　クロック周波数の展望

　図2に示すチップサイズでは，メモリのサイズ増加が著しく，2005年を越すと1000mm^{2}以上となる。これは，システムで必要なメモリ量に対して密度の増加が至らないためで，30mm角以上の大きさのチップを実装せねばならない。
　図3に示す入出力端子数は，ハイパーフォーマンスの領域では現在すでに2000に届いているが，2010年には4000を越すレベルに増加する。端子密度の増加は図4に示すように端子ピッチの縮小を要求する。チップ接合部ピッチでは，ワイヤボンドのピッチが縮小の限界に行き着き，

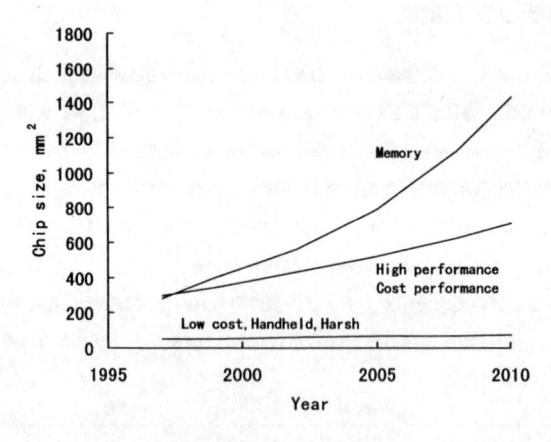

図2　チップサイズの展望

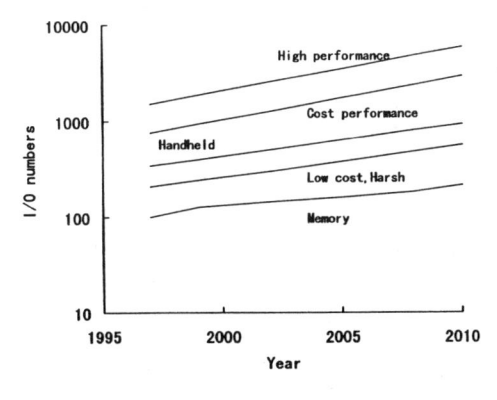

図3 入出力端子数の展望

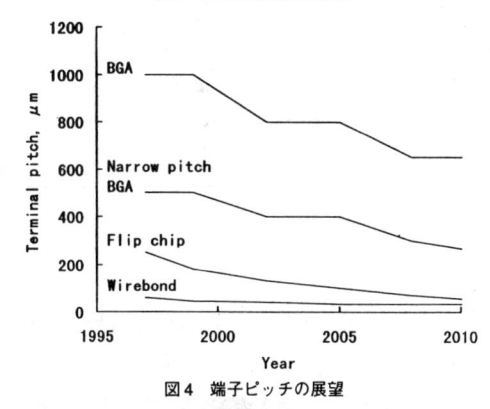

図4 端子ピッチの展望

　フリップチップのピッチを小さくする要求が強く，急速にピッチが縮小する。
　フリップチップ実装基板に対する要求も記載されている。表1のように，チップの各辺に対する端子数と必要総端子数を用意するための列数が示され，その端子配置要求に対し，プリント配線板ベースの基板を使用した場合と薄膜ベースの基板を使用した場合に，必要な配線ルールが記載されている。

19

表1 フリップチップ基板への要求

Year	1997	1999	2002	2005	2008	2011
Flip chip pad（μm）	250	180	130	100	70	50
Pad size（μm）	125	90	65	50	35	25
Maximum pads along chip edge						
Handheld	28	38	53	70	100	140
Cost/performance	48	66	92	120	171	240
High performance	68	94	130	170	242	340
Harsh	28	38	53	70	100	140
Outer rows access						
Handheld	3	3	2	2	2	2
Cost/performance	4	3	3	3	3	3
High performance	5	4	4	4	4	4
Harsh	2	2	2	2	2	2
PWB based substrate（One line between pads-accessing two rows per fan-out layer）						
Line width（μm）	40	30	21	16	11	8
Line space（μm）	42	30	22	17	12	8.5
Thin-film based substrate（Two lines between pads-accessing three rows per fan-out layer）						
Line width（μm）	25	18	13	10	7	5
Line space（μm）	25	18	13	10	7	5
Thin-film based substrate（Four lines between pads-accessing five rows per fan-out layer）						
Line width（μm）	13	10	7	5.5	3.5	2.5
Line space（μm）	14.5	10	7	5.5	4	3

3 電気特性

写真1は，左側がフリップチップ用設計のチップで，端子ピッチが250μmのアレイ配置，右側はワイヤボンド用設計のチップで，端子ピッチが半分の125μmである。チップのサイズが10mmとすると，フリップチップ用設計では最大1600端子を配置することができるが，ワイヤボンド用設計では300端子しか配置できない。逆に，もし300が必要な端子数とすれば，一般的なアプリケーションで必要な半導体チップの密度を考慮すると，フリップチップ用設計ではチップサイズを5mm以下にできる。

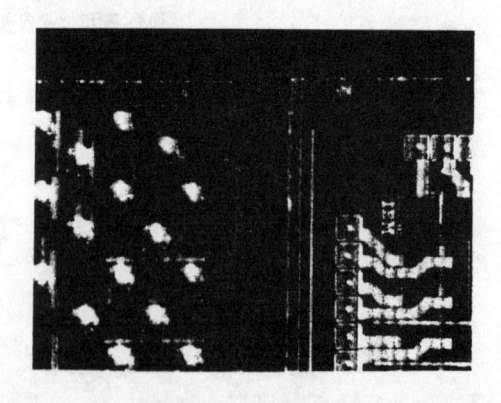

写真1 チップデザインの比較

ワイヤボンド用の設計では，高密度の領域では入出力端子数が不足し，密度の低い領域では入出力端子数を確保するために，大きすぎるチップを使わざるを得ない。さらに，チップ内部の配線抵抗の大きさが問題で，アルミニウム配線は寸法が小さく，1cmあたりの抵抗が数十Ωから数百Ωあり，信号減衰を生じる。ワイヤボンド用設計チップでは，信号はこの抵抗の高い配線を通過しなければならない。銅めっきにしても20%程度の改善にしかならない。また，電源供給の配線抵抗が高いと，同時スイッチングにより内部電位が変動してノイズになる。

一方，フリップチップ用の設計では，基本的に端子はどの位置にでも置くことができ，信号端子のすぐ近傍にグラウンド端子を配置し，低インダクタンスでリターン電流を確保できる。

電気特性とチップのサイズの両面からワイヤボンドテクノロジーは限界に来ており，今後は，フリップチップがチップ接合の主体を占めるようになる。

図5は，実装の形態によるノイズをシミュレーション解析で比較したものである。実装形態としては，ワイヤボンド用チップを使用した0.4mmピッチのQFP，ワイヤボンドBGA，フリップチップBGA，ボードへのベアチップ実装と，フリップチップ用チップを使用したベアチップ実装の5種類で，5V電源で1nsecの立ち上がりで動作した場合のグラウンドバウンスとクロストークノイズの合計である。

QFPはグラウンド無しで長い距離を持つリードフレームのため，著しく大きいノイズで実用域を逸脱している。ワイヤボンドBGAは，かろうじて実用域に入る。フリップチップBGAでは，さらにノイズが小さく，ベアチップのフリップチップ実装が最もノイズが小さいが，フリップチップ用設計のチップを使用すると，さらに低くなる。なお，ベアチップ実装については，チッ

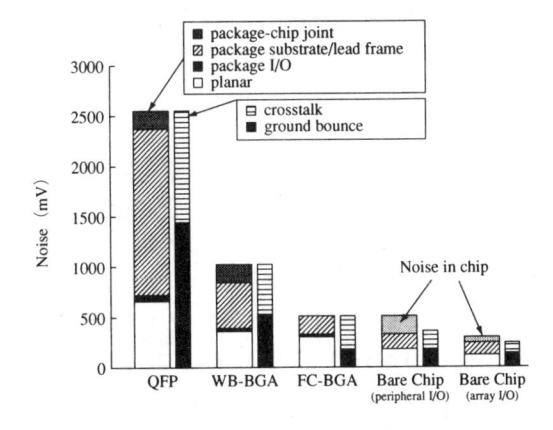

図5 実装形態によるノイズ特性の違い

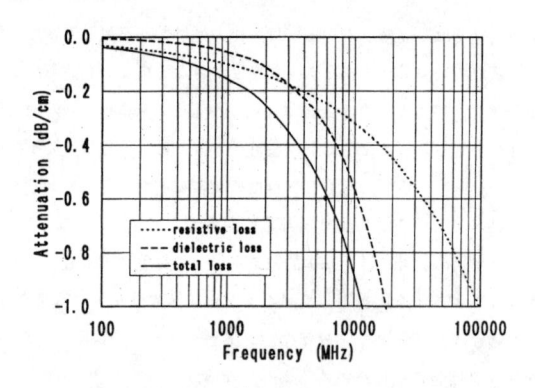

図6 クロック周波数と信号の減衰

プ内部の配線抵抗に起因するノイズを加えてある。

　図6は，ビルドアップ配線板のクロック周波数がどの程度まで上げられるか，クロック周波数と信号の減衰をシミュレーションの結果で示したものである。信号線は線幅50μm，厚さ10μm，特性インピーダンス50Ω，誘電損失は0.03とし，抵抗損失と誘電損失を合わせた全損失を示している。

　一般にCMOSチップのドライバからレシーバへの信号の伝達は3db以内の減衰であれば良いので，クリティカルな信号線の長さを5cmと仮定した場合には，1cmあたりの減衰が0.6db以下であれば良い。図から6GHz程度が信号伝達の限界であることがわかる。

　さらにクロックスピードを改善するには，信号線距離をさらに短くする，あるいは絶縁層材料の誘電損失を少なくする。低誘電損失のエポキシ材料も開発されつつあり，コストが下がれば，さらに性能アップを期待することができる。

4　樹脂封止フリップチップ実装

　フリップチップ実装は，チップと基板を微小はんだ接合部で接続するが，温度変化があると双方の熱膨張係数が違うため，チップの中心から遠い接続点では大きな寸法差が生じ，接続点の金属は疲労破壊を起こす。チップと基板の間をエポキシ樹脂で封止すると，接着された状態になるので，熱膨張係数の違いによる寸法差は累積せず，各部位で応力として基板内部に分散される。

　エポキシ系材料の基板は弾性係数が低いので，応力の約70%を吸収し，残りの約30%はチップと基板全体の反りに変換される。はんだ接合部の歪み量は著しく減少し，10,000サイクル以上の

寿命が達成される。また，接合部がチップのどの位置にあっても歪み量は一定のため，チップの大きさ制限が大きく緩和された。

写真2に，高融点はんだでチップバンプを形成し，基板に形成した共晶はんだのカウンターバンプを溶融して接合する，基本的な樹脂封止フリップチップ接合部の断面写真を示す。また，接合部にかかるストレスが減少するため，より堅い他の金属でも使用できるようになったので，写真3に示す金バンプを使用することができ，一般のワイヤボンド用チップもフリップチップ実装できる。

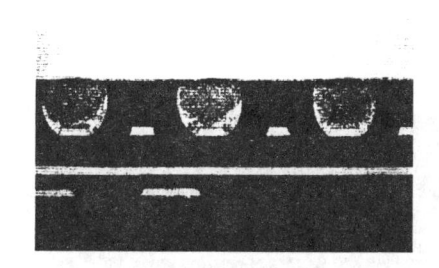

写真2　はんだ／はんだ接合部　　　　写真3　金／はんだ接合部

5　ビルドアップ配線板

ビルドアップ配線板は，配線密度が高く，高密度の半導体チップをフリップチップ実装で直接搭載し入出力配線を行うことができる。図7に，ベアチップを搭載した場合の断面図を示す。

ビルドアップ配線板の構成は，ベースに従来のガラスエポキシ配線板を使用し，その上にビルドアップ配線層を重ねる。ベースでは，銅めっきスルーホールをエポキシ樹脂で埋め，ビルドアップ層配線を阻害しない構造をとる。ビルドアップ層は感光性エポキシ樹脂を絶縁層として使用する。液体状の感光性エポキシをベースに塗布した後，露光・現像工程により100μm径程度のビアホール穴を形成する。エポキシ樹脂を硬化させた後，樹脂の表面を過マンガン酸で粗化して，銅めっきの接着強度を確保する。無電解銅めっきを全面に施して通電層とし，電解銅めっきにより導体層に必要な厚みの銅をつけ，その後，エッチングにより配線を形成する。以上のステップを必要な回数繰り返して完成する。

断面を見ると，シリコンに絶縁層と導体層をビルドアップしている今日の半導体チップの配線

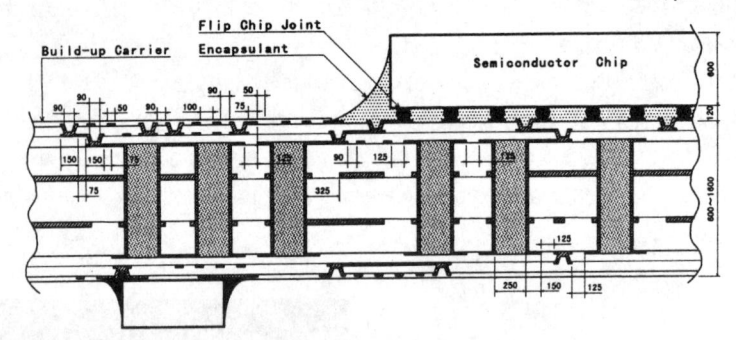

図7 ベアチップ実装断面

構造と同じであることがわかる。写真4に，実際のビルドアップ配線層の写真を示す。樹脂で埋めたスルーホールを備えたベースの上に3層のビルドアップ層がある。

6　BGA実装

また，ベアチップ実装技術を利用して，BGA形態の表面実装部品を構成することもできる。ベアチップ実装には

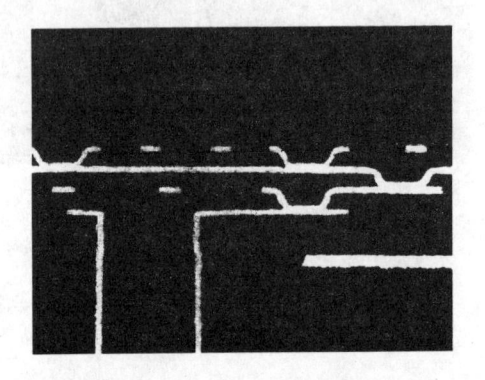

写真4　ビルドアップ配線板断面

及ばないが，従来の表面実装部品に比べると高い電気性能が得られる。ただし，前述のチップと基板の反りのため，チップの直下面にあるBGAはんだ接合部の歪みが大きく，寿命がもっとも短い。

図8は，BGAをマザーボードに実装して各種熱サイクル試験を行った結果である。故障をフリップチップ接合部のはんだの疲労破壊，絶縁層樹脂のクラックによるBGA基板内の断線，BGAはんだ接合部の疲労破壊に分類すると，BGA接合部の疲労破壊は金属の疲労破壊の加速である。

一方，絶縁層樹脂クラックとフリップチップ接合部の故障は，温度差に対する依存性が非常に高いので，大きな温度差の加速試験で同サイクルで故障したとしても，加速試験より温度がはるかに低い（一般に85℃以下）製品の使用状態では，BGA接合部より極めて長い寿命を持つ。

フリップチップ接合部が，BGA接合部と同じはんだであるにもかかわらず，絶縁層樹脂クラックによる加速とほとんど同じ傾向を示すのは，エポキシ封止樹脂が劣化すると保護が弱まり，結果として接合部抵抗が増加していく機構である。

故障として定義した抵抗増加のレベルを比較すると，ベアチップ実装の接合部寿命が，BGAに対して，はるかに長く，信頼性の面からBGAよりもボードへの直接のベアチップ実装が望ましい。

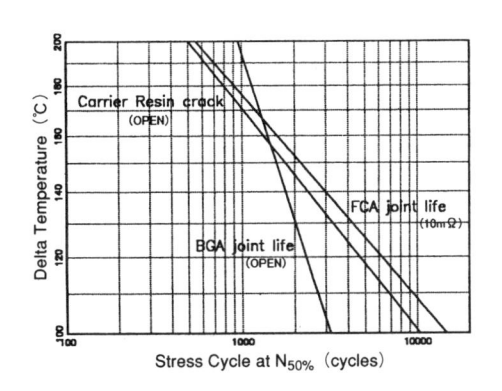

図8　故障モードと温度差による寿命比較

7　チップの品質

ベアチップ実装の問題は，ベアダイの品質である。一般にはKGD（Known Good Die）とも呼ばれ，試験されて品質レベルが確立しているベアチップのことを言う。ベアダイを使用するには，これまでは中間製品であったものを最終製品として保証する必要がある。

バーンインが必要なチップではさらに問題が複雑になる。ロジックチップでは，内部の回路にセルフテスト機能が取り込まれるとともに，半導体ライン自体のコントロールが安定してくれば，必ずしも必要ない。しかし，メモリーチップは，常に最先端の設計ルールを使用するため，初期不良のスクリーニングとして，バーンインはなかなか省略できない。

最近ではウエーファバーンインの装置なども市販されているので，解決の糸口ができた。さらに，学会，工業会の連携でベアチップの品質保証についての標準化が進行しており，完成すればベアチップ流通の一般化も加速される。

8　今後の展開

ベアチップ実装は究極の軽薄短小を実現できる。しかも，樹脂封止フリップチップ実装とビルドアップ配線板の組み合わせは，半導体チップロードマップが2010年に要求している高性能・高密度に，現在の設計ルールでも応えることができる。今後の展開をまとめる。

- チップの基板への搭載はフリップチップ接合が主体となる．樹脂封止により接合部保護がなされるので，接合部材料の選択肢が広く，環境問題等へ材料面からの対応がしやすい．
- コスト対応力の点から，チップを搭載する基板はエポキシ系材料のビルドアップ配線板が主体になる．
- チップの搭載は信頼性の点からBGA接続を廃したベアチップ実装になり，複数個のチップをベアチップ実装するマルチチップ実装が主体となる．ベアチップにおける品質に対し，基準の一般化のため，規格化が進行している．

エレクトロニクス実装は，部品を組み合わせるアセンブリの時代から接合・接着で工程が完了するプロセスの時代に入る．要素技術の進歩はもとより，設計，材料技術，微細な加工技術，信頼性技術を総合的に駆使して製品の性能・信頼性・生産性の最適化を図ることが必須である．

文　　献

1) Y.Tsukada, Y.Mashimoto, T.Nishio and N.Mii, "Reliability and Stress Analysis of Encapsulated Flip Chip Joint on Epoxy Base Printed Circuit Board", Proceedings of ASME/JSME Advanced in Electronics Packaging, Vol.2, pp827-835（1992）
2) http://notes.sematech.org/ntrs/Rdmpmem.nsf/Lookup/98Update/$file/98Update.pdf

第Ⅱ編　ノート型・モバイル型パソコンの小型・薄型・軽量化技術

第1章　ノート型・モバイル型パソコンの小型・薄型・軽量化の動向

宍戸周夫[*]

1　はじめに

　日本電子工業振興協会の統計資料によると，国内のパソコン総出荷台数（年間，4月～3月）は1980年代後半から1990年代初めまでは百数十万台で上下していたが，1993年度から一躍上昇傾向に転じ，1996年度には719万2,000台と初めて700万台を突破した。

　しかし1997年度には，消費税引き上げなどによる個人消費の落ち込みや景気低迷などから出荷台数は対前年比95％の685万1,000台とマイナス成長を記録。だがその中にあって，ノート型などのポータブル・パソコン（電子工業振興協会はノート型やブック型パソコンをデスクトップ・パソコンと分離し，ポータブル・パソコンとして出荷統計を取っている）は同118％の301万7,000台で，デスクトップ・パソコンの同83％，383万4,000台という数字と好対照を見せた。これによって，全国内出荷パソコンのうちポータブル・パソコンの比率は前年度実績の35％から9ポイント・アップの44％となった。

　ポータブル・パソコンの伸びは1998年度に入ってからもさらに続いている。同年第1四半期（4-6月）ではデスクトップ・パソコンは対前年同期比73％とマイナス成長となったものの，ポータブル・パソコンは同107％と前年を上回り，構成比は49％と全パソコン出荷台数のほぼ半数に達した。近いうちにポータブル・パソコンがデスクトップ・パソコンの出荷台数を抜くことは間違いない情勢になってきた。

　ポータブル・パソコンが伸びていることについて同協会では①スペースが重要視される企業市場において導入が進んでいる，②CD-ROM，モデム内蔵，大画面化などマルチメディア機能の強化により個人市場においても構成比が上昇している，③薄型・軽量化モデルの投入などによりモバイル・コンピューティング市場が拡大している，と分析している。

---

[*]　Norio Shishido　㈱テラメディア　代表取締役

2 小型・携帯パソコンの最新動向

2.1 多彩な小型・携帯パソコン

　日本電子工業振興協会がデスクトップ型と分離して総称しているポータブル・パソコンは，一般的にA4判サイズのノート型パソコンと，B5判サイズまたはB5判サイズ以下のサブノート型パソコンに分離できる。ディスプレイには液晶表示装置（LCD）を使い，補助記憶装置としては3.5インチのフロッピーディスク装置（FDD）やCD-ROM，ICカードなどを使う。外出先でも使えることが必須となるため，モデム（変復調装置）を内蔵している。

　また，これとは別にPDA（Personal Digital Assistant＝携帯情報端末）と呼ばれる，さらに小型の個人用情報機器がある。PDAという言葉自体は米アップルコンピュータが提唱したもので，スケジュール管理やメモなどの機能を持つ個人向けの情報管理ツール（PIM＝Personal Information Management）を目指したものである。そのため，鞄やポケットなどにも入れられるような軽量・小型であることが必須条件で，入力装置としてはペンなどが用いられることが多い。

　PDAとしての最初の製品はアップルがシャープと共同開発した「Newton（ニュートン）」だったが，現在は生産を中止している。一方で，独自OSを搭載したシャープの「ZAURUS(ザウルス)」が健闘し，またマイクロソフトがPDA用OSとして開発したWindowsCEを搭載したマシンとしてカシオ計算機の「CASSIOPEIA（カシオペア）」，コンパックの「Cシリーズ」，日立製作所の「Persona（ペルソナ）」などが発売されている。特にコンパックのCシリーズは重量540gで，カラー画面付きのWindowsCE搭載パソコンとしては最軽量を実現している。

　WindowsCEはマイクロソフトが携帯情報端末用に開発したOS。モバイルコンピューティングの進展に合わせ，携帯情報端末市場で標準化を狙って1996年11月に最初の英語版が投入されている。1997年夏には日本語版が登場し，1998年には機能強化されたバージョン2.0が発表されている。パソコンの標準的なOSであるWindows95/98およびWindowsNTに似たユーザー・インタフェースを持ち，「Word」，「Excel」などの機能縮小版ソフトが添付されている。しかしまだ普及期で市場を完全に制覇するまでには至っておらず，独自OSを搭載しているザウルスなども商業的には成功している。ちなみに，ザウルスは1998年8月現在で累計販売台数150万台を突破した。またこれとは別に，Windows95を搭載しながら1kgを切る軽量タイプの「Libretto（リブレット）」（東芝），「Mobio（モビオ）」（NEC）などの携帯情報端末もある。

　民間の調査機関である日経マーケット・アクセスによると，PDAの1998年の国内出荷台数は29万9,000台で，前年度比45％増とパソコン市場に比較して高い伸びを示している。しかし最近ではA4サイズなどでの薄型・軽量化が進んでいることから，従来は外勤営業担当者にPDAを持たせていた生命保険業などでも，ノートパソコンに切り替えるところも出てきて，PDA自体の伸

びは鈍化傾向にある。

　さらに最近では，より小型のいわゆる"ウエアラブル・パソコン"も登場している。ウエアラブルとは「身につける」の意味で，従来のポータブルの「持ち運ぶ」，「携帯する」という概念をさらに越えたパソコンといえる。米MITのメディアラボなどが先進的な試作機を発表しており，また最近では日本IBMも1999年の製品化を目指して試作機を発表した。ディスプレイ，キーボード，またバッテリーなどパソコンの構成部品の軽量・小型化で，パソコンの概念，形状はさらに進化しようとしているのである。

　似たような概念に「パーベイシブ・コンピュータ」というのがある。パーベイシブ（Pervasive）は「広範な」という意味で，米IBMのルイス・ガースナー会長が提唱しているものだ。従来のPDAも包含したコンセプトで，家電，自動車などに組み込まれたコンピュータ（CPU）も含めてネットワークで接続されていくというものである。こうしたコンセプトの下では，当然，現在のものよりも小型・軽量のコンピュータが求められるようになる。パソコンの小型・軽量化に拍車をかけるコンセプトといえる。

2.2　激化する薄型パソコン競争

　現在のパソコンの小型化，軽量化競争に新しい流れが生まれている。薄型化という流れである。火をつけたのは，ソニーが1997年10月に発表した「VAIO（バイオ）ノート505」（PCG-505）だ。同マシンはB5判よりやや大きめのB5ファイルサイズで，本体の液晶部外側，液晶部内部，本体部内部（パームレストなど），本体部底面の4面すべてにマグネシウム合金を使って筐体強度を高めるとともに，厚さ23.9mm，重量1.35kgという薄型・軽量を実現した。

　そのVAIOの最新モデル「PCG-505RX」（写真1）は初めてディスプレイにXGA対応低温ポリシリコンTFT（薄膜トランジスタ）液晶を採用して，B5サイズでありながら1,024×768ドットの色再現性に優れた表示を実現し，さらに薄型化を図った。同機は本体のもっとも薄い部分で厚さ19.8mm，重量は1.24kgとさらに薄型・軽量化を実現している。ソニーはVAIOのヒットに気をよくし，同シリーズの新たな製品として1998年10月にはさらに外形寸法を幅240mm，高さ37mm，奥行き140mmとさらに小型にし，重量も約1.1kgに抑えたVAIO C1を発表，VAIOのコンセプトで携帯情報端末市場への参入も果たしている。

　いずれにしても，ソニーのVAIO505シリーズの登場は，それまでのパソコンの小型・軽量化という開発競争の流れに，新たに薄型・軽量化という新たな視点をもたらした。パソコンは1980年代の初めから，飽くなき小型・軽量化競争に突き進んできた。しかしそれが，人間の手で打てるキーボードの大きさぎりぎりの限界まで達したとき，小型化に代わって薄型という発想の転換がもたらされたのである。さらにソニーは月産1万台と生産台数を限定することで品薄感をもたら

写真1　VAIOモデル「PCG-505RX」
（デジタルビデオカメラ『DCR-PC1』：別売）

し，薄型ノートパソコンへの関心と人気を高めた。

　こうしたソニーのヒットを見て，1998年の夏商戦からはNEC，シャープ，東芝などのノートパソコン・メーカーが同様の薄型パソコンを発表し，同市場に参入してきた。NECは1998年6月にB5ファイルサイズで厚さ2.5cm，重量1.25kgを実現した「Lavie（ラヴィ）NX LB20/30A」を発表。東芝は1998年7月に当時はB5サイズで最薄・最軽量となる厚さ19.8mm，重量1.19kgの「DynaBook（ダイナブック）SS PORTEGE（ポーテジェ）3010/3000」を発表した。またシャープは1998年6月にB5サイズで天板に銀色基調のマグネシウム合金を採用した厚さ21.2～28.3mm，重量1.37kgの「Mebius（メビウス）ノートPJ PC-PJ1」を，三洋電機は1998年9月に厚さ28.7mmのB5ファイルサイズの「ウィンキー MBC-G1」を発表している。

　こうした動きに伴い，従来は薄型化には消極的だった米国メーカーも同様の製品の提供に乗り出している。たとえばコンパックは1998年10月に，A4スリム・モバイル・シリーズとして「ARMADA（アルマダ）6500Ultraシリーズ」，「同3500Slimシリーズ」を発表している。6500Ultraシリーズは従来のDECのハイノート・ウルトラ・シリーズの後継機で，グラフィックスやマルチメディア・データに対応できる高性能パソコンでありながら，厚さ35mm，重量2.7kgを実現している。また，3500SlimシリーズはソニーのVAIOなどと同様にマグネシウム合金のディスプレイ・カバーを採用することなどで薄型，軽量，堅牢性を提供し，厚さ33mm，重量2.1～2.2kgを実現した。

　コンパックのパーソナルコンピュータ製品本部の岡隆史本部長は「日本はポータブル・パソコ

ンに対して非常に厳しい市場。その要求を米国本社に突きつけ，今回，携帯性に優れた製品を提供できることになった」と日米の市場ニーズの違いを語っている。コンパックは創業当初からポータブル型のパソコンで市場を開拓してきて，ポータブル・パソコンでは米国市場で東芝と激しいシェア争いをしているメーカーで，今後も先行する日本の小型，薄型，軽量化の動きに対抗した製品を投入してくると思われる。

　コンパックと同様，米パソコン・メーカーの間ではここにきて，日本市場向けに軽量ノートパソコンの開発を急いでいる。ゲートウエイ2000は社内に日本市場向けの開発組織を作り，小型ノートパソコンや液晶画面一体型パソコンの商品化に取り組んだ。その結果，1998年9月にはカバー部に銀色のマグネシウム合金を使った重さ2.2kgの軽量ノートパソコン「ソロ3100シリーズ」を国内市場に投入した。同社は日本のノートパソコン市場の70％はA4型だとして，同サイズでの価格性能比の高い製品に的を絞った。また，デルコンピュータも1999年早々には重さ2kg以下の軽量ノートパソコンを製品化する計画だ。

　これまで日本向け商品開発に消極的だった米パソコン・メーカーのこうした動きは，軽量・薄型・小型といった国産メーカーの製品開発への取り組みが世界的にも認知されてきたことの証といえる。

　こうした米国メーカーの薄型・軽量ノートパソコン市場への参入の一方で，国産メーカーの海外市場への進出も拍車がかかってきた。シャープはVAIO対抗機種として1998年6月に発表した「メビウスノートPJ PC-PJ1」を，1998年10月末から欧米市場に向け輸出を拡大している。米国向けには「アクティウス」の商品名で輸出し，また同時にドイツ，イギリスにも輸出する。ノートパソコン市場では国産，外資系メーカーを問わず，薄型化が今後のシェア争いの大きなポイントになりそうだ。

　最近の主な薄型ノートパソコンの仕様を表1に示す。

表1　主要薄型ノートパソコンの仕様

モデル名 メーカー	VAIO PCG-505RX ソニー	Lavie NX LB20/30A NEC	DynaBook SS PORTAGE 東芝	Mebius NotePJ PC-PJ1 シャープ
外形	B5ファイルサイズ	B5ファイルサイズ	B5ファイルサイズ	B5ファイルサイズ
重量	約1.24kg	1.25kg	1.19kg	1.37kg
厚さ	19.8mm	25.0mm	19.6mm	21.2mm～28.3mm
ディスプレイ	10.4型XGAポリシリコンTFT	10.4型TFT	10.4型TFT	11.3型SVGA・TFT
キーピッチ	約17mm	17.5mm	18mm	17mm
駆動時間	約7.5時間（オプション）	約11時間（オプション）	最大3.5時間（標準）	約8.5時間（オプション）

2.3 モバイル・コンピューティングの浸透

　パソコンの小型・軽量化を促進する大きな要因となっているのがモバイル・コンピューティングの普及,浸透だ。移動体通信技術の発展やインターネットの普及によって,どこにいても手軽にコンピュータを使える環境が整ってきた。パソコンの小型・軽量化は通信技術の発展とともに,モバイル・コンピューティングを浸透させる車の両輪の役割を果たしている。

　国内でモバイル・コンピューティングの普及に拍車をかけているのが,デジタル方式の携帯・自動車電話とPHSに代表される移動通信の普及による無線通信インフラの整備である。最新の1998年9月末の状況を見ると,総普及台数は携帯・自動車電話が3,654万3,000台,PHSが636万4,000台となっている。PHSはそれまで月ごとの加入者数は12カ月連続減少と明らかに携帯・自動車電話に押されているが,一方の携帯・自動車電話も加入者数の増加は減少傾向を見せており,ある一定の普及状況に達したということができる。

　また,携帯電話やPHSでは文字メッセージ・サービスが充実してきており,これがモバイル・コンピューティングの普及に拍車をかけている。従来,携帯電話では表示が英数カナのものがほとんどだったが,1998年からは漢字表示サービス可能な端末とサービスが増えている。英数カナ方式のものでも表示可能文字数が増えている。

　特に日本電信電話 (NTT) が提供開始した10円メールは一般ユーザーへの携帯端末の普及を促進した。これはNTTドコモとマスターネットが共同開発した高速接続手順で,漢字で約1,000文字 (約2,000バイト) のメッセージを約12秒で送受信できるサービス。同メールを可能とするソフトを組み込んだ携帯端末とNTTドコモの携帯電話を組み合わせれば,容易にメールの送受信ができる。

　このようにコンピュータおよび通信技術,通信プラットホームの発展によって,モバイル・コンピューティングの概念そのものも変化してきている。従来はハンディ・ターミナルのような小型の情報端末を使っての遠隔地でのデータ入力や情報処理が中心だったが,現在ではコンピュータとして十分な機能を小型・軽量パソコンに搭載することができるようになってきており,どこにいても十分なコンピュータ機能を使いこなす環境が整ってきた。

2.4 液晶デスクトップ・パソコン

　小型・軽量化はノートパソコンなど携帯型パソコンだけのものではない。デスクトップ・パソコンでも小型・軽量化は進んでいる。最近顕著な動きはデスクトップ・パソコンにおける液晶ディスプレイの搭載だ。液晶ディスプレイを搭載した,いわゆる省スペース型パソコンが脚光を浴びているが,これは,パソコンがオフィスに普及するに伴って深刻化するパソコンの設置スペースの不足,という問題に対するメーカー側の回答といえる。

従来のデスクトップ・パソコンはCRTディスプレイの奥行きが最大のネックとなっていた。通常の15インチ型では奥行きが30cm～40cm，17インチでは約50cmもある。これではキーボードと合わせると，通常のデスクをほとんどパソコンが占領してしまうことになる。

　しかし，液晶ディスプレイは厚さが6cm前後で，スタンド部分を合わせても20cm程度に収まる。また軽量であるため，移動も楽に行える。一般的な液晶ディスプレイの重量は，同等の表示エリアを持つCRTディスプレイのわずか3分の1程度しかない。

　さらにこうした省スペース型パソコンは消費電力を抑える効果もある。セイコーエプソン・グループのパソコン直販メーカーであるエプソンダイレクトでは，同社の「エンデバー AT-600C」で液晶パネルを採用し本体と一体型とすることによって，消費電力を3分の1に低減した。これによってCO_2の発生も3分の1に抑え，環境に配慮した設計を実現している。

　こうした液晶を搭載した省スペース・パソコンは日本独自の製品である。米国のメーカーは手がけておらず，既存のノートパソコンで十分対抗できるとしている。しかしオフィスや家庭のスペースが狭いなどのオフィス事情，住宅事情を反映して，日本ではこうしたユニークな発想が製品をヒット商品にまで押し上げてしまうことになる。

　民間調査会社の報告によると，液晶デスクトップ・パソコンの国内市場は1998年上半期で20万台，1998年通期では60万台に達するという。1997年の市場規模は15万台と推定されているから，この1年で市場は4倍に膨れ上がったということになる。

　液晶デスクトップ・パソコンがこのように爆発的に普及したのは，液晶ディスプレイ自体の低価格化が最大の要因だ。国内や韓国の液晶ディスプレイ・メーカーが1997年から1998年前半に次々と生産能力を増強した結果，カラー液晶TFTディスプレイ・パネルの価格が下落し，現在ではCRTディスプレイに比べても十分競合できる価格レベルにまで到達してきた。また東芝，米IBMが共同でTFT生産技術を中国に供給することを決めるなど，従来高度な製造技術が必要とされていたTFTの生産が世界に拡大されている。

　そのため，今後はさらに市場拡大が進み，1999年には120万台と国内のパソコン市場全体の15％前後にまで増大し，2000年には全パソコン市場の約30％の240万台にまで拡大すると見られている。

3　小型・携帯パソコン開発の経緯と現状

3.1　1980年代前半に出現した小型・携帯パソコン

　パソコンを小型化し，手軽に携帯して使おうという発想は，パソコンの誕生とともにあった。それまでのコンピュータと同等の機能が小さなチップに収まるマイクロプロセッサの開発は，

ユーザーに自分専用のコンピュータが手に入るという期待を抱かせた。コンピュータを机の上に置くだけでなく，自由に持ち運んで使えるように小型化，軽量化するというニーズは当初から存在したのである。

たとえば米国では1970年代初頭にゼロックスの著名な研究機関であるパロアルト研究所（PARC）にいたアラン・ケイが「ダイナブック」という概念を発表している。ダイナブックはノートサイズの個人用の"ダイナミック・メディア"を総称したもので，現在のノートパソコンの形，機能を完全に予言したものであった。今日のパソコンの原型もまだ存在しなかった時代に，こうした先進的な科学技術者は今日のように小型・軽量で携帯性に優れたパソコンを求めていたのである。

しかし1970年代後半から登場した今日の源流となる8ビットのパソコンは，まだディスプレイにCRTを搭載したもので，携帯型といっても，せいぜい6インチや8インチのCRTを搭載し，多少の距離なら片手でなんとか持ち運べるという程度のものであった。1983年にコンパックが発表した「Compaq Portable」，翌1984年にアップルが発表した「Macintosh」などが，当時としては携帯型パソコンのはしりといわれた製品である。

こうしたCRTディスプレイ搭載型に比べ，液晶を使った携帯パソコンは，より小型・軽量を実現できた。しかし，まだフル画面を表示する液晶は開発されておらず，せいぜい数行程度のライン表示が可能なもので，パソコンとしての性能はデスクトップ型に比べて明らかに見劣りがするものであった。

こうしたポータブル型に続いて登場してきたのがラップトップ型パソコンである。今日のノートパソコンとポータブル・パソコンの中間的な大きさのパソコンで，文字通り膝に乗せて使えるという意味である（しかし，現実に膝に乗せて使うには重すぎた）。1985年ごろから内外のメーカーが数多くのラップトップ型パソコンを発表したが，中でも東芝の「T-5100」はプラズマ・ディスプレイを搭載したIBM互換ラップトップで，特に欧米市場で話題を集め，パソコン分野の数多くの賞も獲得した。

3.2 現実のものとなった「ダイナブック」

これに続いて東芝が開発，発表して爆発的な人気商品となったのが，89年に投入した「J-3100SS001」，通称「Dynabook（ダイナブック）」である（写真2）。

東芝はT-3100の名称で欧米市場で先行してラップトップ型パソコンを投入してきたが，このJ-3100SS001はA4判ファイルサイズで，幅31cm，奥行き25.4cm，厚さ4.4cm，重さ2.7kgと，当時としては世界最小，最軽量を実現。また価格も19万8,000円と，フロッピーディスク内蔵のパソコンとしては初めて20万円を切ったのである。同機はエレクトロ・ルミネッセンス（EL）バッ

写真2　1989年のDynabook（ダイナブック）

クライト付き液晶ディスプレイを採用し，暗いところでも見やすくし，バッテリー駆動では2.5時間の使用を可能にした。

　J-3100DynaBookは，現在のノートパソコンの原型を作ったマシンといえる。同機が登場して以降，NEC，富士通，IBMなどほとんどのメーカーは同様のA4ファイルサイズのノートパソコンを投入した。そして小型化，携帯化競争が始まり，ひとつの流れはさらに小型化を目指した携帯情報端末へ，そしてもうひとつの流れは薄型・軽量化へと向かっていったというのが実状である。すでに見たように，現在ではソニーのVAIOに代表されるマグネシウム合金を使った軽量ノートパソコンがブームになっている。

　今後も携帯型パソコンは多彩な広がりを持って各種の製品が開発されるだろうが，それを実現するためにはディスプレイや外部記憶装置，筐体を構成する素材，成形技術など，さまざまな要素技術の進歩が欠かせない。また，一方でWindowsCEのような小型・携帯パソコン向けのOSなど新しいソフトウエアの開発，標準化の進展も不可欠となる。デスクトップ・パソコンが急速に普及した背景にMS-DOSやWindowsといった標準OSの存在があったのと同じように，携帯型パソコンにも，操作の互換性やデータの移植性，最新機種への拡張性など，コンピュータ・システムとしての基本的な機能が求められる。

4　要素技術

　最近の大きな流れである軽量ノート・パソコンを実現している要因は，まず筐体にマグネシウム合金を使用していることといえる。従来の携帯型パソコンは筐体にABS樹脂を用い，電波障害対策などで無電解メッキをほどこすのが一般的だった。しかし，現在ではマグネシウム合金に電磁波シールドの機能を持たせ，製品全体としての軽量化を図っている。

　パソコンの軽量化ニーズに合わせて，超小型演算処理装置であるMPU（マイクロプロセッサ・ユニット）パッケージの樹脂化も進んでいる。民間の調査機関である矢野経済研究所のレポートによれば，MPU向け樹脂パッケージは1997年度に前年度の約6倍の年間5,600万個に達している。

　こうしたことから，セラミック製パッケージ分野で約60％のシェアを持っていた京セラも，1998年6月には社内に樹脂パッケージを手がける有機材料事業本部を新設し，樹脂パッケージ市場に乗り出した。京セラが量産を目指す樹脂パッケージは1層ずつ製造したプリント板を積み重ねる工法だが，将来はより微細な配線が可能なビルドアップ工法も取り入れた高精細樹脂パッケージにも力を入れる方針だ。樹脂製パッケージは誘電率が低いという特徴もあり，セラミックからの代替が進んでいる。

　またバッテリーでは，松下電池工業が厚さ0.5mmと，これまででもっとも薄いコイン型リチウム電池を開発するなど軽量化・小型化技術，実装技術の開発が進んでいる。

4.1　表示装置

　携帯型パソコンでもっとも使われているTFT液晶表示装置は，国内メーカーが生産設備の増強を図ったり，韓国などでの生産もスタートしたことで，低価格化が急速に進んでいる。たとえば14.1型のTFTカラー・ディスプレイですでに10万円を切り，12インチ型では4万円台前半に下落している。そのため，すでに見たようにデスクトップ型パソコンでも液晶ディスプレイの搭載が進んでおり，新しい液晶デスクトップという市場を生み出した。

　液晶ディスプレイは画面の視野の狭さや暗さも弱点とされていたが，最近では解像度もSXGA（1,280×1,024ドット）で1,677万色を表示可能な製品も開発されるなど，CRTディスプレイと遜色ない性能を実現していることも，こうした動きに拍車をかけている。

　TFTではグラフィック・アクセラレーターを用いることなどにより，より鮮明で見やすい大画面表示を実現するなどの工夫もされている。ソニーのヒット商品であるVAIOシリーズの高性能機では，外部ディスプレイに本体ディスプレイとは異なるデスクトップ領域を同時に表示できるデュアル・スクリーン機能を搭載し，本体ディスプレイには画像一覧を表示したまま外部ディスプレイに拡大された1枚の写真を加工するといったことを可能としている。

一方，主にWindowsCE搭載機など携帯情報端末で使われている低コストのSTN（超ねじれネマティック）液晶ディスプレイでも，TFTと遜色ない明るさを実現した製品などが現れている。ノートパソコンは国内液晶ディスプレイ需要の約40%を占めると見られており，ノートパソコンの低価格化に伴ってSTNの需要も増大している。最近のメーカーの販売動向を見ても，シャープなどTFTに強いメーカーの販売額が減少し，反対にセイコーエプソンなどSTN型液晶の出荷比率が高いメーカーがシェアを伸ばしている。

その他，初期の高機能ラップトップ・パソコンなどで使われたプラズマ・ディスプレイ・パネル（PDP）では，松下電器産業などで，より高品位の製品が開発されている。またPDPに対抗する薄型大画面ディスプレイとして，ソニー，シャープ，日本フィリップスなどがプラズマアドレス液晶（PDLC）を開発している。またこれも初期のラップトップなどで使われた有機エレクトロ・ルミネッセンス（EL）ディスプレイでも，パイオニアが自発光方式の表示技術で26万色を実現するなど，技術開発は進んでいる。これらは，製造設備の整備や価格などの問題がクリアされれば，次世代のノートパソコンでも使われることになるだろう。

4.2 外部記憶装置

最近は携帯型パソコンだけでなく，デジタル・スチルカメラや携帯型オーディオ装置などの利用も想定して，小型外部記憶装置の開発が急速に進んでいる。先鞭をつけたのは米ヒューレット・パッカード（HP）で，1990年代初めに1.3インチのハードディスク装置（HDD）を開発した。同装置は大きな市場を獲得することはなかったが，最近，米IBMがこれを上回る1インチ型で世界最小・最軽量のハードディスク装置「Micro Drive」を開発し，話題を呼んでいる。同装置は後述する日本IBMのウエアラブル・パソコンに早速使用されている。

IBMのMicro Driveは重量20g，大きさは全長42.8mm×幅36.4mm×高さ5.0mmという超小型サイズでありながら，最大340Mバイトの容量を持ち，1999年半ばに発売の予定だ。フラッシュ・カードに使用されるフラッシュ・メモリ方式など，他の携帯情報機器向け記憶方式と異なり，同装置は情報記録用に高い実績を持つハードディスク・ドライブ技術を利用し，同サイズのコンパクト・フラッシュ・カードと比較して，Mバイト当たりの記録コストを大幅に低減するとともに，約5倍の画像データを記憶できるという特徴がある。このため，高解像度のメガピクセル写真も，より経済的に撮影できるようになる。

同ドライブは携帯型パソコン用とともに，デジタル静止画カメラやデジタル・ビデオカメラ，また携帯電話など携帯情報機器向けに開発されている。そのため，たとえばデジタルカメラに搭載することで，大容量を活かした多様な撮影モードが実現できるほか，撮影された画像データをカメラのメモリーからマイクロドライブにダウンロードする時間がフラッシュ・メモリーに比べ

39

て格段に早いため，撮影を中断する必要がなく，シャッター・チャンスを逃がすこともなくなるという。また，ノートパソコンやデジタルカメラ，プリンターなどの間で，データを自由にやり取りできるようになる。

こうしたHDDの小型化とともに，電気的に消去・再書込みが可能な専用メモリであるフラッシュEPROMの大容量化も進んでいる。日立製作所は256MバイトのフラッシュEPROMを，またソニーもフラッシュEPROMを搭載した小型メモリカード「メモリスティック」を発表している。まだ価格の点で問題も残っているが，携帯情報端末などに使われることになるだろう。

一方，フロッピーディスク装置（FDD）では現行の記憶容量1.4Mバイトに代わる次世代の大容量規格を巡り，日米の3つの陣営が勢力争いを繰り広げている。米アイオメガ社の「Zip」，米イメーションなどの「スーパーディスク」，そしてソニーと富士写真フィルム連合の「HiFD」である。ノートパソコンでも画像データなどの扱いが増大していることから，軽量，薄型化とともに，こうした大容量化も大きなテーマとなっている。

5　究極の小型・軽量化を目指して

5.1　身につけるパソコン

1999年には究極の携帯性を実現したパソコンとして，ウエアラブル・パソコン（wearable PC），つまり身につけるパソコンが登場しようとしている。ヘッドホン・ステレオのように身につけ，どこでも自由にコンピュータを使いこなす，つまり人間の生活の中にコンピュータを取り込んでしまおうという発想で生まれたパソコンである。電車の中でメールを読んだり，工場内で移動し

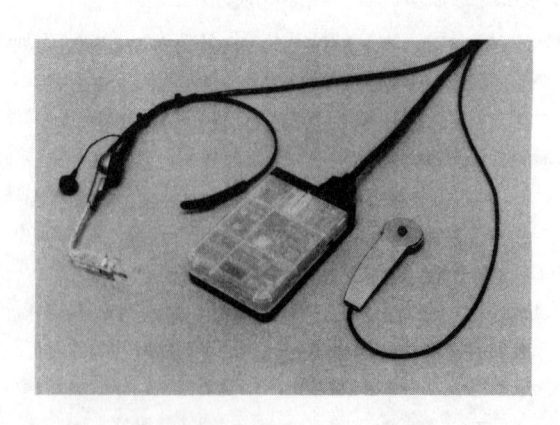

写真3　ウエアラブルパソコン（試作機）

て作業するような場合など，通常のパソコンを使うことのできない環境下でもコンピュータの恩恵を受けることが可能になるというものだ。

こうしたウエアラブル・パソコンは米国防省や米MIT（マサチューセッツ工科大学）のメディアラボなどで数年前から研究が行われてきたが，最近になって日本IBMの大和研究所が試作機を発表し，話題を集めた（写真3，写真4）。日本IBMのエンベデッド事業部と同研究所が研究を進めていたもので，「ネットワークに接続するモバイル・コンピューティングの中にIBMのハード，ソフトを提供していく」（同社）という形で実現した。1999年秋には何らかの形で製品化する計画だという。

メディアラボなどで研究されていたウエアラブル・パソコンは，ノートパソコンのようなものをベルトのように体に巻いて使う，というものだった。しかし，日本IBMの試作機はヘッドホン・ステレオのような形状に通常のパソコンの機能を納めたもので，従来の携帯型パソコンの概念を全く変えるものといえる。つまり，ノートパソコンと同等，またはそれ以上の機能をヘッドフォン・ステレオ・サイズの本体と簡単なヘッド・セットおよび片手で使える小型コントローラーに凝縮して体に装着できるようにしている。

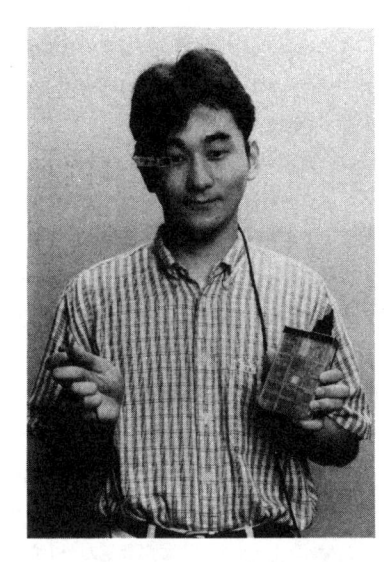

写真4　ウエアラブルパソコンの装着例

同機は①ヘッドフォン・ステレオ・サイズの本体，②マイク／トラックポイント／クリックボタン付きの手のひらに入る小型コントローラー，③マイクロディスプレイとイヤホンを装備したヘッドセット，の3つの要素からできており，それらがケーブルで接続されている。本体重量は299g（バッテリーパックを含む），ヘッドセット重量50g，小型コントローラー重量20g，ケーブル重量80gで，本体にはノートパソコン並みの233MHzのCPU（Pentium，外部2次キャッシュ付き）や1インチのハード・ディスク・ドライブであるマイクロドライブおよびバッテリーパックなどを装備している。Windows98を搭載しており，通常の市販のアプリケーションが使える。本体，コントローラー，ヘッドセットおよびそれらを接続するケーブルを加えた総重量は449gであり，パソコンとしてはこれまでにない超軽量を実現している。

5.2 最先端技術が実現

このウエアラブル・パソコンは，日本IBMの持つ小型化設計技術や半導体実装技術，またマイクロディスプレイやマイクロドライブといった世界のIBMが保有する最先端技術を統合することによって開発された。

たとえばマイクロ・ディスプレイ（320×240ドット・モノクローム256階調，800×600ドット・カラーは99年春開発予定）はTFT液晶ではあるが，通常のようなアモルファスシリコンではなく，ポリ（低温多結晶）シリコンを使用。サイズは1cm角だが，レンズを使って拡大し，26インチ・ディスプレイを2m離れた距離から見るのと同等の大きさに見えるという。バックライト方式で横から光を入れ，プリズムを使って光を正面から与えるようにしている。米国防省ではウエアラブル・パソコン用にめがね型のヘッドマウント・ディスプレイを試作しているが，これは大きく重いといった欠点とともにユーザーごとにカスタマイズが必要になり，日本IBMでは不適当と判断したようだ。

またハードディスク・ドライブはIBMが同機に先だって発表した「Micro Drive」を使用。リチウム・イオンのバッテリーパック（使用時間：1時間30分から2時間）は10W/hのタイプだが，ディスプレイが小さいため消費電力が少なくてすむ。

日本IBMのウエアラブル・パソコン（試作機）の主な仕様を表2に示す。

こうしたウエアラブル・パソコンの使い方は以下のようになる（写真4参照）。まず本体を胸のポケットなどに入れ，コントローラーを手に持つ。さらにヘッドセットを頭に着け，ヘッドセットの右側にアームで固定されているマイクロディスプレイを右目の前約3cmのところにセット。

表2 ウエアラブル・パソコンの仕様（試作機）

プロセッサ	インテルMMXテクノロジーPentium/233MHz
主記憶	64MB（EDO）
ビデオ・サブシステム	MeoMagig Magicgraph 128XD
ビデオRAM	2MB
補助記憶装置（HDD）	IBM MicroDrive 340MB
インタフェース	USB
赤外線通信	最高4Mbps（IrDA V1.1準拠）
オーディオ	マイクロフォン／ヘッドフォン（モノラル）
	SoundBlaster Pro互換
ヘッドセット・マイクロディスプレイ	320×240ドット白黒階調
	（800×600ドット　カラー開発予定）
バッテリー	リチウム・イオン（1.5～2時間）
寸法	高さ26mm×幅80mm×長さ120mm
重量	299g（本体，バッテリーパック），50g（ヘッドセット）
	20g（小型コントローラー），ケーブルを含む総重量449g
OS	Windows98/95

使用者がマイクロディスプレイに視線を合わせると，前方にパソコンの表示画面が見える。実際の風景はその表示画面の先に透けて見えるため，左目に見える風景と一緒になって遠近感が確保され，歩行などでの移動も可能という。コンピューターへの指示は，コントローラで行う。音声認識ソフトが稼動し，コントローラーのマイクから音声で指示をすることができるほか，コントローラーに装備されているトラックポイントでカーソルを移動したり，クリックボタンで画面を変えることも行える。また，通常のキーボードも本体に接続して使用できる。

　日本IBMでは「ウエアラブル・パソコンを使えば，電車の中で立っていても電子メールを読んだりインターネットのホームページを閲覧することができ，従来のモバイル・コンピューティングの概念を一新し，パソコンの究極の携帯性を実現する。産業用途としては，複雑なマニュアル類を参照しながら作業を行う必要のある航空機や自動車などの整備技術者が，マイクロディスプレイに資料を表示しながら自由な手で作業を行うといった使い方をはじめ，様々な用途で使用されることが期待される」と説明している。

　現在のノートパソコンのコストは約45%がTFT液晶ディスプレイで占められているという。その点，このウエアラブル・パソコンでは，TFT液晶ディスプレイの価格が安くでき，また他の材料のコンポーネントは通常のパソコンと同等であるので，ノートパソコンより材料コストそのものは安くできるという。

第2章 「カシオペア」の小型・薄型・軽量化技術

石川智久[*]

1 はじめに

近年「モバイル」,「Eメール」という言葉も一般に使われるようになり,携帯情報機器も一部のマニアのものから,ごく普通の一般ユーザーにも使用されるようになってきた。そしてユーザーの増加につれて携帯情報機器のより一層の小型化,軽量化への要求が高まってきている。

携帯情報機器のなかでもOS「WindowsCE」が搭載されるH/PCが,その性能とパソコンとの親和性において評価されている。当社も1996年11月「CASSIOPIEA」の発表以来,多くのH/PCを発売しているが,1998年にH/PCをさらに小型化したPsPC(パームサイズPC)である「E-10」を製品化した。このPsPCとして要求される機能を最小の形状に具体化するために,高密度LSIパッケージの採用を含む多方面の高密度実装技術を採用している。

本章では,この「E-10」について,その実装技術と今後の課題と方向性を述べたいと思う。

2 製品仕様

製品仕様を表1に示す。
PsPCは従来のH/PCと比較して,主に以下に示す仕様の違いがある。

(1) 画面サイズ,ドット数が1/2(320×240)のサイズ
(2) キーボードを廃止し,手書きペン入力専用
(3) 片手で操作できる形状と操作性
(4) CFカードの1スロット構成(H/PCはPCMCIAカードスロットを含む)

---

[*] Tomohisa Ishikawa カシオ計算機㈱ コンシューマ事業部
PMC部 第二設計室 リーダー

表1 「カシオペア E-10」製品仕様

Model：	E10
Display：	240×320dots
	FSTN liquid crystal 4-scale monotone
CPU：	VR4111
Memory：	4MB（RAM）
Interfaces：	Serial：RS-232C,115.2kbps max
	Infrared：IrDA Ver.1.0, 115.2kbps （max.）
Card Slot：	Compact Flash card
Earphone jack：	Φ3.5mm
Power Supply (Main)：	Two AAA-size alkaline batteries
	AC adapter（AD-C50200）
(Back-up)：	One CR2016 lithium batteries
Power Consumption：	1.5W
Battery Life：	40 hours（continuous display of Contacts screen）
	25 hours（Repeat of input and display in contacts, with an input-display time ratio of 1：10）
Dimension：	18.2H×81.5W×124D mm
Weight：	186g（including batteries）

3 回路構成

内臓されているハードは基本的にキーボードがないのを除けばH/PCと同様で，メインPCBにCPU，ROM，RAM，G/A（周辺 I/F 回路であるIrDA用I/F，シリアルI/F，カードI/F，LCDドライバI/F，Audio I/Fなど），電源回路が実装され，その他にLCDモジュール（表面から順にタッチパネル，LCDパネル，ELバックライト，LCDドライバ回路とELドライバ回路が実装されるPCB）とによって構成されている。

4 製品形状

製品の外形を写真1に示す。
片手で持って操作しやすい形状と大きさをもっている。前面はLCDパネル，最

写真1 「カシオペア E-10」の外形

上部にLED，下側にマイク音穴，電源スイッチ，機能スイッチが配置され，右側面にはスタイラスとよばれるペンが装着されるホルダーがあり，左側面には左手で操作するスイッチ類とヘッドフォン端子が配置され，上側面にはCFカードスロット，下側面にはPCとのデータ通信を行うコネクタが配置されている。

5 実装の実際とその技術

5.1 主な構成モジュール

写真2にメインPCB裏面を示す（下ケースを開けた状態）。ROMボード（中央にそのコネクタがある）は取り外した状態である。

写真3にメインPCBおもて面を示す（メインPCBを取り外した状態）。左の上ケース側にLCDモジュール，その最下部にキーPCBが実装されている。

主な構成モジュールには，次のものがある。

- (1) 下ケース：電池ブタ，スタイラス，スピーカが実装される。
- (2) メインPCB：表示関係以外の電子回路がすべて実装される。
- (3) キーPCB：本体前面の操作スイッチ4個が実装され，上ケースにネジ止めされる。
- (4) LCDモジュール：タッチパネル，LCDパネル，EL，駆動回路が実装される。
  電池ケース，中ケースと一体成形されている。

写真2　メインPCB裏面（下ケースを開けた状態）

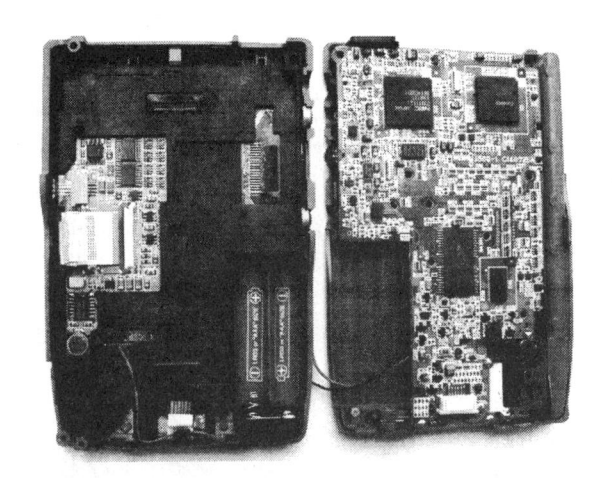

写真3 メインPCBおもて面（メインPCBを取り外した状態）

　(5)　上ケース：LCDモジュール，キーPCB，マイクなどが実装される。
本体のトータル厚は，
①タッチパネル，ELを含むLCDモジュールの厚さ
②電池（メイン電池，メモリバックアップ電池）の厚さ
③PCBの厚さ
④LSI，チップ部品の高さ
⑤CFコネクターの厚さ
⑥上下中のケースの厚さ
⑦コイル，コンデンサーなどの背の高い電子部品
⑧バージョンアップ用のROM PCB構造の厚さ
これらの要素を干渉しない配置とすることで，総厚18.2mmの製品外形を実現している。

5.2　電子部品の高密度実装技術の実際
5.2.1　LCDモジュール
　「E-10」では，当社デバイス事業部と共同で，タッチパネル，ELバックライト，LCDパネル，中ケースを一体にしたLCDモジュールを開発した。
　中ケースは本体強度維持が主目的であるが，厚みのある電池を中ケースに実装し，電池ケース

を廃止した。さらにLCDモジュールのPCBに実装される電子部品とメインPCBのおもて面に実装される電子部品を干渉しないように配置するため、中ケースを中抜けさせたり、中ケース厚を薄くして成形している。

またLCDドライバ回路とELドライバ回路を同一PCBに実装することによって、メインPCBの面積を減らしている。

5.2.2 メインPCBおもて面

写真4にメインPCBおもて面（拡大）を示す。

おもて面はLCDモジュールが接する面で、裏面に対して高さの低い部品が実装されている。回路機能的には主にロジック回路であり、構成電子部品としては、上部左にCPU、上部右にG/A、中央にRAM、およびその周辺回路として

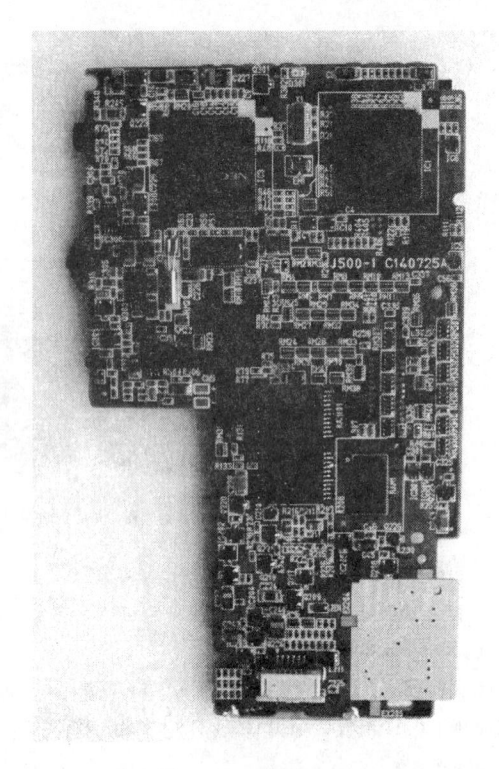

写真4　メインPCBおもて面（拡大）

の水晶発振子，電源用バイパスコンデンサ，プルアップ抵抗，ダンピング抵抗，右下端にバックアップ用リチウム電池用バネ，等が実装される。

時計用水晶振動子に高さの低い部品を選択したため手付け部品になっているが，他はすべて表面実装部品になっている。また特に数が多い抵抗，コンデンサは表面実装部品の中でも事実上最も小さいサイズである1005サイズを標準的に採用している。

主な電子部品の高さを表2に示します。

この面では，高さと同時に部品面積が重視され，仕様から決定される機能を一定の面積に入れる必要からFBGAが選択され，その結果，PCB面積が約1/2になっている。

表に示されるように半導体の薄型化が進み，おもて面では電源ラインのバイパス用であるタンタルコンデンサが最も高い部品となっている。設計時点でも，さらに薄いタンタルコンデンサや，それに代わるセラミックコンデンサは存在したが，中ケースを薄くすることによって部分的に高

表2　メインPCBおもて面に実装される主な電子部品の高さ

[LSI，メモリ]
CPU	VR4111	224pin	*FBGA :	1.46max
G/A	uPD65843S1	176pin	*FBGA :	1.66max
DRAM1	uPD42S16165LF3	44pin	*FBGA :	1.20max
DRAM2	KM416U1004CT	44pin	TSOP :	1.20max

*FBGA：ファインピッチBGA　　CPU，G/A端子間ピッチ　0.8mm
　　　　　　　　　　　　　　　RAM　端子間ピッチ　0.75mm

[その他周辺部品]
セラミック発振子	CSTCC8.00MG	:	1.6 max
水晶振動子	DSX840GA	:	1.6 max
タンタルコンデンサ	ECST0J106R	:	1.8 max
モジュール抵抗	SR4E	:	0.4 max

さの高い部品が許容できたのと，コストなどの要因により上記部品を選定した。

5.2.3　メインPCB裏面

写真5にメインPCB裏面（拡大）を示す。

裏面はおもて面に実装できない高さの高い部品が実装されている。回路機能的には電源回路が大部分を占め，ロジック回路の一部であるROMボードがコネクタとともに実装されている。ROMボードは一般的に交換性を考慮しておく必要から，従来より裏面に実装されている。

構成電子部品としては，上部にコンパクトフラッシュカード用コネクタ，最上部右端にIrDAモジュール，ヘッドフォンジャック，右側面に各スイッチ，左端にLCDモジュール用コネクタ，最下端にシリアル通信用コネクタ，中央にD/Dコンバータ（電源）用のアナログLSI，その他コイル，大容量タンタルコンデンサ等の高さの高い部品が数多く実装されている。

主な電子部品の高さを表3に示す。

表3に示されるように，基本的にこの面での高さを決定しているのが，コンパクトフラッシュ用コネクタであり，その高さに合わせてROMボードの高さが決定され，その他はそれ以下の部品を選定するという順序で部品が決定されている。今回はコイル，コンデンサ類は高さが6mm以内であれば，ほぼこのクラスの回路に使用する部品は選定することができた。ただし，従来のHPCで使用されてきたアルミ電解コンデンサは，厚さの点からタンタルコンデンサにすべて代替されている。またスイッチ類なども，この高さであればカスタム対応せずに選定可能であった。

この面では，電源回路などがLSI化されたことにより，PCB面積が約2/3になっている。

写真5　メインPCB裏面（拡大）

表3　メインPCB裏面に実装される主な電子部品の高さ

[スイッチ，コネクタ]
スイッチ	SLLB120200	： 3.2 max
CFカード用コネクタ	55192-5028	： 6.1 max
LCDモジュールコネクタ	ジョイナー含まず	： 4.1 max
シリアル通信用コネクタ	TCX3110	： 3.1 max
ROMボード（実装時）	コネクタ，PCB，ROMの総厚	： 6.0 max

[電源他アナログ部品]
電源LSI	カスタムLSI　64pin QFP	： 1.7 max
コイル大	N08DP	： 5.0 max
コイル小	N06DP	： 3.2 max
タンタルコンデンサ	F751A337MR0	： 3.8 max

6 高密度実装技術のポイント

今回の高密度実装技術のポイントをまとめると，
(1) LCDモジュールのタッチパネル，LCDパネル，ELパネル，中ケース一体設計
(2) ロジック回路の高密度パッケージ（FPGA）の採用とマウント実装技術
(3) 電源，アナログ回路（D/Dコンバータ等）のLSI化
(4) 多層配線PCB（1mm厚6層BVH）の高密度実装設計技術，生産技術
(5) 小型薄型部品のカスタム開発
(6) 最小表面実装部品の大幅な採用と，最新小型化部品の積極的採用

以上が「E-10」の高密度実装実現に大きく寄与している主なポイントである。

7 軽量化について

「E-10」における各モジュールの重さを図1に示す。
各モジュールの中で重い部品としては，
①LCDパネルはLCDパネルのガラス，PCB，電子部品
②中ケースは強度確保のため，素材が特殊で上下ケースより重い
③タッチパネルはほとんどガラスの重さ
④メインPCBは電源用コイル，半導体，コンデンサ
⑤下ケースはスピーカとケースと素材
⑥バッテリーはアルカリタイプのため重い
⑦上ケースは素材

などがあり，これらが軽量化のポイントになる。

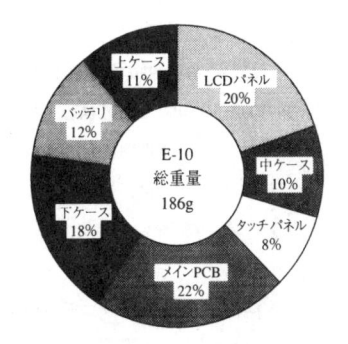

図1 「カシオペアE-10」各モジュールの重さ

7.1 E-10の軽量化について実施した対策

E-10の軽量化のため実施した対策としては，
①タッチパネルのガラス厚を従来1.1mmを0.7mmにすることにより，薄型化と軽量化を同時に実現
②電源用コイルを各社比較し，小型軽量なものを採用
③部品の小型化推進，例えば同じ抵抗，コンデンサでも，より小型の部品を採用

などがあげられる。

7.2 今後の軽量化
今後の軽量化の方法としては，
 ①LCDモジュールのさらなる一体化，ガラス厚の薄型化，プラスチック化
 ②低消費電力化による電池の小型軽量化
 ③D/Dコンバータ回路の高周波化によるコイル，コンデンサの小型軽量化
 ④マグネシウムなどの軽量素材によるケースの薄型軽量化
などがあげられる。

8 今後の課題と方向性

携帯情報機器としてのPsPCはさらなる小型，薄型，軽量化が要望されている。それを実現するために重要な技術ポイントは，以下のとおりである。

(1) ロジック系LSIの集積化高密度パッケージの採用とその実装技術

CPUの高性能化と要求仕様の追加とに伴い，メモリー容量も半年から1年ごとに2倍になってきており，ロジック回路面積も新機種ごとに1.2～2倍になってきている。

今後の対応としては，以下あげられる。
 ①ロジック回路のメモリー内蔵大規模LSI化，LCDドライバ，アナログ混載ロジックLSIの開発
 ②CPU，G/A，メモリー等の高密度パッケージ品の採用とそのPCB実装技術の向上
 ③LSIメーカーとのパッケージ共同開発，実装技術開発の推進
 ④生産性，コストを考慮した多層PCB，高密度PCB，薄型PCBの採用

(2) 表示部の薄型カスタムデバイスの開発

表示部はタッチパネル，LCDパネル，ELパネルともに薄型化は進んでいるが，携帯性ゆえにその強度に対する品質基準も高く，さらに表示品質も製品イメージに直結するため，薄型にするのが困難な部分である。しかし，薄型化と同時に軽量化にとって重要な部分である。

今後の対応としては，以下があげられる。
 ①タッチパネル，LCDパネルのガラスの薄型化，軽量化，プラスチック化
 ②LCDパネルへのLCDドライバ，周辺LSIのCOG搭載化
 ③LCDモジュールPCBに全部品搭載するPCB一枚化
 ④LCDモジュールとしての中ケースを廃止するケースレス設計

(3) 電源回路，周辺アナログ回路のさらなる集積化

「E-10」においても電源回路の大幅な集積化は達成しているが，今後もPsPCとしての機能向上に伴い，新たなアナログ回路の集積化が求められてきている。

今後の対応としては，以下があげられる。

①音声処理回路（アンプ，フィルタ，AGC回路等）のLSI化

②充電回路，電池寿命表示回路等のLSI化

(4) 薄型部品のカスタム開発

電池やコネクタ，スイッチなどの実装部品は機構面での小型薄型化設計に際しキーデバイスになる。しかし，一方で電池は携帯情報機器の最重要仕様である「動作時間」を決定する部品であり，小型化と動作時間の長寿命化は相反する要求項目となるため，構想設計時の十分な検討が必要である。

今後の対応としては，以下があげられる。

①PsPC用充電電池のカスタム開発，メーカーとの共同開発

②CFコネクタの最薄型形状の追求とカスタム開発

③薄型コイル，コンデンサのメーカーとの共同開発

9 「カシオペア」の新製品とその小型化技術

携帯情報端末の業界の進歩は目覚しく，当社においても'98年の「E-10」発売以後，その日本語版PsPCの「CASSIOPEIA E-55」を'98年12月15日に，カラー版PsPC「CASSIOPEIA E-500」を'99年3月26日に発売した。

「E-10」に関する小型化技術について記述した時点からの変化もあり，前述した内容に加えて，代表的なこの2つの新製品について，その製品概要と小型化技術の追加説明をする。

9.1 「E-55」

9.1.1 「E-55」の特徴，製品仕様

「E-55」の主な特徴は次のとおり。

(1) 初めての日本語版パームサイズPC

(2) 「E-10」と比較し，約3mmの薄型化を実現

(3) デジタル携帯電話／PHSとの直接接続を可能にするデータ通信機能を内臓。

製品外形を写真6に，製品仕様を表4に示す。

表4 「E-55」製品仕様

Model：	E55
Display：	240×320dots
	FSTN液晶，4階調白黒
CPU：	VR4111
Memory：	16MB（RAM）
Interfaces：	
Serial：	RS-232C， 115.2kbps max
Infrared：	IrDA Ver.1.0 115.2kbps max
Modem：	PDC（携帯電話）/PHS ケーブル直接接続
Card Slot：	Compact Flash card(TypeII対応)
Earphone jack：	Φ3.5mm
Power Supply（Main）：	単4形アルカリ乾電池×2
	ACアダプタ（AD-C50200）
（Back-up）：	リチウムコイン電池 CR2032×1
Power Consumption：	1.5W
Battery Life：	約40 時間（連続表示状態のとき）
	約25 時間（動作1分，表示10分を繰り返した場合）
Dimension：	15.5H×83W×128D mm
Weight：	185g（電池含む）

9.1.2 「E-55」の回路構成

「E-55」のハードは「E-10」とほぼ同等な回路構成である。大きく異なる点は以下のとおり。

(1) RAM容量が4MBから16MBと4倍になり，パッケージはFBGA2個

(2) RAM容量増加に伴い，バックアップ電池をCR2016からCR2032に変更し，電池容量増加

(3) 省電力化のためダイナミックスピーカを圧電型スピーカに変更し，駆動回路も変更

(4) ニッケル水素2次電池とアルカリ乾電池の共用対応変更，電源回路容量増加

(5) 内臓モデム機能対応の回路追加

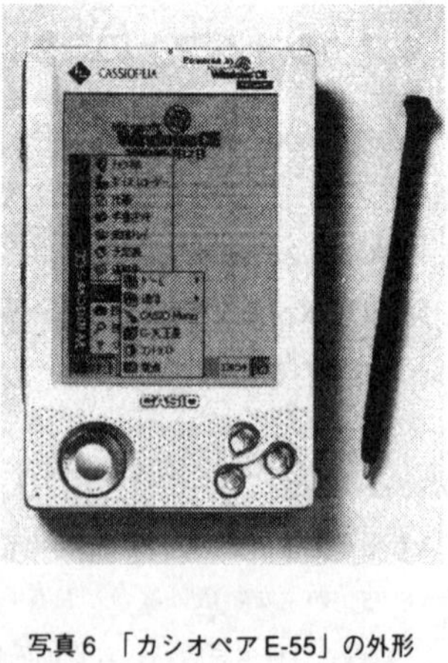

写真6 「カシオペアE-55」の外形

9.1.3 「E-55」の実装の実際とその技術

日本語化と同時に，この製品の大きなポイントは，手で持ったときのフィット感であり薄型化であった。実際には3mmの薄型化を実現したが，「E-10」で技術的にもかなり薄型化が達成されていたため，追加された回路量をより薄い筐体に実装するために，ケース外形が幅1.5mm，長さ

4mm大きくなっている。

薄型化のポイントとしては，次のとおり。
(1) 電池実装位置を従来の縦置きから横置きとし，液晶モジュールとの干渉を避けて実装
(2) LCDMとの干渉を避けるためにPCBおもて面の部品の高さ調整や電子部品の低背化を実施
(3) 裏面PCB上の電子部品，電源回路のコイル，コンデンサの設計変更，部品見直しによる低背化を実施

その他の実装技術はほぼ「E-10」と同様である。

9.2 「E-500」

9.2.1 「E-500」の特徴，製品仕様

「E-500」の主な特徴は次のとおり。
(1) 高精細65,536色TFT(HAST)液晶採用の初のカラー日本語版パームサイズPC
(2) 音楽データ(MP3)，動画データ再生などの多彩なマルチメディア機能を搭載
(3) オプションのデジタルカメラカードにより動画撮影，

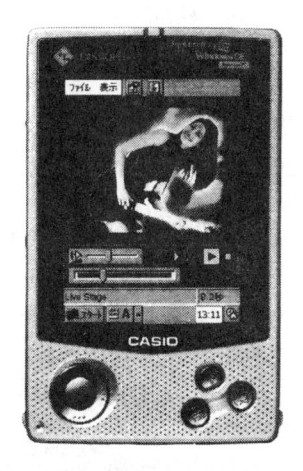

写真7 「カシオペアE-500」の外形

表5 「E-500」製品仕様

Model：	E500
Display：	240×320dots
	65,536色 ハイパーアモルファスシリコンTFT(HAST)
CPU：	VR4121(131MHz)
Memory：	32MB（RAM）
Interfaces	
Serial：	RS-232C　　115.2kbps max
Infrared：	IrDA Ver.1.0 115.2kbps max
Modem：	PDC（携帯電話）/PHSケーブル直接接続
Card Slot：	Compact Flash card(TypeII対応)
Earphone jack：	Φ3.5mm(ステレオ)
Power Supply Main：	専用リチウムイオン充電池
	ACアダプタ（AD-C50200）
Back-up：	リチウムコイン電池 CR2032×1
Power Consumption：	3.6W
Battery Life：	約6時間（動作1分，表示10分を繰り返した場合）
	約4時間（携帯電話・PHSでのデータ通信を連続して行った場合）
Dimension：	20H×83.6W×131.2D mm
Weight：	255 g （電池含む）

最新カシオペア製品情報：カシオ計算機のホームページ http://www.casio.co.jp/

静止画撮影が可能

製品外形を写真7に，製品仕様を表5に示す．

9.2.2 「E-500」の回路構成

「E-500」の回路構成のポイントは次のとおり．

(1) カラー化，マルチメディア機能（オーディオ，静止画像，動画処理）強化のために
  ① CPU処理能力が大きくバス幅も従来比2倍，32bit幅のVR4121を採用
  ② 高速画像処理回路の内蔵（G/A），画像処理用VRAMを搭載
(2) RAM容量は「E-10」の8倍，32MBでFBGA4個を搭載
(3) 高効率2重冷陰極管バックライト，圧電方式インバータモジュール採用
(4) MP3対応の高品質ステレオオーディオ回路（16bitDAC他）を採用
(5) リチウムイオン2次電池を採用し，充電回路も本体に搭載

9.2.3 「E-500」の実装の実際とその技術

薄型化のポイントとしては，

(1) リチウムイオン電池と液晶モジュールの干渉を避けて実装し，長さを抑える．
(2) 従来比約2倍の電子回路を
  ① LSIによる集積化（G/Aの2個に集積化）と小型パッケージ（全てFBGA）で実装
    RAMも同様に4個のFBGAで構成し，徹底的に高密度パッケージを採用
  ② PCBを分割し，メインPCBの電子回路をAudioPCB，KeyPCBとに分散高密度実装
(3) 電源回路をあえて集積化せず，分散実装配置できるような回路構成とした．
(4) 低背電子部品（コイル，タンタルコンデンサ，FET，水晶発振子等）を約70%新規採用

図2に本体の縦方向の断面図，写真8に下ケースを開けた全体写真を示す．

断面図（図2）からわかるように，リチウムイオン電池とLCDモジュールとCFコネクタをケース内にまず配置し，次にそれらのデバイスの隙間にメインPCBを配置し，さらにメインPCB上の部品の隙間にROMPCB，AudioPCBなどが隙間を埋めるように実装されている（写真8参照）．

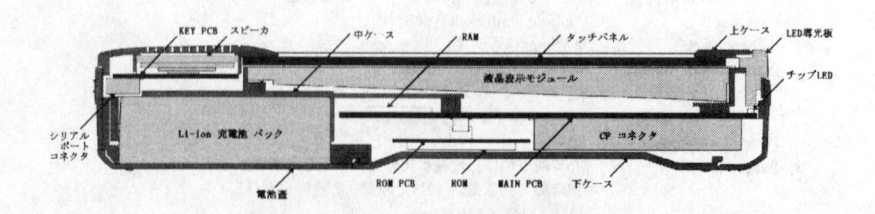

図2 「カシオペアE-500」の縦方向の断面図

写真8　メインPCB等の配置（下ケースを開いた状態）

またスイッチ，シリアルコネクタ，マイク等が実装されるKeyPCB，スピーカなどが充電池と上ケースの間に実装されている．断面図からリチウムイオン電池，CFコネクタ，LCDモジュール，タッチパネルなどが薄型化のポイントとなるKeyデバイスであることがわかる．今回，この中でCFコネクタ以外はすべてこの製品用のカスタム設計であり，薄型化の大きなポイントとなっている．

　また，写真8からわかるように，バックライト用のインバータは最左端のペンホルダーの下に実装され，バックアップ用リチウムイオンコイン電池がROMPCBの左横の隙間に実装されている．細長いAudioPCBの下にスイッチ，コネクタが実装されている．

9.2.4　電子部品の高密度実装技術の実際

(1) PCBおもて面

写真9にPCBおもて面を示す．

　主にCPU，G/Aが2個，VRAM，DRAMなどのデジタル回路が実装され，リチウム電池充電回路用D/Dコンバータ，液晶用電源回路など背の低いアナログ電子部品も実装されている．従来機

57

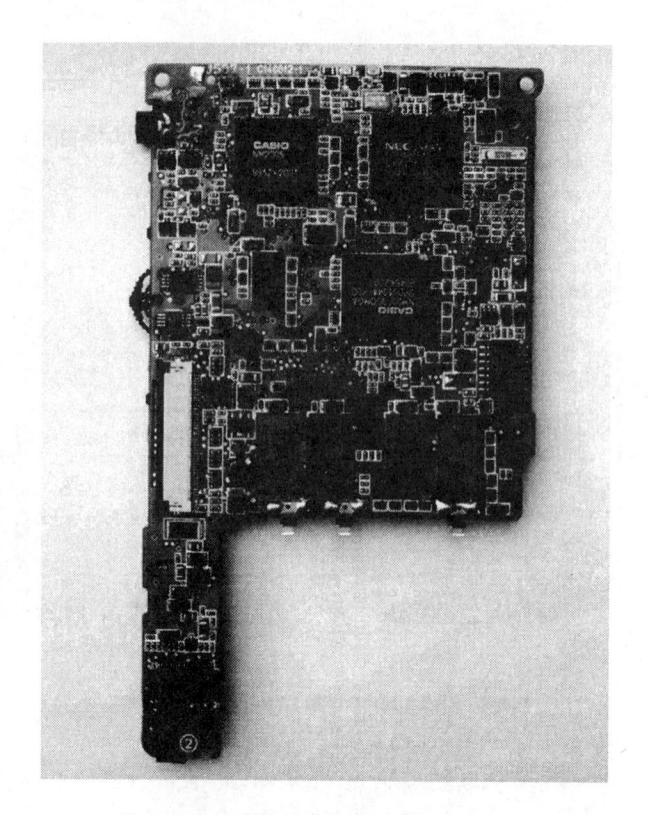

写真9　PCBのおもて面

種と比較して1.5倍程度の部品密度で実装されている。

この面は電子部品の薄さが直接厚みに影響するため，厳しい高さ制限が存在する。

(2) **PCB裏面**

写真10にPCB裏面を示す。

主に電源回路と背の高いIrDAモジュール，CFコネクタ，コネクタ，ジャック，ROMPCB，AudioPCB(写真では外してある)が実装されている。右下の部分は充電池が厚いため，電子部品としてもっとも厚みのあるACアダプタジャック，電解コンデンサなどが実装されている。

従来機種と基本的に同様な実装構成であるが，AudioPCBが細長く隙間を埋めるように実装され，高さ方向の面積の少ない隙間が有効に利用されている。

写真10　PCBの裏面

9.2.5　今後のカラー機種の小型化に対する課題

　現在の技術ではカラー表示機種の薄型化を困難にする大きなポイントとして液晶の方式がある。

　カラーLCDが「E-500」のような透過型である場合，バックライトが大電流を消費するため，大型の大容量電池が不可欠になり，さらに重い電池を実装するケース強度や，タッチパネル強度が必要になることで，ますますケースが厚く，大型になるという宿命をもっている。

　またバックライトが必要ない反射型カラー液晶でも，現状では色の品位が透過型に遠く及ばず，しかも暗い場所では認識できないので，フロントライト方式にすると透過型と同様電池が大きくなる問題が発生する。

　現状の技術では，これらの課題に対し，表示品位と電池寿命と携帯性とを全て満足するレベル

の製品は見当たらない。この課題の解決には今後の反射式液晶と充電電池の技術進歩を待つ必要がある。

10 おわりに

以上「カシオペア E-10」と「E-55」,「E-500」の高密度実装技術について述べた。携帯情報機器は携帯電話のように普及していくものとして期待されている。また「E-10」がカラー化して「E-500」になったように,他の携帯情報機器も今後カラー化が加速されていく。

パソコンがたどって来た変化は,同時に,それが扱う情報の種類が文字メディアから音声,画像といったマルチメディアに変化していく事を意味している。携帯情報機器でも,これらのハードの変化がもたらす情報の変化が新たなソフトの変化を生み,さらに新たなハードの変化をもたらすサイクルとなっていき,その変化のサイクルはパソコンで起きたそれよりも,もっと多様な機能,形態をもつ製品群に発展していくだろう。

そして,その大きな変化の中にあっても,なお携帯性は普遍的なユーザー支持要素である。したがって,ハードの変化があればあるほど,それと同時にさらに発展した高密度実装技術が要求され,進歩していくであろう。

当社としても,今後も現在の「カシオペア」の高密度実装技術をさらに発展させ,新たなPsPCや次世代携帯情報機器を製品化することによりユーザーの期待に応えていきたいと考えている。

第Ⅲ編　構成部品・部材の小型・薄型・軽量化技術

第1章　ハウジングの軽量化と材料開発・薄肉成形法

1　マグネシウム合金

井藤忠男[*]

1.1　はじめに

マグネシウム合金は，軽さ（比重 約1.8，アルミニウムの2/3・鉄の1/4・亜鉛の1/4），比強度および比剛性（同一重量あたりの強度および剛性），振動減衰能（振動吸収性），寸法安定性，耐くぼみ性，機械加工性（切削抵抗が小さい），熱伝導性（放熱性），電磁波遮蔽性，リサイクル性等に優れた特性を持つ。また，マグネシウムは地殻構成物質の中で8番目（クラーク数）に豊富な元素（存在比質量は1.93質量％）であり，マグサイト鉱石（$MgCO_3$），ドロマイト鉱石（$MgCO_3 \cdot CaCO_3$）に含まれ，広く世界中に分布している。海水中にも，苦汁の主成分として，金属元素としてはナトリウムに次いで多く含有され，その量は，約1,300mg／ℓ であり，資源的には無尽蔵である。したがって，構造材として個性的かつ魅力的な実用材料といえる。

マグネシウムは1808年，H.Davyにより発見され，1886年には現在の製法に近い電気分解法による金属マグネシウムの生産に成功しており，軽金属工業材料としては，既に100年以上の歴史をもっている。しかし，アルミニウムやプラスチック材料と比べても，その使用量は極めて少なく，特に日本の国内地金需要量は先進工業国の中でも最も少ない。ちなみに，1998年度需要実績は，世界で約36万トン，日本で約3万トンであった。

しかも，その大半はアルミニウム合金の添加剤や化学工業用であり，構造材としての利用は世界の全マグネシウム消費量の31％（約11万トン／年），日本では9％（約0.2～0.3万t／年）にすぎない。なぜなのか？ "高価である"，"腐食しやすい"，"燃えやすい（危険）"等の理由であった。

しかし近年，自動車（特に北米・ヨーロッパ）や家庭電気製品など一般民生品の分野（特に日本）でも，マグネシウム合金製部品への注目が急速に高まり，実際に採用される例が急増している[1]。

その背景には，マグネシウム合金の優れた特性に加えて，次のような社会的趨勢がある。すなわち，省エネや環境保護の観点から自動車などの輸送機器の軽量化ならびにリサイクル，そして

---

[*]　Tadao Ito　天馬マグテック㈱　常務取締役

ノートパソコン，デジタルビデオカメラ，デジタルスチールカメラ，MDプレーヤー，携帯電話などの各種電子情報通信機器の携帯化に伴って，部品の軽量・薄型・小型化と電磁波シールド性能（EMI）等への要求が高まってきたことである．さらに特定家庭用機器商品化法（家電リサイクル法）が2001年度から施行されることになり，今後その対象が主要4品目（テレビ，エアコン，洗濯機，冷蔵庫）以外にも拡大されることが予想され，従来材料のプラスチックに比べてリサイクル性に優れたマグネシウム合金の採用に拍車がかかった．特に，これらの製品の量産成形法の主流であるダイカスト分野では，この十年間で，合金材料需要は世界で3.3倍，日本で4倍以上と急成長を遂げている．

一方，この急激な成長の背景には，それを支えるいくつもの大きな技術革新（合金開発・製造技術）があったからに他ならない．すなわち，①耐食性高純度合金の開発，②高延性（高靱性）合金の実用化（低アルミニウム含有 Mg‐Al‐Mn系合金），③フラックスレス溶解技術の確立（塩化物フラックスからSF_6雰囲気の利用），④表面処理技術，⑤薄肉精密ダイキャスト技術（ホットチャンバープロセスの利用），⑥自動給湯装置（大型コールドチャンバープロセス用）の開発，⑦半溶融射出成形法（チキソモールディング法），⑧リサイクル技術の確立等により，"高価である"，"腐食しやすい"，"燃えやすい（危険）"等の先入観，問題点が見直され，マグネシウム材料の本来具備している優れた特徴を積極的に活用しようとの機運が生まれたことを意味する．

本節では，小型・携帯パソコンのハウジングのマグネシウム射出成形（ダイカストおよびチキソモールディング）を中心に合金特性，ハウジングへの適合性，応用例について概説する．

1.2 マグネシウム合金の特性

1.2.1 マグネシウムの基本特性

表1に純マグネシウムの物理的特性を示す．比重は室温で$1.74g/cm^3$と実用金属材料中で最も小さく，このためマグネシウム合金は高い比強度を示す．融点は650℃でアルミニウムとほぼ同じである．

同容積で比較した場合，マグネシウムの比熱，溶解潜熱はアルミニウムの約2/3であり，したがって少ない熱量で溶解することができる．同時に凝固潜熱も小さく，速く凝固するため，合金のダイカスト鋳造におけるショットサイクルを速めることができ，かつ金型への熱衝撃（熱疲労）を小さくできる．一方，アルミニウムよりも射出速度を速くする必要がある．

また，鉄材料に対する化学親和力がアルミニウムに比べて極めて小さく，金型の溶損，焼き付きが発生しにくいため，金型寿命が長くなる．

その他，熱伝導率はアルミニウムの約70%で，熱の良導体でもある．熱膨張係数はアルミニウムよりやや大きく，鉄の約2倍である．結晶構造は最密六方構造（HPC）で面心立方構造材（FCC：

表1 純マグネシウムと他の金属材料の物理的特性

金属名	比重(20℃) g/cm³	融点 ℃(K)	沸点 ℃(K)	融解潜熱 J/g	比熱(20℃) J/g·℃	結晶構造	ヤング率 GPa	線膨張係数 10⁻⁶/℃: 20～200℃	熱伝導率 J/cm·sec·℃
マグネシウム	1.74	650 (932)	1190 (1376)	372	1.03	最密六方 (HPC)	44.7	27.0	1.55
アルミニウム	2.70	660 (933)	2520 (2750)	397	0.90	面心立方 (FCC)	70.6	24.0	2.28
鉄	7.84	1539 (1809)	2860 (3160)	272	0.46	体心立方 (BCC)	211.4	12.3	0.78
銅	8.99	1083 (1356)	2560 (2855)	205	0.39	面心立方 (FCC)	129.8	17.0	3.97
亜鉛	7.13	419 (693)	907 (1179)	111	0.39	最密六方 (HPC)	104.5	31.0	1.20
チタン	4.54	1668 (1953)	3285 (3535)	365	0.52	最密六方 (HPC)	120.2	8.9	0.22

アルミニウム etc.)および体心立方構造材（BCC：鉄 etc.)に比べると室温で塑性加工（圧延，押出し，鍛造など）が難しい。しかし，250～300℃では展延性にも富むようになり，熱間加工性は良好となる。

マグネシウムは一般的に腐食性の高い金属と言われているが，大気中に暴露された場合，表面に水酸化物や炭酸塩を主体とした皮膜が形成される。この状態での腐食速度は無視できるほど小

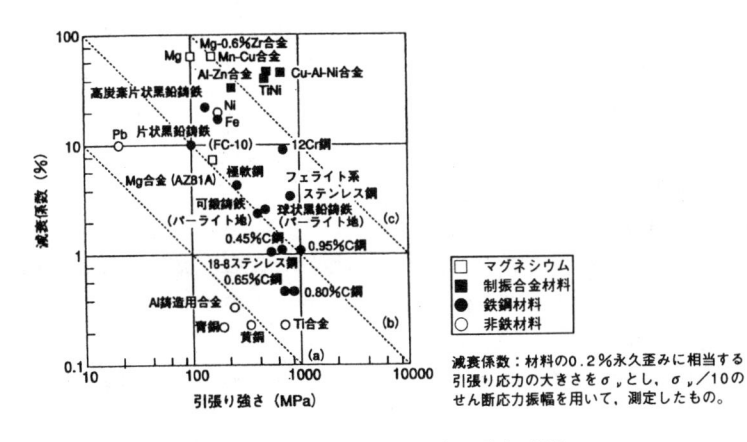

図1 各種金属の減衰係数と引張り強度の関係

さい．塩素イオン，酸，塩基の存在する雰囲気ではマグネシウム合金の耐食性はよくないが，大部分のアルカリおよび多くの有機化合物に耐える．

図1に種々の金属材料の減衰能力と強度の関係を示した[2]．一般的に重い材料の減衰能力が高いが，マグネシウムだけが例外的に軽量で，かつ高い減衰能力を持つ唯一の金属材料である．

1.2.2 ダイカスト用マグネシウム合金の特徴

JISはマグネシウムダイカスト合金を基本組成3種（MD11～3）に不純物量を組み合わせ6種類規格している．だが，日本国内でも，ダイカスト用マグネシウム合金の合金表示にはASTM（American Society for Testing & Materiais）規格の使用が一般的であるので，本節においてもASTM規格を用いる．

ASTM規格によるマグネシウム合金の表示方法を次に示す．

  （例） A Z 9 1 D-T6
      ① ② ③

①は主要合金成分元素であり，アルファベット記号で示す．各アルファベットはA：Al，Z：Zn，M：Mn，S：Si，RE：R. E.（希土類元素），H：Yh，K：Zr，L：Li，Q：Agに対応する．②は主要合金成分の含有量（mass%）である．③は同一合金のうち規格化された順にA，B，C，D‥‥等で示す．なお，X表示は未規格合金を意味する．したがって，この例では，Mg－9% Al－1% Zn（T6）を表わしている．

一般に構造材として使われるマグネシウム合金は，Mg-Al系とMg-Zr系の2系統に大別される．Mg-Zr系は砂型，金型，インベストメント鋳造に使われており，結晶粒微細化剤のZrにRE，Ag，Zn，Th等を加えることで優れた常温・高温強度や耐クリープ性を達成している．しかし，高価でありダイカスト性にも難点があるため，ダイカスト法には使用されていない．ダイカスト法向けにはMg-Al系が用いられている．

表2に日本および海外で実用されているダイカスト用マグネシウム合金地金の規格を示した．いずれのマグネシウム合金もAl元素が主成分であり，そのほかにZn，Mn，Siがそれぞれ微量添加されているのが特徴である．

各合金元素の役割は，

- Al：ダイカスト性（流動性，鋳造割れ性，引け性等）を改善し，製品の内部および外観品質を高める．また固溶体硬化，晶出物（$Mg_{17}Al_{12}$：β相）分散強化により強度を高めるが，伸びを減少させる．β相の存在は耐食性を改善する．
- Zn：固溶体硬化が期待できると同時に重金属不純物の耐食性に及ぼす悪影響を軽減する役割がある．2～5%Znの領域では鋳造割れ感受性が高まる．
- Mn：Feとの化合物を生成することにより耐食性を改善する．したがって合金中のFe／Mn

表2 ダイカスト用マグネシウム合金地金規格（ASTM．他による）

合金名 （括弧内は 相当JIS合金）	合金組織（mm%）								Fe/Mn 比
	Al	Zn	Mn	Si	Fe	Cu	Ni	他 の 不純物	
AZ91A　（MD11A）	8.5〜9.5	0.45〜0.9	≧0.15	≦0.20	—	≦0.08	≦0.01	0.30	—
AZ91B　（MD11B）	8.5〜9.5	0.45〜0.9	≧0.15	≦0.20	—	≦0.25	≦0.01	0.30	—
AZ91D　（MD11D）	8.5〜9.5	0.45〜0.9	≧0.17	≦0.05	≦0.004	≦0.015	≦0.001	0.01	≦0.023
AM60A　（MD12A）	5.7〜6.3	≦0.20	≧0.15	≦0.20	—	≦0.25	≦0.01	0.30	—
AM60B　（MD12B）	5.7〜6.3	≦0.20	≧0.27	≦0.05	≦0.004	≦0.008	≦0.001	0.01	≦0.015
AM50*1	4.5〜5.3	≦0.1	≧0.27	≦0.1	≦0.004	≦0.008	≦0.001	0.01	≦0.015
AM20*2	1.7〜2.2	≦0.1	≧0.5	≦0.1	≦0.004	≦0.008	≦0.001	0.01	≦0.008
AS41A　（MD13A）	3.7〜4.8	≦0.10	0.22〜0.48	0.60〜1.4	—	≦0.04	≦0.01	0.30	—
AS41XB*2	3.7〜4.8	≦0.10	0.35〜0.6	0.60〜1.4	0.0035	≦0.015	≦0.001	0.01	≦0.01
AS21*3	1.9〜2.5	0.15〜0.20	＞0.35	0.7〜1.2	—	＜0.04	＜0.002	—	—

*1）HYDRO MAGNESIUM規格合金
*2）DOW CHEMICAL規格合金
*3）VW規格合金
　　（他はASTM規格）

　　　　　比は重要である。
　　Si：母相中にMg$_2$Siが微細に分散し，耐クリープ性を向上させる。また，鋳造性を改善するが，耐食性にはほとんど関与しない。
　　Be：緻密な酸化皮膜を溶湯表面に形成することにより溶湯の酸化燃焼を防止する（5〜15ppm添加）。
　　不純物元素：特に重金属元素であるCu, Ni, Feは耐食性を著しく損なうので厳しく制限される。これらの不純物元素により生成する金属間化合物は母相中で局部電池を構成し，腐食を促進させる。

　AZ91系合金は機械的特性，鋳造性，耐食性等のバランスがとられた代表的なマグネシウムダイカスト合金である。現在，高靭性および耐熱性がより必要となる自動車部品以外は，全てAZ91系合金でダイカスト生産されてきた。特にAZ91DはAZ91Bより重金属不純物（Cu, Ni, Fe）を厳しく制限した耐食性の優れた高純度合金であり，ノートパソコンハウジングを含めて電子情報通信機器部品は全てAZ91D合金により生産されている。

　各種合金元素の食塩中での腐食に及ぼす影響について図2に示した。特にFe, Ni, Cu, Coの含有量は，腐食の促進に著しい影響を及ぼす[3]。これらの研究結果に基づき耐食性高純度合金としてAZ91Dが開発された。

　ASTM地金規格（B93）では不純物元素Fe≦40ppm, Cu≦150ppm, Ni≦10ppm またFe/Mn比0.023に厳しく制限している。

一方，マグネシウムは，アルミニウムと比べると，溶解，鋳造時の酸化燃焼が激しいため，従来，防燃処理として塩化物フラックスまたはSO_2ガスを使用することが一般化していた。マグネシウムダイカスト材の耐食性を著しく損なう大きな原因の一つは，ダイカスト鋳造時に混入するフラックス介在物からの残留塩素でもあった。

しかし，近年，SF_6不活性ガス雰囲気によるフラックスレス溶解技術が確立され，マグネシウムダイカスト材の耐食性および環境問題は著しく改善された。現在，ダイカスト操業におけるSF_6ガス雰囲気溶解鋳造は，すでに通常の技術として世界中に普及している。

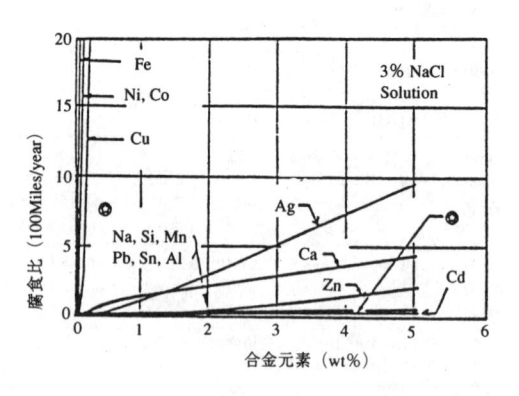

図2 マグネシウムの耐食性におよぼす合金元素の影響

このSF_6によるフラックスレス溶解鋳造と合金不純物抑制の結果として，AZ91D合金は，従来のダイカスト合金であるAZ91Bより極めて耐食性が改善され，自動車部品用の典型的なダイカスト用アルミニウム合金A380（ADC10&12相当）を上回る耐食性を示す構造材料となった（図3）[4]。表3にAZ91D合金の代表的な物理的・機械的性質を他材料と比較して示した。

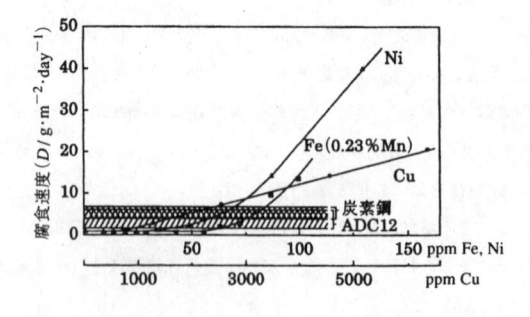

図3 AZ91Dダイカスト合金の腐食速度に及ぼすFe, Ni, Cuの影響

表3 マグネシウム合金の物理的・機械的性質[5]

材料名		比重 (g/cm³)	融点 (℃)	熱伝導度 (W/mK)	引張強度 (MPa)	耐力 (MPa)	伸び (%)	比強度	ヤング率 (GPa)
マグネシウム合金 (射出成形)	AZ91	1.82	596	72	280	160	8	187	45
	AM60	1.79	615	62	270	140	15	180	45
アルミニウム合金 (ダイカスト)	380	2.70	595	100	315	160	3	106	71
鉄鋼	炭素鋼	7.86	1520	42	517	400	22	80	200
プラスチック	ABS	1.03	90(T_g)	0.2	35	＊	40	41	2.1
	PC	1.23	160(T_g)	0.2	104	＊	3	102	6.7

(T_g：ガラス移転点)

1.3 マグネシウムの成形法

1.3.1 ダイカスト法

マグネシウムの成形法は，その物理的特性（表1）から，基本的にはアルミニウムと同様な各種成形技術が適用される。

アルミニウム部品の成形加工法としては重力鋳造，低圧鋳造，ダイカスト，圧延，押出，鍛造等が挙げられるが，現在約80万トン／年が，自動車部品，一般産業部品を中心として，ダイカスト法により生産されている。ダイカスト法が自動車向けアルミニウム部品成形法の主流となっている理由は，①生産性が高い（→低コスト），②量産性に優れる（→大量生産可能），③高精度な一体複雑形状品が成形可能（ニア・ネットシェイプ品→後加工および組立て工数削減），④薄肉で優れた機械的性質（→軽量化）等が挙げられる。

マグネシウム合金においても，同様な理由により，これまで生産された民生用構造材マグネシウム部品はほとんどダイカスト法で生産されてきた。マグネシウム合金はアルミニウム合金と比べ，低密度，低熱容量，小さな凝固時の発生潜熱，またほとんど鉄（金型）と反応しないといった特性を持つために，ダイカスト法において，アルミニウム合金に対し次の優位性を持っている。

(1) 溶解エネルギーの節減

(2) ショットサイクルの短縮

(3) 金型寿命の延長

(4) 抜け勾配の縮小（形状自由度増，機械加工削減）

(5) 高い生産性（ホットチャンバー方式が利用可能）

これらの特性を活かしたマグネシウムのダイカスト法には，コールドチャンバー法とホットチャンバー法の2種が適用可能となる（図4）。ホットチャンバー法では射出系が溶融金属の中に

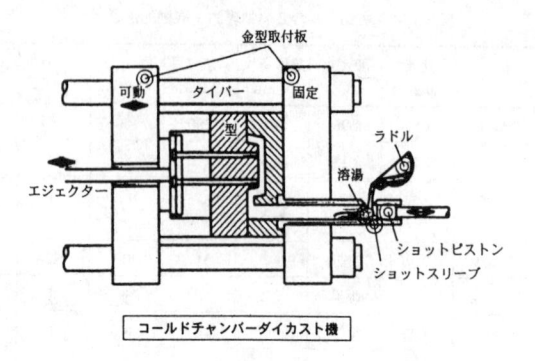

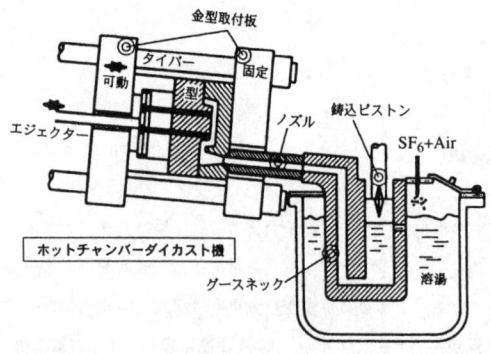

図4 ダイカスト成形機

浸漬されており，水鉄砲方式により連続的に射出成形が可能となる。これに対し，コールドチャンバー法では，射出系が溶解保持炉外にあるため，溶融金属をショットシリンダー内に注湯後，射出成形する。ホットチャンバー法は，特にその生産性の高さから，薄肉複雑形状製品に対する量産方法として拡大，進化してきた。なお，アルミニウム合金では，溶湯が鉄と反応する（鋼材を溶解する）ため，鋼製の射出系を溶湯中に浸漬することができず，ホットチャンバー法は実用化に至っていない。

 日本国内においては対象部品が特に中小物であることにより，ホットチャンバーダイカストが主流を占めてきた。しかし，型締力は930トンが最大であり，大型部品の製造には限界がある。
 一方，コールドチャンバー法は，従来のアルミニウム用コールドチャンバーダイカストマシンの利用から，マグネシウム用として射出速度を高速化（最大ドライショットプランジャー速度7～10m/s）した専用機へと進化した（例えばPRINCE MACHINE社）。

ただし，マグネシウムコールドチャンバー方式の場合，マグネシウム溶湯は，大気中では激しく酸化燃焼するため，アルミニウムダイカストで実施されている溶解および保持炉からの溶湯の搬送，シリンダーへのラドルによる自動給湯が不可能である。これまで各種のマグネシウム用の自動給湯方式が提案されてきたが，その中でNORSK　HYDRO社によるGAS PRESSURE方式の給湯システム（ショット重量精度約±3%）が，北米・ヨーロッパのマグネダイカストで実用化されるようになり，これらのコールドチャンバーダイカストシステムにより，インスツルメントパネル等の大型薄肉自動車部品の成形，量産が可能となった。

　日本国内においては，TVキャビネット，プラズマディスプレーパネル（PDP：リサイクル容易な軽量大型画面，42インチ，50インチ型 etc.）等，大型家電製品のマグネシウム部品開発が進行中である。これらの大型部品の製品化には，前述したように，ホットチャンバーダイカスト方式では限界があり，マグネシウム用大型射出成形機が必要とされている。日本においてもマグネシウムコールドチャンバーダイカスト方式の開発が進み，実用化されつつある（例えば東芝機械：最大ドライショットプランジャー速度10m/s，自動給湯システムは電磁ポンプ方式で給湯精度±3%）。

1.3.2　チキソモールディング法

　マグネダイカスト法は，特に溶湯の取り扱いが面倒なうえ，周辺機器の保持管理も煩雑などの難点がある。これに対して，いくつかの代替プロセスが提案されてきたが，最近，半溶融加工法のひとつであるチキソモールディング法が実用化された[5]。これは，原理的には樹脂の射出成形法と従来のダイカスト法を融合させたハイブリッド技術である。

　図5にチキソモールディング法による射出成形機の構造を示す。固体原料マグネチップ（数mm

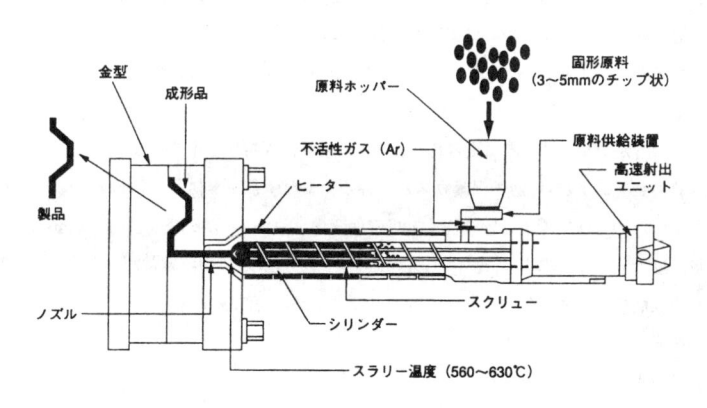

図5　チキソモールディング装置の構造

程度)をホッパから室温状態で挿入してシリンダー内で外部加熱する。さらにスクリューによるせん断力で合金スラリー状(半溶融状態)とした後,金型内に射出凝固させ,成形体として取り出すプロセスである。シリンダーはセラミックバンドヒーターで加熱し,複数箇所に設置した熱電対からPID制御している。

このプロセスは,ダイカスト法と同様の長所を併せ持つと同時に,溶湯を直接取り扱うことがなく,また地球温暖化の一要素として懸念されているSF_6を防燃保護ガスとして使用しないため(チキソモールディング法ではシリンダー内でArガス使用),安全,環境面で優れている。

チキソモールディング(Thixo Moulding)とは,チキソトロピー(Thixotoropy)とインジェクションモールディング(Injection Moulding)を組み合わせた造語である。すなわち,固体と液体が共存する半溶融状態の温度範囲においても,固相粒子が比較的球に近い粒状で存在するため,スラリー全体の粘性が低く,結果として流動性に優れていることを特徴とする。また,この粘性はせん断速度依存性を有しており,本プロセスの名称はこの性質,すなわち「チキソトロピー性」に由来している(Thixotropy:半溶融状態にある合金に,せん断力を附加し,固相を粒状化することにより,粘性が低下し,流動性が増大する現象)。

チキソトロピー現象は,1971年にMITの研究において発見され,その後,1977年にバッテル研究所(Battelle)とDow Chemicals社が共同で射出成形機によるプロセス開発を開始した。1987年にDow Chemicals社の特許が成立し,1992年に日本製鋼所(JSW)により技術導入され(日本および極東での独占装置製造権),1993年8月にプロト機(450T)が完成し,成形機および成形品の本格生産が開始された(表4)。

現在,型締力75トンから850トンまでの成形機がシリーズ化され,1600トン機も開発され,製品の大きさに応じた機種選定が可能となった。現在110台を越す成形機が36社程度の加工メーカーに設備されており,これからの充実が期待される。

従来のマグネダイカスト法と比較して,チキソモールディング法の特徴を整理すると,以下のようになる。

(1)原料の溶解がシリンダー内に限られるため,溶解炉,保持炉が不要となり,したがって溶湯搬送,給湯装置およびSF_6防燃保護ガスが不必要。また産業廃棄物となるドロス,スラッジが発生しないため,作業環境の安全性,工場の保全性(清浄etc.)が格段に向上する。
(2)成形温度が低いことにより(基本的にはセミソリッド領域)凝固収縮量が少なく,引け割れ,引け等の表面欠陥,ガス欠陥,ミクロシュリンケージ等が減少する。
(3)寸法精度が良く,そり等の変形が小さい。
(4)熱負荷が小さいため金型寿命がのびる。
(5)組織が微細な粒状晶となり,機械的性質が向上する。

(6)射出原料温度の選択の幅が大きく，完全液相でも，40%程度の固相を含むスリラーでも成形できるため，対象製品の形状や要求品質により，最適な固相率を選ぶことができる等の優れた特徴が挙げられる。

チキソモールディング法は，以上述べたような長所が期待できるが，この2年ほどで急速に普及した新しい技術であるため（表4参照）[6)]，ダイカスト法に比べるとソフト，ハードウェア面でデータ蓄積が少ないので，今後，半溶融加工成形の基本的な長所を充分に発揮できるよう一層

表4　各成形法の歴史

		ダイカスト	チキソモールディング	射出成形（樹脂）
19世紀		1838年　Bruce（米）によって活字鋳造機が発明された		1872年　Hyatt兄弟がニトロセルロース可塑物を縦形射出成形機（ラム式）で成形した
20世紀前半	1905年	Doehler社（米）が横形ダイカストマシンを開発した		
	1915年	Doehler社（米）がアルミニウム合金ダイカストを商業的に成功させる		1921年　Eichengrün, Buchhols（独）が手動式縦形射出成形機を開発
	1917年	日本へ初めてSoss社のダイカストマシンが輸入された		1926年　Eckert社（ダイカスト機メーカー）が横形成形機を開発
	1926年	Polak社が水圧式ダイカストマシンを開発		1932年　Franz Braun社が自動射出成形機を販売
	1927年	国内でのアルミニウムダイカスト量産開始		1947年　射出成形機の国内生産始まる
20世紀後半	1953年	日本へ油圧式ダイカストマシンが輸入された		1958年　スクリュー可塑化方式が開発された
			1971年　Spencer（米）によりチキソロビー現象が発見された	1961年　アンケルベルグ社（独）との技術提携により日本製鋼所で射出成形機生産開始
			1976年　Flemings（米）によりレオキャスト法が開発された	
			1977年　Battelle/Dow Chemicals社がチキソモールディングの開発に着手した	
			1992年　JSW（日本製鋼所）が技術導入した	
			1993年　JSWプロト機が完成	
			1994年　JSWがチキソモールディング機の販売を開始	

の進化（深化）を期待したい。

　ダイカストおよびチキソモールド法によるノートパソコンハウジングのマグネシウム合金実用例を表5，写真1～4に，また各成形法の比較を表6に示した。

表5　マグネシウム採用ノート型パソコンの実用例

発売時期	メーカー名	機種名	サイズ	使用部位点数※1	成形法※2	成形メーカー
～1996	日本IBM	Think Pad シリーズ	(10機種)	ハウジング	D	日本金属,メッツ,日本軽金属
1997.1	東芝	Libretto 50,70,100	A5	2～3点	[T]	[タカタフィジックス]
5	松下電器	CF-35	A4	1	[T]	[　〃　]
〃	〃	PRO-NOT	A4	3	D	TOSEI,日本金属
7	三菱電機	EPedion	A4	2	D[T]	日本金属,[タカタフィジックス]
11	NEC	Mobio NK	A5	2	[T]	[コルコート]
11	東芝	Portage 300	B5		[T]	[タカタフィジックス]
11	SONY	VAIO PCG-505	B5	4	D	TOSEI
1998.6	松下電器	Let's note	B5	1	[T]	[タカタフィジックス]
6	NEC	Lavie NX LB20/30A	B5	2	[T]	[コルコート]
6	シャープ	Mebius PJ-1	B5	1	[T]	[天馬マグテック]
8	東芝	Dyna Book SS6000	A4	3	D[T]	筑波ダイカスト,[タカタフィジックス]
8	〃	Dyna Book S3000	B5	3	D[T]	筑波ダイカスト,[タカタフィジックス]
8	〃	Dyna Book SS1000	A5	2	[T]	[タカタフィジックス]
9	日本ゲートウエイ	Solo 3100XL	A4	1	[T]	[　〃　]
9	SONY	VAIO PCG-C1（小型ビデオカメラ内蔵）	A5	2	D	TOSEI
11	カシオ	カシオペアファイバ	A5	2	[T]	[東洋化工]
11	松下	プロノートFG	A4	4	D	TOSEI
12	コンパック	アルマダ	A4	1	[T]	[タカタフィジックス]
12	富士通	ビブロNSⅧ23X	A4	1	[T]	[富士通化成]
12	富士通	ビブロMCⅧ23	A5	2	[T]	[富士通シンター]
1999.2	SONY	VAIO PCG-505	B5	2	D[T]	[天馬マグテック],TOSEI
	コンパック	プレサリオ	A4	1	[T]	[コルコート],[ネクサス]
3	日立	プリウスノート220K	B5	1	[T]	[タカタフィジックス]
3	シャープ	PC-FJ20	A4	1	D	日本金属
3	シャープ	PC-PJ2	B5	2	D	TOSEI
4	シャープ	イーグルX266CT	A4	1	D	TOSEI
4	SONY	VAIO Z505	B5	4	D	TOSEI
7	SONY	VAIO N505	B5	4	D[T]	TOSEI,[天馬マグテック]

※1　筐体部位主体（トップカバー，LCDカバー，キーボードカバー，ボトム）
※2　D：ダイカスト，[T]：チキソモールディング

写真1　SONY VAIO PCG-505の各ハウジング部品（4点）

写真2　シャープ　メビウスノート PC-PJI

写真3　東芝　Dyna book SS6000

写真4 カメラ内蔵型パソコン
(SONY バイオ PCG-C1)

表6 マグネシウム合金の成形法の比較

	ホットチャンバーダイカスト法	コールドチャンバーダイカスト法	チキソモールディング法
原料	インゴット	インゴット	チップ
溶解	溶融・保持炉	溶融・保持炉	シリンダー内部のみ
成形温度 (AZ91D)	620〜660℃	630〜680℃	580〜605℃
給湯	グースネック式で自動	自動給湯機が必要	フィーダー式で自動
防燃対策	SF_6+Air又はCO_2混合	SF_6+Air又はCO_2混合	Arガス
鋳込圧力	200〜350kg/cm^2	400〜700kg/cm^2	500〜1000kg/cm^2
型締圧力	最大900トン	最大3000トン	(現状) 75〜1600トン

1.4 ノートパソコンハウジングへの適合性

　表5に見られるように，近年，マグネシウム合金製ハウジングの採用例が急激に増えた[1]。その理由は，マグネシウム合金の持つ特徴がノートパソコンハウジングの要求特性[7,8]，すなわち，①内部構造の保護，構造体としての強度，②軽量かつコンパクト（薄肉），③放熱，熱分散，④電磁波シールド，⑤リサイクル性，⑥高級感（質感，触感，およびデザイン的美観）等に最適であったことで，さらに，その特性を十分に引き出させる製造技術の進展，すなわちダイカスト技

術の進化，チキソモールディングプロセスの実用化等がその背景にあろう．

(1) 軽量・薄肉化

ノートパソコンの内部機構は精密電子部品で構成されており，本体に外力や衝撃が加わった場合，それらを吸収し，液晶パネル（LCD）やHDD等の内部機構を保護する役割がハウジングに求められる．ハウジング自体も，ある程度の外力までは壊れたり，変形してはならない．したがって，構造体としてのハウジングには適当な弾性と強度が必要とされる．

一方，携帯性を前提としたノートパソコン製品の厚さと軽量性に対する商品ニーズは非常に大きい．ちなみに，ノートパソコンではハウジングが厚さ方向に4枚入るので，ハウジング肉厚は4倍で効いてくる場合もあろう．

マグネシウム合金は強化プラスチックより比重は大きいものの，弾性率および引張強さはそれぞれ約9倍および2倍以上も大きい（表7）．したがって比強度，比剛性はプラスチックを大きく上回り（図6），薄肉化が可能となり，同時に軽量効果を生むことになる．現在，ハウジング部品は肉厚1mm前後の製品が製造可能となっている．

(2) 放熱性

ノートパソコンで消費される

表7 各種ハウジング材の物性比較

材料名	補強材 (wt%)	密度 ρ / Mg·m^{-3}	縦弾性係数 E / GPa	引張強さ σ_B / MPa
AZ91D	—	1.80	45.0	240
ABS	—	1.23	2.3	35
PC/ABS	—	1.25	2.5	60
PC/ABS	GF20%	1.35	5.8	100
PC	CF10%	1.25	6.7	104

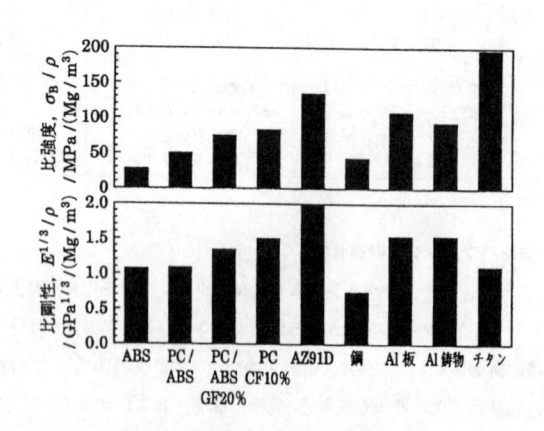

図6 各種材料の比強度および比剛性

電力,すなわち電気エネルギーの大部分は熱エネルギーに変換されるので,効率良く外部に放熱しなければ,時間の経過と共に内部温度が上昇し,機能に支障をきたしたり,製品の信頼性に影響を及ぼす。MPUの高性能化により,発熱量は増加の傾向にある。

従って,効率の良い放熱のためには,ハウジングを通して伝熱し,表面から外部へ放射することが容易な,高い熱伝導性をもつハウジング材料が要求される。

マグネシウム合金の熱伝導率は,表8に示すように,プラスチックの数百倍であり,従来のハウジング材料に比較して,極めて高い放熱効果が期待される。

実際,A4ノートパソコンのABS樹脂製とマグネシウム製ハウジングの実機を用いての温度変化の比較測定例の結果でも,マグネシウム製ハウジングの放熱特性および熱分散性が優れていることが検証されている。特にノートパソコンや携帯電話のようなコンパクトな密閉型電子機器の放熱対策にマグネシウムを利用することは非常に有効であると思われる。

表8 各種ハウジング材の熱伝導率の比較

分 類	材料名	補強材	熱電導率 $\lambda/W \cdot (K \cdot m)^{-1}$
プラスチック	PC	GF 40%	0.31
	PPE/PA	CF	0.41
	PBT	—	0.25
マグネシウム	AZ91D	—	79
アルミニウム	ADC12	—	100
亜鉛	ZDC2	—	113

(3) **電磁波シールド性**

携帯用の家電製品,特にデジタル電子機器は電磁ノイズを出しやすいため,機器から電磁波が外部に漏洩することによる外界への障害が問題となっている。また外部からの電磁波による機器自身の誤動作を防止する対策も必要となってくる。信頼性向上の観点からも,それらの製品のハウジングには高い電磁波シールド性が強く求められるようになってきた。

マグネシウム合金射出成形品(AZ91D平板,板厚1.0, 2.0mm)の電磁波シールド性測定結果の一例を図7に示した[9]。従来のメッキを施した樹脂製ハウジングでは,シールド効果が30〜40dBであるといわれており,測定で得られた60〜80dBはシールド効果が広範囲な周波数で非常に優れたものであることを示している。

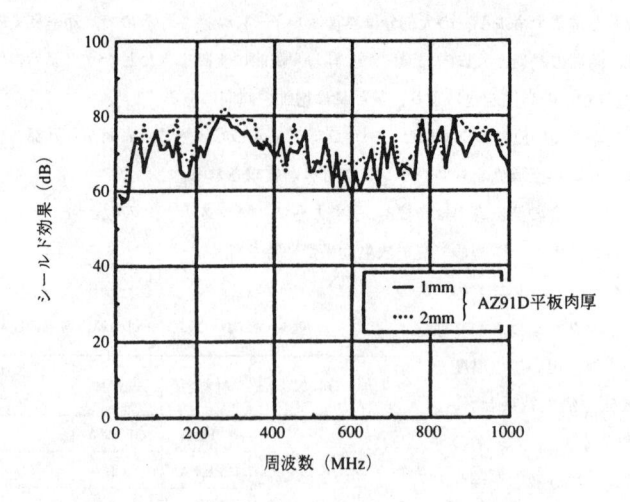

図7 マグネシウム合金（AZ91D）の電磁波シールド効果測定結果[9]
（測定法は，ASTM ES7-83）

1.5 構造体としてのマグネシウム合金と地球環境（リサイクル性）

　これまでの工業化社会は，有限の化石燃料，金属資源を一方的に消費し，科学技術成果の大半を生活の物質的な充足，快適性の追求のために費やしてきた結果として，今や地球温暖化，オゾン層の破壊，酸性雨，森林破壊，最近では環境ホルモン（内分泌攪乱物質）など様々な問題を引き起こすに至った。

　21世紀の企業にとって，企業活動（経営および生み出される製品，サービス）そのものが環境循環調和型になる必要がある。現状のマテリアルライフサイクルは，図8[10]に示すオプション1～4（廃棄，埋立て，焼却，再生低品位化）が大半である。しかし，今後，工業製品は，高品位再生・再利用容易な材料（＝エコマテリアル）を使用し，製品ライフサイクル全体での環境負荷が最小になるようにデザインされなければならない（＝エコデザイン：例えば易分解性，部品点数削減，材料表示および材料統一，材料種類削減など）。

　マグネシウムは，実用構造用金属材料の中でも軽量・比強度が最大であるため，可動部品や輸送機器に利用すれば，大幅な軽量化が達成でき，省エネと共に排気ガスの削減に寄与できるエコプロダクトと言える。

　また，材料再生エネルギーが生産エネルギーの4％程度であり，部品リサイクルを有効に実施すれば，生産時の省エネ効果も大きい。さらに，マグネシウムは海水に含まれる有用金属であり，

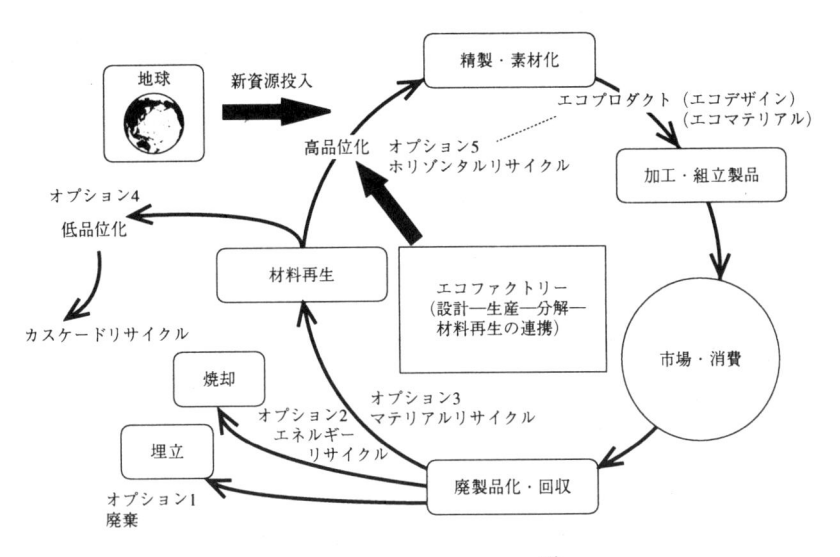

図8　マテリアルライフサイクル[10]

資源的に恵まれるとともに，人体にも必須な元素であることから，地球環境に優しいマテリアルと言える。この他，前述したようにマグネシウムは金属材料の電磁波シールド性，放熱・熱分散性（熱伝導率良好），防振性に優れていることから，エコデザインによるエコプロダクトのエコマテリアルとして，自動車および電子情報通信機等の部品への利用・応用に大きなポテンシャルを有している。

実際，マグネシウム合金のリサイクリング（再溶解，精練工程による再生）は，すでに自動車部品やダイカスト工場での発生スクラップなどで実用化されている。塗装を施されたノートパソコンハウジング薄肉ダイカスト部品を用いたリサイクル部品の特性（合金化学組成，流動性，金属組織，機械的性質，耐食性等）についての検証実験でも，バージン材と遜色ないことが確認されている[11]。

一方，市場で商品ライフが終わり，スクラップとして戻ってきた場合，効率よく安全にリサイクルできる体制（インフラ構築）が必要である。すでに国際マグネシウム協会（IMA：International Magnesium Association）や日本マグネシウム協会（JMA：Japan Magnesium Association）では，リサイクルマークと材料表示をマグネシウム製品に刻印するよう，啓蒙活動をしている。

当然，ライフサイクルアセスメント（LCA）から見たマグネシウム材料の使用損失についての検討も行われつつある。LCAは資源採掘から製品の廃棄に至る「もの」の流れに沿った評価手法

であるが，環境調和性を考慮した材料選択方法論も提案されている[12]。製品のコストパフォーマンスと環境調和性とを複合評価するもので，材料の環境への影響，経済性，性能などの観点から総合的に設計の最適化を実現するものであり，いずれにしてもリサイクル容易性が非常に重要な要件であることは言うまでもない（適用事例：マグネシウム製キャビネットを採用した環境配慮型テレビ「TH-21MA1」松下電器産業）。

1.6 おわりに

本節では，ダイカストおよびチキソモールディングを中心にノートパソコンハウジング構造材としてのマグネシウム合金材料（AZ91D）と，その応用例について述べ，これまでの問題点，改善点を検証してきた。なおマグネシウムの機械加工，表面処理については割愛した。マグネシウムは鉄・アルミニウム・樹脂に比べ，その市場は圧倒的に小さく，それゆえ，技術開発，技術蓄積も他の競合材料に比べてそれほど多くはない。

マグネシウムの利点に対する市場の認識も，いまだ不十分な点がある。しかし，マグネシウムの持つ実用軽量化材料としての利用価値は極めて高く，今後ますますその重要性は増加すると予測されている。

それに呼応するように，技術開発研究も活発になり，例えばヨーロッパでは，1986年に英国で，1992年にドイツで，1996～1998年には英国，イスラエル，ドイツでマグネシウム合金およびその応用に関する国際会議が開かれ，研究発表件数も1986年の18件から1998年には108件まで増えた。内容的にも，複合材料を含めた合金開発，既存合金の力学的特性，振動吸収性，水素吸蔵特性等の評価・解析，また鋳造・鍛造・押出し・接合等の従来の製造技術，半溶融凝固，メカニカルアロイング，急冷凝固等の先端製造プロセスの応用，一体化を目指した製品設計，リサイクルシステムの構築等，広範囲な研究領域にわたっている[13]。

日本においても，1990年代に入って，重希土類元素を含む耐熱合金，展伸性に優れたリチウム含有合金，バルクアモルファス合金，振動吸収特性，超塑性，プロチウム吸・脱蔵特性，半溶融加工，プレス成形性，表面改質，リサイクル，切削性等，幅広い基礎的研究が活発化した。それらの応用が期待されるところである[13]。

一方，軽量構造材料のマグネシウムへの材料置換は，その付加価値，経済性，量産性のバランスの中で選択されていくだろう。したがって，マグネシウムの特性を生かしつつ適用を拡大していくためには，前述したような技術開発，技術蓄積，技術課題の解決と製造・加工コストを中心とした製品コストをいかに低減できるかにかかっている。素形材部品の機能，品質およびコストを同時に満足する，より適切な合金開発と成形方法の進化が今後より重要であり急務である[14]。

米国の自動車燃費改善プロジェクトPNGV（Partnership for New Generation Vehicle；3リッター

で100km走る車の開発チーム)は自動車メーカーBIG3および大学の各専門家がチームを編成し，政府がバックアップするなど，まさに産学官一体となってコスト／デザイン／製造／材料基準など，あらゆる角度から研究開発に取り組んでおり，各種マグネシウム部品採用による約100kg／車・台の軽量化を目指している．また，ドイツにおいても同様な研究開発体制(SFB390プロジェクト)がスタートしている．マグネシウム技術の課題解決を急ぐためには，PNGV，SFBプロジェクトチームに見られるように，"競争"だけでなく，むしろ関連部門の横断的な"協創"がぜひ必要である．

文　　　献

1) 井藤忠男：日本塑性加工学会第1回技術フォーラム(1998.11.13)
2) 杉本孝一：鉄と鋼，60，2204(1974)
3) J. D. Hanawalt, C.E. Nelson and J. A. peloubet：*Transactions of AIME*, 147, 273 (1942)
4) J. E. Hills and K.N. Reichek：Paper 860228, Society of Automative Engineers (1986)
5) 北村和夫 ほか：日本製鋼所技術資料
6) 斉藤　研 ほか：機械技術，47(3), 61(1999)
7) 樋口和夫：『マグネシウムマニュアル』，日本マグネシウム協会，p.111(1995)
8) 樋口和夫：軽金属学会，第56回シンポジウム，p.44(1999)
9) 斉藤　研 ほか：成形加工，10(3), p.159(1998)
10) E. Ohshima, T. Ito：the 53th Annual World Magnesium Conference, June, p.1(1996)
11) K. Higuchi and K. Nakajima：IEEE International Symposium on Electronics and the Environment, May 6-8(1996)
12) 芝池成人：工業材料，47(5), 27(1999)
13) 小島　陽：日本金属学会会報，38(4), 284(1999)
14) 鎌土重晴, 小島　陽：日本金属学会会報，38(4), 285(1999)

2　PC/ABS 樹脂
── ノンブロム系難燃アロイ「バイブレンド K」──

杉野守彦[*]

2.1　はじめに

　最近，ノートパソコン，デジタルビデオカメラ等に代表される携帯機器のキャビネットケース成形材料には，薄肉，軽量化を目的とした高流動性，高剛性に加え，今後さらに強化されるであろう環境規制を考慮した環境にやさしい材料が要求されている。特に欧米系ユーザーのワールドワイドな生産拠点の展開により，高性能であるとともに世界のどこででも入手でき，高度なカスタマーサポートが得られる世界標準の樹脂材料が要求されている。

　当社では，鉄，アルミニウムに続く素材として長繊維強化樹脂材料およびポリマーアロイ材料を開発し，日本の開発拠点とアメリカ，ヨーロッパ，東南アジアの技術サポート拠点を結んだワールドワイドネットワークで，カスタマーサポートを行い，薄肉軽量化に貢献している。

　当社は，'97年11月にドイツのバイエル社と共同で「バイブレンド K」"Bayblend K" を開発し，発表した。「バイブレンド K」はバイエル社で開発された PC-ABS アロイ配合をベースに神戸製鋼所の薄肉高流動配合技術を加えて開発した臭素系難燃剤を使用しない成形材料で，主にノートパソコンをはじめとする携帯用機器に適した新しい材料である。

　携帯用機器の代表格であるノートパソコンは，ライフサイクルが短く，モデルチェンジ，マイナーチェンジが多い。そのため，金型製作から量産開始までの開発期間を2カ月以内の短期間とし，かつ量産を一気に最大能力まで高める必要があり，高性能であるとともに，新しい形状に対しての適応性が高い，いわゆる「こなれた材料」でなければならない。

　「バイブレンド K」は，薄肉携帯用機器材料として，これらの要求を満たすとともに，薄肉成形用材料としての特性を持ち，かつ環境にやさしいポリマーアロイ材料である。

2.2　ノートパソコンキャビネットケース成形材料の動向

　ノートパソコンも，デスクトップパソコンと同様，その普及とともに低価格化の要求が強まり，それに伴いキャビネットケース成形材料としても，より安く，より高性能であることが要求されるとともに，ダイオキシンの規制に代表される，環境にやさしい，リサイクル性に富む材料が求められている。

　これらの材料について，日本国内向けは，汎用モデルについては ABS が主に用いられ，中上位機種については，PC-GF，PA-CF，PC-ASA-CF などが用いられている。

---

[*]　Morihiko Sugino　㈱神戸製鋼所　電子・情報事業本部　高分子材料部　部長

一方，欧米では，廃棄物の燃焼時に発生するダイオキシンの排出を防ぐため，当初は一部のブロム化合物が規制されていただけだったが，最近ドイツをはじめとするヨーロッパ諸国がブロムの含有そのものを規制するとともに，アンチモン等の重金属も規制が強化されるようになったため，ヨーロッパ輸出を前提として開発されるモデルは，ABSにて行われるようなブロムによる難燃化が困難となってきた。

　このため，アメリカの多くのノートパソコンメーカーは，汎用モデル機種には，上記有害物質を使用せずに難燃化が可能なPC-ABSをキャビネット材料として使用している。この場合のPS：ABS比は約8:2のポリカーボネートリッチの成分比が一般的である。また，中上位機種には，日本国内同様PC-GFあるいはPA-CFが使用されている。

　PC-ABSのA4サイズ前後のノートパソコンキャビネットケースの標準肉厚は2.0～3.0mm前後であり，1.5mm以下のケース肉厚製品に対しては，PC-GFが主に使用されていた。しかしながらノートパソコンの性能向上による搭載部品数の増加から，PC-ABSにおいても1.5mm以下の肉厚の要求が強くなり，1.5mm以下の薄肉対応が可能で，かつUL94 V-0規格を満足し，ブルーエンジェルマークの適用が可能な新しいグレード開発が必要となってきた。また，これらの材料を実際に使用する場合の，薄肉成形に必要な金型構造，成形条件設定などの技術サポートも要求されてきている。

2.3　新しく開発した薄肉成形用PC-ABSアロイ

　リン系難燃剤を用いたPC-ABSアロイについては，バイエル社とGE社がそれぞれの基本特許に基づき商業生産を行っている。ブロムフリー難燃成形材料については，これら2社の特許によって，難燃処方のほぼ全領域がカバーされている。

　ブロムフリーPC-ABSアロイはCRT（モニター），コピー機，複写機のキャビネットケース材料として使用されているが，これらの成形品の板厚は3mm以上である。

　一方，ノートパソコン分野においても，環境対策が強化されるにつれて臭素系難燃剤を用いるABSからリン系難燃剤を用いたPC-ABSに切り替えが進んでおり，欧米パソコンメーカーのOEM生産を行っている台湾，シンガポール等のメーカーでは，リン系難燃剤を用いたPC-ABSがノートパソコンのキャビネットケース成形材料の主流となっている。

　これまでのPC-ABSを用いたキャビネットケースの平均板厚は2.0mm以上が主流であり，部分的に2.0mm以下の部分が存在するため，UL94V0規格の最小板厚についてPC-ABSの従来スペックの材料の場合，1.5～1.6mmで認定を取得している。しかしながら，キャビネットケースの薄肉化はこれにとどまらず，さらなる薄肉対応が要求されている。しかし，これまでの難燃処方をそのまま薄肉成形品に応用することは困難である。

当社では，ユーザーからの強い要望を受けて，バイエル社と共同で2つの薄肉成形用難燃グレードを開発した。開発に当たってのユーザーの要求は，初期特性のみならず，パソコン等のエレクトロニクス機器の製品寿命を想定した長期にわたる性能の保持であった。

表1に薄肉成形用PC-ABSアロイ「バイブレンドK」の特性を示す。

KU2-1517はUL94V0グレードで最小板厚1mmまでの超薄肉に対応できる材料である。写真1は，最初に採用された製品2パーツを示しており，この製品の平均肉厚は1mmである。肉厚1mmの薄肉でも反りの少ない成形品を得ることができる。

KU2-1518は，成形性が良好な汎用グレードで，従来材料と同じ成形収縮率であり，かつ流動性に優れているため，従来材の金型を用いて，より外観の良好な薄肉成形が可能となる。また高流動性であるため「ひけ」対応のための成形条件変更幅が大きい。

KU2-1518はUL94V0グレードで最小板厚1.2mmまでの薄肉対応が可能である。

表1 「バイブレンドK」の物性表

項目	試験方法	単位	KU2-1517 (PC/ABS)	KU2-1518 (PC/ABS)
引張強度	ASTM D638	MPa	54.4	59.4
		kgf/cm^2	555	606
曲げ強度	ASTM D790	MPa	94.1	102
		kgf/cm^2	959	1,040
曲げ弾性率	ASTM D790	GPa	3.1	2.8
		kgf/cm^2	31,600	28,600
アイゾット衝撃値 (ノッチ付)	ASTM D256	J/m	491	507
		kgf/cm^2	50	52
荷重たわみ温度 (18.6kg/cm^2)	ASTM D648	℃	84	89
比重	ASTM D792	—	1.20	1.18
難燃性 (最小肉厚)	UL94	—	V-0 0.91mmt	V-0 1.18mmt
標準金型表面温度		℃	60〜70	60〜70

注)　表中の物性値は代表値であり保証値ではない。
注)　上記材料には臭素，アンチモン等の有害物質は含まれていない。

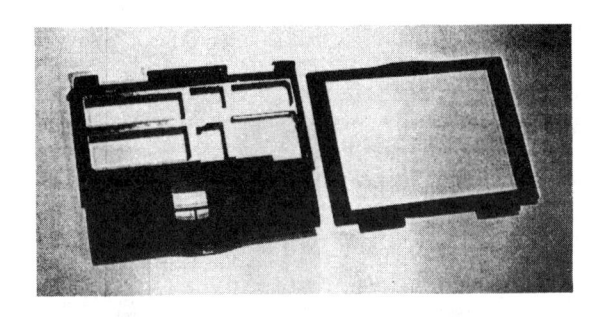

写真1 「バイブレンドK」KU2-1517の採用例

2.4 ノートパソコン薄肉キャビネットケース用材料に要求される性能
2.4.1 機能的性能
　薄肉成形品においては，CCD部品や内部パーツを固定するボス部への応力集中が，通常の板厚の成形品より顕著であり，これらの応力に長期間耐える強度が要求されるとともに，パソコンの持ち運び時などに考えられる落下による衝撃に耐える耐衝撃性も重要である。図1はバイブレンドKと他社PC-ABS材料の落錘衝撃強度を比較したものであるが，「バイブレンドK」が高い耐衝撃性を有していることがわかる。
　CCD部の開閉などの長期間の繰り返し使用に対しては，クリープ変形や疲労破壊に対する耐久性が重要な因子となっている。また，応力集中による破壊や疲労破壊に対する耐久性は材料物性のみならず製品形状に密接に関係する。
　したがって，薄肉の製品設計を行うに当たっては，初期強度，長期耐久性に優れた材料を使用するとともに，流動解析を行い，構造的に弱い部分へのウェルドラインの発生を避ける必要がある。また同時に構造解析を行うことにより，製品各部への応力集中を防ぎ，クリープ破断に結びつく要因を排除することが必要である。
　「バイブレンドK」KU2-1517，KU2-1518は，これらを考慮に入れて設計されたポリマーアロイである。

2.4.2 成形性
　ノートパソコンにおいては，一部の高級モデルを除き，無塗装の外観が一般的である。さらには薄肉成形キャビネットケースの場合，ウェルドラインや「ひけ」を最小にするための高流動性に加え，反りが出にくい材料が要求される。
　KU2-1517は，1mm近い薄肉成形においても反りが出ず，表面性の良い成形品を得ることができる。

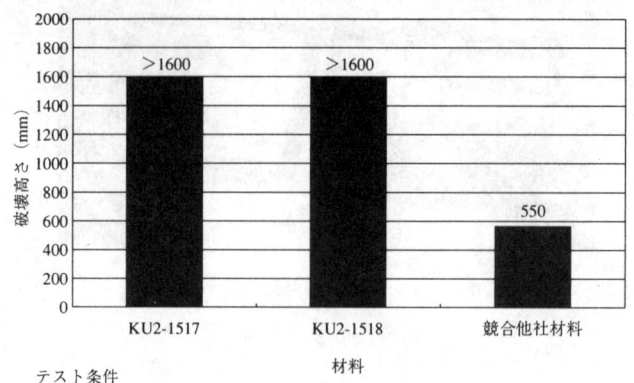

```
                  2000
                  1800
                  1600  >1600        >1600
               ^  1400
              mm  1200
               )  1000
         破壊高さ    800
                   600                         550
                   400
                   200
                     0
                        KU2-1517   KU2-1518   競合他社材料
                                    材料
```

テスト条件
錘重量：300g
錘先端径：12.7mm
ホルダー内径：45mm
サンプル厚さ：1.5mm

図1　落錘衝撃試験における破壊高さ

薄肉成形においてはハイサイクル成形において安定した成形性が要求される。また，流動の微妙な変化が部分的な表面つや不良を発生させることもあり，これに対応するためには，幅広い条件調整範囲を持つことが必要である。

KU2-1518はこれらの要求を満たしており，このため高度な外観性を要求される無塗装キャビネットケースに最適であり，昨年より販売を開始した台湾市場において好評を博している。

図2は，「バイブレンドK」の流動性の指標であるスパイラル流動長を示している。

2.4.3　化学的安定性

キャビネットケースの薄肉化が進むにつれて，応力集中による割れの危険性が増大する。応力による割れに加え，ポリカーボネート樹脂の加水分解性，溶剤による脆化等の問題発生についても，考慮が必要である。

ノートパソコンの使用環境において配慮すべき項目は，主に次の2つである。

① CPU，その他による加熱，冷却の繰り返しにより，ポリカーボネート成分の部分的な加水分解が発生し，強度劣化を生じる。

② ヒンジ部に使用されたグリースが流出し，ヒンジ固定用ボスに付着し，ボスの割れを生じる。さらにLCD部開閉によって発生するヒンジ固定用ボス部の材質疲労がこれを促進することもある。

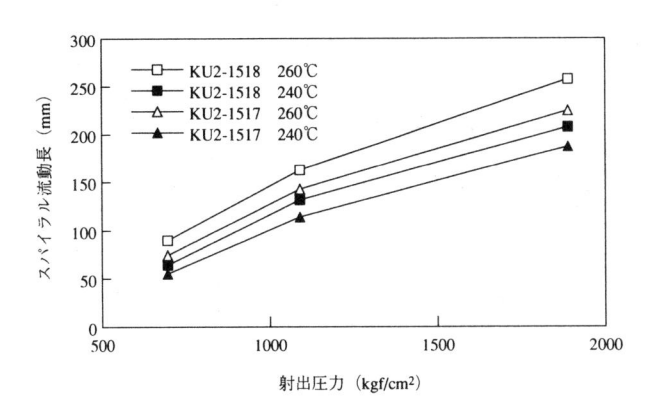

図2 「バイブレンドK」のスパイラル流動長
(板厚：1mmt，金型温度：70℃)

以上の長期にわたる過酷な条件において，安定した性能を発揮することが求められる。「バイブレンドK」は図3，表2に示すように，これらの条件を満足し，市場での種々の環境においても良好な性能を発揮する。

しかしながら，これらの性能も，適正条件で材料が管理され，乾燥および成形が推奨条件内で行われることが必要であり，極端な薄肉成形により推奨条件を超えることは，熱による樹脂の劣化を引き起こし，化学的安定性を損なう。

また薄肉成形は1回の射出量が少ないためシリンダー内の滞留時間が長くなる傾向にあることから，樹脂の劣化や着色顔料の色調の変化を引き起こす可能性が高いので，注意を要す。

2.5 成形品開発期間の最短化

ノートパソコンの製品寿命は，CPUや各種コンポーネントの改良を取り入れながら新しい設計が行われるため，通常6カ月程度と短い。

このような背景から，製品の出図から量産開始までに要する時間を短縮することが重要である。すなわち，金型の最初のトライから量産開始までの期間を短縮することが重要となってくる。

PC-ABSは，流動性が良く，ウェルドライン部の外観も良好であることから，板厚2.0mm程度までは，ゲートの設定(位置，ゲート数)は成形や外観品質に大きな影響を及ぼさない。しかし，2.0mm以下の薄肉成形の場合，薄くなるほどゲートの設定精度が重要となってくる。すなわち，ゲート設定が悪い場合，ウェルドラインやガストラップによる外観不良が発生する。

しかしながら，金型製作時にいったん設定したゲート位置やゲート数をトライ後に変更するの

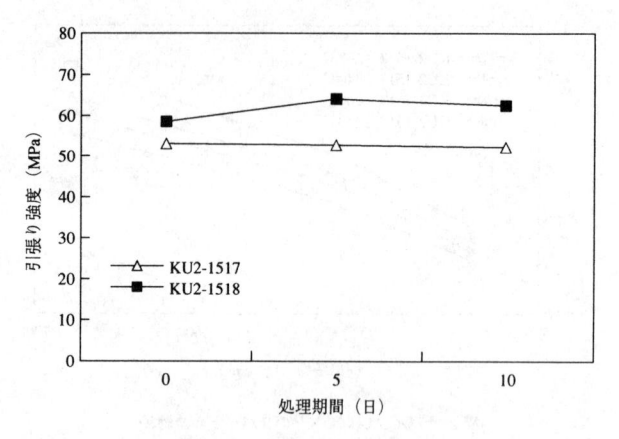

図3 「バイブレンドK」の高温高湿度処理による引張り強度の変化（75℃ 95%RH）

表2 「バイブレンドK」KU2-1518の耐グリース性テスト結果
（負荷応力：5kgf/cm^2，温度：40℃，試験片厚さ：1.5mm）

	グリースA	グリースB	グリースC	グリースD	グリースE
30分後	○	○	○	○	○
1時間後	○	○	○	○	○
2時間後	○	○	○	○	○
4時間後	○	○	○	○	○
6時間後	○	○	○	○	○
12時間後	○	○	○	○	○
24時間後	○	○	○	○	○
72時間後	○	○	○	○	○

○：顕微鏡観察にて一切異常が観察されない
△：クレーズの発生
×：クラックの発生

グリースA： MOLYKOTE Dペースト
グリースB： MOLYKOTE 5-6020
グリースC： RPM Clip-Technology Lubricant
グリースD： Lubricant/Grease （CEMA社）
グリースE： Permabond 105 20％＋WYNN'S Multi-Purpose Grease 80％
（上3種は一般に入手できるもの）
（下2種はA社からの支給品）

は容易でない。

　これらの不良や工数の増加を未然に防ぐには，金型加工前に流動解析によるシミュレーションを行い，ゲートの位置，ゲート数を決めることが望ましく，ウェルドラインの位置と流動末端に発生するガス溜りの可能性の有無を検証し，発生防止対策を実施することが必要である。

　これらのシミュレーションを事前に行い，金型完成後に発生する可能性のある欠陥を事前に予測し，金型完成前に対策することにより，1カ月近く開発期間が短縮され，継続してスムーズな量産の立ち上げが可能になる。

　「バイブレンドK」は流動に関するデータが完備されており，前述の対応が可能である。また多くの事例に基づくシミュレーション精度の向上を行っていることから，技術的に多くの困難をともなう薄肉成形領域においても使いやすい材料になっている。

2.6　まとめ

　臭素系難燃材を使用せず，ブルーエンジェルマーク等の環境規制に適合できるPC-ABSアロイ「バイブレンドK」を紹介した。「バイブレンドK」は，環境負荷が少ないだけでなく，薄肉成形の可能な材料であり，開発期間が短く急な立ち上げを要求される最初のエレクトロニクス機器用ケーシング材料として，多くの量産実績を挙げている。

3 PC/GF（ガラス繊維強化ポリカーボネート樹脂）

杉野守彦[*]

3.1 はじめに

ガラス繊維にて強化されたポリカーボネート樹脂材料は，ポリカーボネート樹脂の寸法安定性，耐熱性に加えて，ガラス繊維添加によるさらなる寸法精度向上，剛性の向上が図れることから，優れたノート型・モバイル型パソコンハウジング材料として注目されている。

一般のポリカーボネート樹脂は流動性が低いため，薄肉成形品には不向きといわれているが，GEプラスチックス社では高流動性ポリカーボネート樹脂にガラス繊維を10重量％添加し，外装薄肉ハウジング材料として開発した。ガラス繊維10重量％添加材料であるSP7602は1.3〜1.5mmt（A4サイズ）程度までの量産実績があり，薄肉高剛性材料の世界標準となっている。

一方，当社では，さらなる薄肉，高剛性化に加え，難燃剤におけるブロムフリーのユーザーニーズに対応して，BCG905を開発した。BCG905はさらなる薄肉化に対応できる，平均肉厚1.3mmtを対象としたガラス繊維10重量％添加ポリカーボネート樹脂材料であり，UL94 V-0グレードを最小肉厚0.8mmにて取得している。

これらの材料は塗装レス成形が基本であり，ウェルドラインが見えにくく，着色性に優れた材料である。表1はSP7602およびBCG905の物性値を示している。

表1　SP7602とBCG905の物性値一覧

グレード			SP7602	BCG905
特性	試験方法	単位		
引張り強度	ASTM D638	MPa	74.5	68.7
曲げ強度	ASTM D790	MPa	112.1	109.9
曲げ弾性率	ASTM D790	GPa	3.9	4.3
アイゾット衝撃強度 （ノッチ付，1/8"）	ASTM D256	J/m	58.7	70.6
比重	ASTM D792		1.28	1.29
荷重たわみ温度 （1.82 MPa）	ASTM D648	℃	92.8	91.0
難燃性 （最小肉厚）	UL94	mm	V-0（1.02）	V-0（0.94）

---

[*] Morihiko Sugino　㈱神戸製鋼所　電子・情報事業本部　高分子材料部　部長

3.2 薄肉ハウジング材料に求められる各種特性

薄肉成形材料およびそれを用いたハウジングには，従来の肉厚での材料，ハウジングに比べて多くの面で配慮が必要である。これはノート型，モバイル型パソコンのような小型・軽量機器はほぼ限界に近い強度設計を施しているため，通常肉厚の成形品では問題にならないような物性不足，低下が大きな問題となるからである。

以下に，薄肉ハウジング材料に求められる各種特性をまとめてみる。

 (1) 落球衝撃強度
 (2) 長期耐久性
  (a) 耐加水分解性　 (b) 耐薬品性
 (3) リサイクル性（再生材利用性）

以下，これらの特性について解説する。

3.2.1 落球衝撃強度

落球衝撃強度はハウジング材料の実使用時の耐衝撃特性を表す指標として用いられる。

ハウジング材料の衝撃特性評価にはアイゾット衝撃強度が用いられることが多いが，テストピースによるアイゾット衝撃強度は，実際に成形されたハウジング材料の耐衝撃特性を正確に表現していない場合がある。これに対して，落球もしくは落錘衝撃強度は実成形品の耐衝撃特性を反映している場合が多く，実際にはアイゾット衝撃強度と落球（落錘）衝撃強度を併用しながら材料の開発，選定を進めることが望ましいと考えられる。

また，成形品のデザイン，成形時の材料のハンドリング（シリンダー温度，乾燥時間，温度等）が衝撃強度に大きな影響を与えることも考慮に入れられなければならない。図1はBCG905の落錘衝撃強度とシリンダー温度の関係を示すものである。

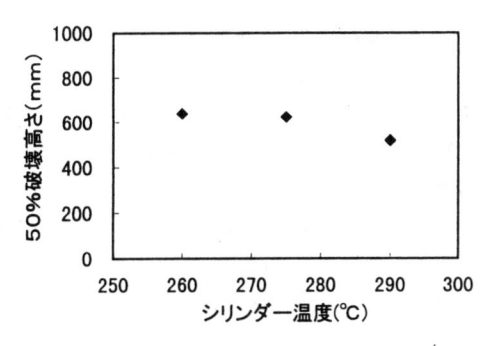

試験条件：サンプル　BCG905　70×70×1.5mmt平板成形品
　　　　　錘　　　　300g，先端R12.7
　　　　　ホルダー　内径45mm

図1　BCG905のシリンダー温度と落錘50%破壊高さの関係
　（金型温度80℃）

3.2.2 長期耐久性

(1) 耐加水分解性

ポリカーボネート樹脂は高温高湿下での加水分解による物性低下が問題となることが知られている。図2は加水分解に起因する引張り強度の変化を、耐加水分解性が考慮された材料およびそうでない材料について表したものである。耐加水分解性に影響を与える因子としては、ポリカーボネートの分子量、添加剤の耐加水分解性などが挙げられる。

加水分解による物性の変化は、製品の長期使用時のハウジングの割れの問題等として現れてくることになるため、材料の開発においては耐加水分解性を十分に考慮した材料設計がなされていなければならない。

(2) 耐薬品性

加水分解性と並んでポリカーボネート樹脂材料において弱点とみなされるのは耐薬品性であるが、表2に示されるように、PC/GF材料においては、材料の分子量や添加剤の選定を適切に行うことにより実使用時の耐薬品性をある程度高めることができる。

ただし、ここで示された溶剤、グリースなどはほんの一例であり、ポリカーボネート樹脂の溶解性がさらに高い溶剤や極めて極性が強い鉱油、添加剤などを含んだグリースなどを使用する可能性がある場合には事前に確認する必要がある。

3.2.3 リサイクル性（再生材利用性）

薄肉ハウジング成形ではスプルー、ランナー重量の成形品重量に対する比率が厚肉成形品に比べて大きくなるため、再生材の使用は強く望まれる。PC/GF材料のようなポリカーボネート樹脂系材料の再生材の使用については、その加水分解性などから疑問視されることもあるが、十分な

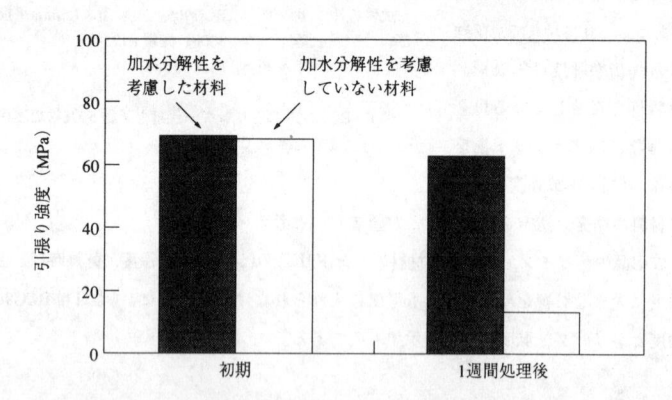

図2　PC/CG 材料の高温（75℃）、高湿（95%RH）処理後の引張り強度の変化

表2　BCG905の耐薬品性評価結果

荷重： 49.1 MPa (5kgf/mm^2)
温度： 40℃（グリース），室温（溶剤，油）
方法： KOBELCO method
期間： 72 hr以上
サンプル数： 2 (#1 and #2)

結果： ○:割れやひびの発生なし

溶剤

	Hexane		IPA		Ethanol		Spirdane D40 (1)	
	#1	#2	#1	#2	#1	#2	#1	#2
1hr	○	○	○	○	○	○	○	○
2hr	○	○	○	○	○	○	○	○
4hr	○	○	○	○	○	○	○	○
6hr	○	○	○	○	○	○	○	○
12hr	○	○	○	○	○	○	○	○
24hr	○	○	○	○	○	○	○	○
72hr	○	○	○	○	○	○	○	○

グリース

	MOLYKOTE (2) D paste		MOLYKOTE (2) 5-6020		RPM Clip-Technology Lubricant (3)	
	#1	#2	#1	#2	#1	#2
1hr	○	○	○	○	○	○
2hr	○	○	○	○	○	○
4hr	○	○	○	○	○	○
6hr	○	○	○	○	○	○
12hr	○	○	○	○	○	○
24hr	○	○	○	○	○	○
72hr	○	○	○	○	○	○

油

	Energol HLP Mineral Hydraulic Oil BP-150 (4)		Olive Oil (5)	
	#1	#2	#1	#2
1hr	○	○	○	○
2hr	○	○	○	○
4hr	○	○	○	○
6hr	○	○	○	○
12hr	○	○	○	○
24hr	○	○	○	○
72hr	○	○	○	○

製造メーカー
(1) : TOTAL SOLVENTS
(2) : DOW CORNING
(3) : RPM
(4) : British Petroleum
(5) : Ajinomoto

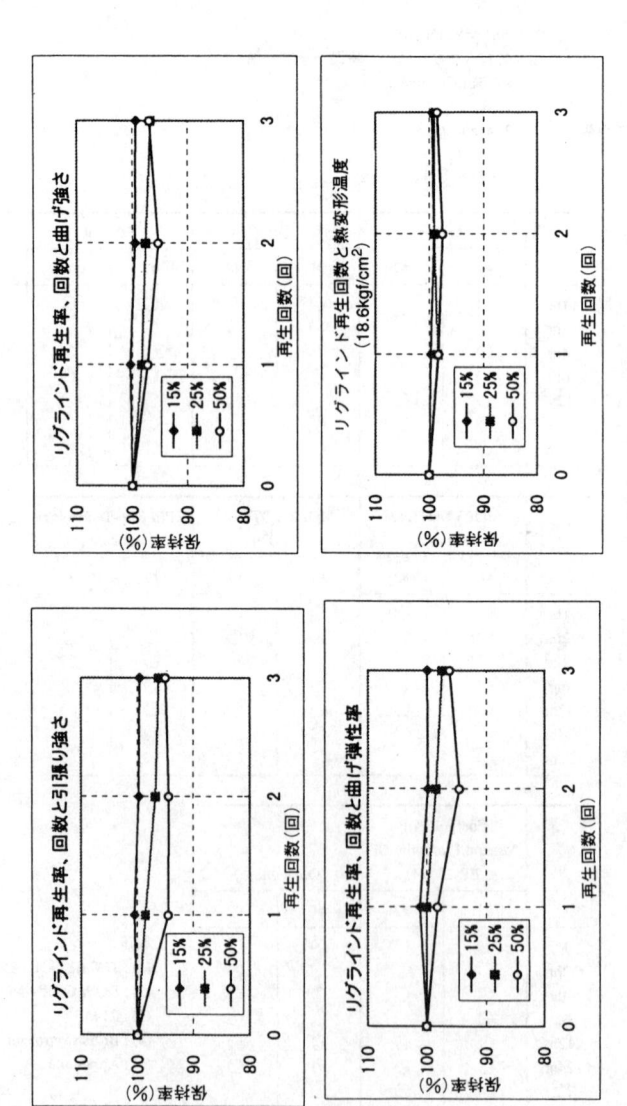

図3 再生利用材（リグラインド材）の含有率と各種物性の関係

表3 BCG905成形品の疲労試験結果

Material： BCG905
Parts： LCD Rear Cover
Frequency： 1 Hz

Load (kgf-cm)	Failure Cycle
20	>30,000
30	>30,000
40	18,500
51	Static Failure

管理の下においてはリサイクルが可能となる。

　図3は，BCG905における再生材の含有率と各種物性の関係を示したものであるが，25%までの添加量において，初期の物性とほぼ同等の値が得られている。

3.3 塗装レス薄肉ハウジングの成形

　以上，材料について述べてきたが，PC/GF材料により，塗装レス薄肉ハウジングを成形する場合は，金型の設計，金型構造，ゲートの位置，選択等も良好な成形品を得るための重要なポイントとなる。図4は，金型構造のうち，典型的なガスベント構造を示したものであり，このような構造のガスベントを金型コアサイドのガスが溜まりやすい位置に設けることにより，薄肉成形においても良好な外観の成形品を得ることができる。

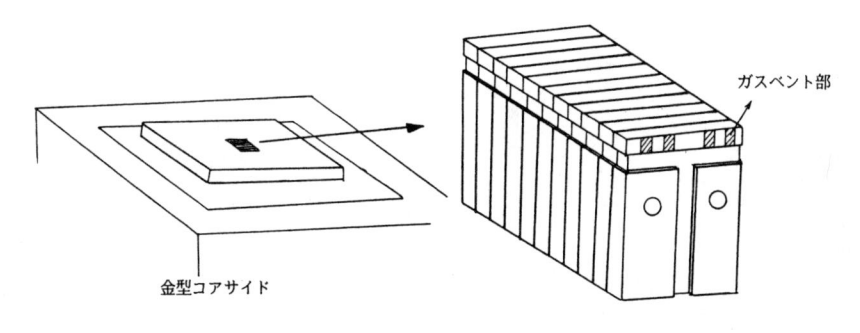

図4 代表的なガスベント構造例

PC/GF材料において用いられるゲートは，通常の材料と同様，下記に示すようなものである。
(1) ダイレクトゲート（ホット／コールド）
(2) サイドゲート
(3) ピンゲート
(4) サブマリンゲート

ダイレクトゲートは成形品中央部に直接外観とならない部分があり（ロゴマーク部等），製品の肉厚が比較的均一である場合に多く用いる。ノートパソコンのLCDリアカバー等はこのケースである。

サイドゲート，ピンゲートは成形品中に開口部があり，肉厚も部分的に薄いなど不均一である場合に用いられ，成形時の流動が全体的に均等になるように，その位置，ゲート径を制御して配置される。ゲート点数は成形品の肉厚にもよるが，通常1.3mmtにおいて4～6点のゲートが配置される（A4サイズ，ボトムケース等）。

サブマリンゲートは，LCD窓枠のような製品のキャビサイドやPL面にはゲートを持ってきにくい場合に多用されている。1.3mmtのA4サイズの窓枠成形品では通常4～6点のサブマリンゲートが使用されている。

これらのゲート位置や径，さらにランナーの配置などは，これまで金型メーカー，成形メーカーの経験や勘に頼っていたところであるが，最近では金型，成形メーカーにおいても流動解析などのCAE技術に対する知識や理解が浸透しており，また材料メーカでの材料データの充実もあり，トライアンドエラーによる金型の修正等を極力減らすべく，その適用が盛んに行われている。当社においても，BCG905をはじめとする各種材料に対して，そのほとんどのケースにおいて流動解析を実施し，ゲート位置，サイズなどの提案を実施している。

第2章　ハウジングの電磁波シールド

1　シールドメッキ

塚田憲一*

1.1　プラスチック難燃剤の規制の動向とハウジングのEMIシールドメッキ

　ハロゲン系の難燃剤を含むプラスチックを低温で焼却すると、ダイオキシンが発生する問題は、日本で現在大きな社会問題になっている。その対応として非ハロゲン系の難燃剤を使用する動向が急速に進み始めた。この動向は無電解メッキの工法に大きな変化をもたらしてきている。

　EMIシールドメッキは基本的に異なる，二つの工法がある。一つはプラスチックメッキの技術を基本とした両面シールドメッキであり，もう一つはプラスチック塗装の技術を基本とした片面シールドメッキである。

　歴史的にみると，両面メッキのほうが古い。IBMが1985年にPC-ジュニアという機種で，ポリカーボネートに無電解銅1ミクロン，防錆として無電解ニッケル0.25ミクロンをつける両面メッキを世界で初めてパソコンに採用した。以後，プラスチックに最も高いシールド効果をもたらす工法として広く採用されてきた。しかし，ノートパソコンの外装としては次の弱点があった。

①　ノートパソコンの外装として使用する場合は外装塗装を必要とするため，コストが高くなる。管理が悪い場合は塗装の剥離が起きる。

②　プラスチック装飾メッキの技術を使用するため，工程が長く，加工する業者が限られる。

③　メッキをするためのプラスチックの種類やグレードが限られる。リン系の難燃剤を含むグレードはメッキしにくい。

④　両面メッキするための金型設計は多点ゲートをとるような配慮が必要であり，成形条件も同様に射出速度を考慮する必要がある。

⑤　製品の全面にメッキがつくため，メッキをつけたくない部分にはマスキングが必要である。

　1991年に，触媒を含むプライマーを塗装し，そのプライマーに直接メッキをするSST法が開発され，1993年から1994年にかけて台湾を中心に急速に広がった。1997年には中国でさらに改良されたシステムが作られ，そこでの累計実績は200万台を超えるようになり，片面シールドメッ

＊　Kenichi Tsukada　シプレイ・ファーイースト㈱　PWB/INT事業本部　EMIプロジェクト　プロジェクト・マネージャー

キはノートパソコンの主流工法となった。

　海外では既に片面シールドメッキが主流になっているが，日本では片面メッキの導入が進みにくかった。その理由は，メッキ工法の発展の歴史の違いから，日本では両面メッキの業者を中心に片面シールドメッキが行われたことにあった。片面シールドメッキは塗装技術を基本とするメッキ工法なのに，分業化の進んだ日本ではメッキ業者のイニシアチブで進められていたので発展しにくかったのである。また，両面シールドの自動化やその上の装飾塗装の自動化も進んでいたこと，プラスチック材料も両面メッキのしやすいABSやABSの多いポリカーボネート・ABSアロイが主体であり，さらに材料メーカーが両面メッキの工程にあわせてグレードを作ってきたことも，片面シールドメッキの展開が遅れた原因であった。

　臭素系難燃剤を含むプラスチックハウジングを規制する動きは，ヨーロッパに市場をもつメーカーを中心に採用されてきたが，最近のダイオキシンの日本における社会問題化に伴って，多くのメーカーがリン系の難燃剤を使用したポリカーボネートが多いPC/ABSアロイやPPEに変わってきている。これらの材料は両面メッキはしにくいが，片面メッキは塗装が基本なので問題なく量産できるため，現在は片面シールドメッキが中心の動きになっている。

1.2　片面シールドメッキの工法種類と特徴

　両面メッキの工程を使用しない片面シールドメッキは，プライマーの種類でいくつかの特徴がある。塗膜に鉄やニッケルの金属粉を入れそれにメッキする方法，塗膜に酸やアルカリでエッチングされる物質をいれメッキする方法，塗膜のなかに無電解銅の触媒を入れそれに直接メッキする方法があるが，現在，最も実績と量産性の高い方法は触媒プライマーに直接メッキするSST法である。その特徴は次のとおりである。

① 2ミクロンというきわめて薄いプライマーでも，完全に塗膜が素材をカバーされていなくても低い抵抗が得られる（表1）。複雑で入り組んだプラスチック成形品でも良好なシールド効果が得られる。

② 膜厚が薄く均一の塗装をする必要がないので生産性が高く，マスクの洗浄回数も少ない。

③ プライマーの塗装ができれば特別のメッキグレードは必要なく，PS，PPO，PPE，ポリカーボネート，ABS，等の材料がメッキできる。メッキのための特別な成形条件も金型設計も必要ない。

④ プラスチックのエッチングが必要ないので，メッキ工程が短く設備投資も少ない。クロム酸を使用しないので加工業者の対象が広い。プリント基板のメッキの排水処理があれば十分である。

⑤ 銅の膜厚を厚くすることで，両面メッキに匹敵する高いシールド効果が得られる。

表1 プライマーの膜厚とメッキ抵抗，シールド効果の関係

シールド工法	抵抗値（Ω）		シールド効果 magnetic wave MHz				シールド効果 electric wave MHz			
	Box	Diagonal	1	100	800	1000	100	200	800	1000
1.conductive Ni 5-6micron	0.603	8.14	0dB	7dB	27dB	18dB	24dB	26dB	28dB	26dB
2.conductive Ni 12-16micron	0.291	3.12	0dB	13dB	35dB	26dB	23dB	26dB	34dB	32dB
3.conductive paint+plating 1	0.0427	0.91	1dB	18dB	43dB	36dB	23dB	25dB	41dB	42dB
4.conductive paint+plating 2	0.0519	0.823	1dB	17dB	43dB	36dB	23dB	26dB	32dB	42dB
5.SST primer 2 double-pass	0.0077	0.086	4dB	20dB	46dB	54dB	23dB	26dB	43dB	47dB
6.SST primer 4 double-pass	0.0038	0.046	7dB	20dB	46dB	53dB	23dB	26dB	43dB	49dB
7.SST primer 6 double-pass	0.0029	0.037	8dB	20dB	46dB	53dB	23dB	26dB	43dB	59dB
8.SST primer 8 double-pass	0.0024	0.022	13dB	20dB	46dB	53dB	23dB	26dB	43dB	59dB
9.SST primer 2 double-pass Cu 85 minutes	0.0034	0.035	9dB	20dB	46dB	53dB	23dB	26dB	43dB	49dB

* Record the average resistance at five points for box method, two points for diagonal method.

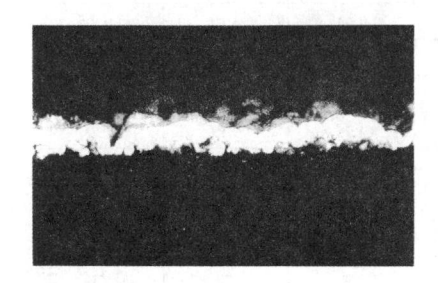

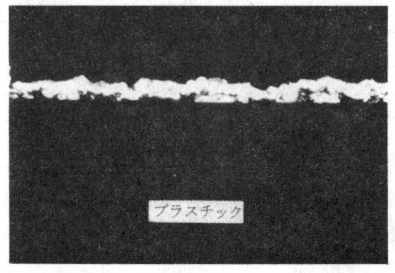

1500J 新方法

写真1 片面シールドメッキの析出状態（断面写真）

⑥ 最近開発されたカーボン繊維やガラス繊維で強化された薄肉，高剛性材料にもメッキがで

きる。ナイロンやPPS等の素材にも可能である。

1.3 銅メッキ膜厚と片面シールドメッキ

　片面シールドメッキはメーカーや国によってで銅膜厚が異なる。日本では片面シールドメッキが銅，ニッケルスパッタリングやアルミ蒸着に抵抗の仕様を合わせたため，銅メッキの膜厚が1～1.5ミクロンである。台湾では，よりシールド効果の高い両面メッキのシールド効果を標準にしたため2～2.5ミクロンである。銅膜厚の違いによるシールド効果の違い，抵抗と膜厚の関係を表2，図1に示す。

　日本では片面シールドメッキの銅の膜厚が不足しているため，シールド板の板金で補強している仕様がみられる。抵抗と膜厚の関係からも2ミクロン以上銅をつけた方がシールド効果の指標となる抵抗が安定している。日本の両面シールドが片面に移行しにくいのには，これら仕様の問題もある。銅メッキを厚くしたほうが軽量化にもつながる。

表2　プライマー膜圧変化と化学銅膜，厚抵抗の関係

SST塗装膜厚	化学銅処理時間	抵抗値（Ω）	銅膜厚（μm）		
			溶解法	ケイ光X線	電解膜厚計
2Double Pass (約1.6μm)	40min.	0.0053	1.79	0.96	1.20
	50min.	0.0038	2.09	1.16	1.40
	60min.	0.0027	2.31	1.37	1.80
4Double Pass (約3.2μm)	40min.	0.0034	1.94	1.10	1.30
	50min.	0.0030	2.22	1.24	1.60
	60min.	0.0027	2.51	1.47	1.80
6Double Pass (約4.8μm)	40min.	0.0033	1.96	1.19	1.30
	50min.	0.0020	2.27	1.34	1.70
	60min.	0.0022	2.63	1.56	1.90
8Double Pass (約6.4μm)	40min.	—	—	—	—
	50min.	—	—	—	—
	60min.	0.0022	2.89	1.77	2.20

注）抵抗値測定は三菱化学製ロレスタMP，4端子4深針方式ASPプローブで測定

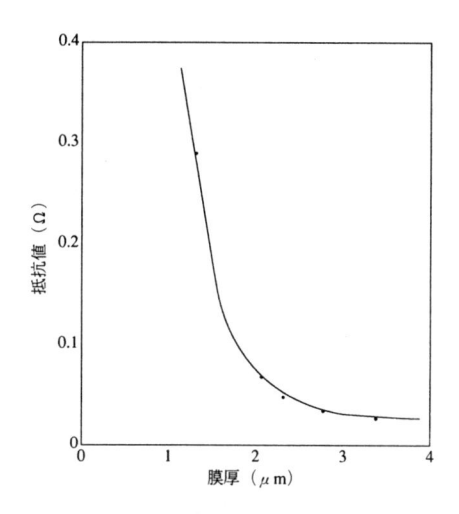

図1　化学銅の膜厚と抵抗の関係（溶解法）
2ミクロンで安定する

1.4 片面シールドメッキと外装塗装

　片面シールドメッキは，擦傷性が良好なポリカーボネートで型梨地の仕様で外装塗装はしないで使用する場合が通常である。

　カーボン繊維やガラス繊維を含んだ材料，ABSのような比較的擦傷性の悪い材料の場合は外装塗装がされる。しかし，両面メッキのように塗装膜厚を厚く管理する必要もないし，通常のプラスチック塗装の仕様で十分である。金属や両面メッキ上の塗装のような管理による剥離の心配もない。

　外装塗装は金型設計上ウェルドが避けられない部分やデザインの要求でする場合があり，使い方によっては生産性を向上させる効果がある。

1.5 片面シールドメッキの製造

　片面シールドメッキは，その技術の主体がマスクを含む塗装の技術である。メッキ材料は，基本的には主目的の化学銅とその防錆を目的とした化学ニッケルである。設備は両面メッキに比較し短く，管理も容易でコストも安い。何よりも六価クロムの排水処理を必要としないのでメッキ加工業者の範囲が広がる。

　このことは，従来の両面メッキは加工業者がプラスチックメッキ業者に限られており，メッキのために長距離を輸送しなければならなかったのに比べ，製造上の負担を大きく軽減できる。

片面メッキは，成形やメッキのためのプライマー塗装加工を主体に考えたほうが量産の展開がしやすい。塗装技術を主体に，同じ場所，もしくは近距離で加工することが可能である。実際，日本以外の国では塗装とメッキが同じ場所で行われ，中国と韓国では成形，プライマー塗装，メッキが同じ場所で行われている。

リードタイムが短く，早い対応が必要とされるノートパソコンの筐体の製造にとって，片面シールドメッキはより製造しやすいプロセスである。

1.6 片面シールドメッキの今後の課題

片面シールドメッキの課題の第一は，基本的にはプライマーの改良である。プライマーの改良の方向は二つある。一つはスクラッチ性の改良，密着性の向上である。もう一つは環境への対応である。

有機系のシンナーを使用したプライマーから，水溶性のプライマーへ転換すれば，より環境にやさしいプロセスとなる。シンナーを使用しないため，素材に対する悪影響もない。

もう一つの課題は生産技術的な課題である。自動化の進んだ台湾では，量産はすべてロボットによるプライマー塗装であるが，日本では自動化しているところは少ない。コストの点からも品質の点からもロボット塗装が好ましい。プライマーは導電塗装のように均一に塗装する必要がなく，プライマーの膜厚は薄いので，より生産性は高い。

もう一つの生産技術のかなめはプライマー塗装に使用するマスクである。マスクのデザイン，生産への対応が開発速度の早いノートパソコンには必要とされる。マスク加工は家内工業的に行われているが，この技術が生産性を左右する。

1.7 高剛性の薄肉メッキ

従来のプラスチックメッキの技術とプリント基板のメッキ技術を応用したのが高剛性の薄肉メッキ技術である。0.8～1ミリの肉厚で曲げ弾性率が25,000kg・cmのABS，またはポリカーボネート／ABSアロイに従来のプラスチックメッキの技術でメッキし，メッキ膜厚のバラツキのない均一着性のよい電気銅メッキを10～30ミクロンつけ，防錆処理後塗装するという工法で20ミクロン電気銅をつけることにより，同一肉厚の曲げ弾性率10万のカーボン繊維強化材料と同等の弾性率が得られる。さらにカーボン繊維入り複合材料に電気メッキすることにより，金属ダイキャストに対抗できる弾性率を得ることができる。

この工法はプラスチックに最も高いシールド効果を同時にもたらす。また，筐体内部からの放熱性向上の効果があり，しかもプラスチックをはさんでいるので過度に外装ハウジング熱が伝わることがない。加えて，難燃性も向上し，UL－V2の材料に，電気メッキすることにより5Vの

難燃性を持たせることができる。このことにより，両面メッキ特性に悪影響を与える難燃剤を最小限に抑えることができる。この工法はカメラで実績がある。

この技術はプラスチックメッキを基礎とし，しかも，電気メッキに工夫が必要のため，現在，量産可能な業者は日本で1社のみである。

1.8 電子部品のシールドメッキとセンシルシールドプロセス

ノートパソコンのシールドメッキは現在そのほとんどが筐体に限られている。コネクター等の内部部品のシールドは重たい金属でカバーされているが，これらの電子部品のプラスチックに部分的に直接メッキすることも可能である。

電子部品のプラスチック材料はPBT，PET等のポリエステル，PPSやポリエーテルイミド，液晶ポリマー，ナイロン等のエンジニアリングプラスチックが使用されてきた。これらのプラスチックは，従来のプラスチックメッキの工程では部分メッキするのが難しくコストも高くついた。また，多くの場合，メッキグレードが必要とされた。

これらの制約を取り除いたのがヨーロッパで開発されたセンシルシールドプロセスで，機械的なエッチング処理をするだけで，ほとんどのプラスチックに部分的にシールドメッキが可能である。

センシルは光，または熱活性化の触媒で部分塗布またはUV，レーザーで部分活性化が可能である。一つのプラスチック部品に電気絶縁性とEMIシールド効果，さらに銅を厚くすることで放熱効果も持たせることができる。MID（立体成形基板）としての発展も可能で，部品の小型化・軽量化が図れる。

センシルは環境にやさしいメッキプロセスで，有機溶媒を使用していない。100%リサイクルが可能である。化学エッチングを使用しないので，SST片面メッキプロセスと同様，加工業者の制約も少ない。

センシルシールドプロセスは，フランスで携帯電話のハウジングに量産実績がある。日本での量産技術の確立はこれからである。両面メッキにも，片面メッキにも対応でき，材料の選択幅も広いので，応用をどう進めるかも課題であろう。

1.9 繊維，フィルムのシールドメッキ

繊維にシールドメッキしたものも，ノートパソコンに使用するガスケットやコードをシールドするテープに加工されている。メッキ可能な繊維はポリエステル，ナイロン等で，難燃性や強度を重視する場合はアラミドやフェノール繊維にもできる。メッシュに加工され，筐体の放熱スリット部分に溶着して使用されている例もある。

フィルムの片面シールドメッキすることも可能で，加工できるフィルムはポリエステル，PPS，PEN である。銅箔を貼り付けたものに比較し薄く，耐食性，加工性にも優れる。

1.10 シールドメッキの種類と品質

メッキ工法の特徴として，いくつかの金属が多層につけられることがある。要求される品質から，それぞれの金属の特性を生かした使われかたがされる。無電解メッキの工法を中心に，その品質のあり方について述べてみたい。

(1) 無電解銅

シールド効果が最も高く，安価な金属が銅である。シールド効果は銅メッキの厚さによって変わってくる。両面シールドは0.6〜2.5ミクロンで，ノート型パソコンは1ミクロンが一般的である。片面シールドメッキは1〜4ミクロンで，2ミクロン以上が望ましい。シールド効果の指標となる抵抗の変化が少なくなるのは2ミクロン以上だからである。メッキ膜厚は抵抗と相関関係があり，簡易に品質確認できる。

無電解銅メッキの性能は保つ上で，応力が小さく，展性の良好な銅メッキ液の選択と管理が重要になってくる。樹脂と金属の線膨張係数の違いで，析出した銅メッキの展性が悪いと，メッキに割れが入り，シールド効果が低下する。特に繊維等の折り曲げて使用するものについては注意する必要がある。

適性な化学銅を管理した状態で使用すると，PC/ABSアロイで80℃，4時間〜マイナス40℃，2時間で1,000サイクルという長期試験後も抵抗とシールド効果の変化はほとんどない。

(2) 無電解ニッケル

無電解ニッケルは通常防錆の目的で無電解銅の上にメッキされる。静電防止や高いシールド効果を必要としない部品には直接ニッケルメッキされるが，現在，そうした仕様はわずかである。

無電解ニッケルメッキの膜厚は通常0.25ミクロンで十分である。線膨張係数の大きいプラスチックに必要以上の防錆の目的でニッケルを厚くつけると，熱サイクルでメッキ膜の割れにつながる。

ガラス繊維で強化したプラスチックコネクター等はプラスチックの線膨張係数が金属に近くなっているので，耐摩耗性を同時にもたせたシールドメッキが可能である。

(3) 無電解スズ

無電解スズは，ニッケルと同様，銅の防錆の目的で仕様される。亜硫酸ガスや硫化水素ガス等の腐食にはニッケルより耐性がある。

北欧では，組み立ての時に素手でさわった場合のニッケルアレルギーの問題でスズメッキが採用されている。

(4) 無電解金

無電解金は，高価なので一般的ではない。

　無電解メッキの品質の確認は抵抗と密着を確認する。その性能は熱サイクル試験，長期高温試験後，長期耐湿試験後も保たれていなければならない。
　密着の確認方法はASTMに決められているテープ試験による確認が一般的である。抵抗の測定は定められた2点間を測定する。4端子法の測定が望ましい。

1.11　無電解メッキの環境への対応

　いままで述べてきたようにシールドメッキは，従来の両面メッキの加工方法から片面部分メッキ工法に大きく変わっていく。環境問題と加工コストがその動きを加速させていくであろう。
　無電解メッキは薄いので，自動車のプラスチック外装塗装剥離工法によって素材とメッキ膜の分離は容易にできる。クロム酸を使用しないSST法が外装シールドメッキ工法の主流になるであろうが，さらに環境にやさしい有機溶媒を使用しないプロセスができるであろう。メッキ工程中に排出される金属は回収が可能で，クローズド化が可能である。
　こうした環境対応プロセスは全世界で製造可能である。

1.12　おわりに

　メッキ技術はプリント基板も含めて多様であり，ノートパソコンをささえる基礎技術の一つである。無電解メッキによるシールドメッキ技術も大きく内容の変化が起きてきており，そのことに対する，プラスチック材料メーカー，プラスチック成形メーカー，最終ユーザーの理解が重要であろう。

2　高周波イオンプレーティング

渡辺好弘[*]

2.1　はじめに

わが日本はバブルの後遺症に苦しみ，景気の好転の兆しさえ見えない状況下にあるが，米国は9年連続好景気が続いており，ニューヨーク株式市場ではダウ平均株価が$10,000を超えたニュースが衝撃的に報道された。この米国の好景気をリードしている産業にインターネット関連産業がある。不況下の日本でも，米国に遅れてはいるもののインターネット関連産業は著しく成長しており，今後ますます高い成長が見込まれている。インターネット関連産業はまさに高度情報化社会の象徴であり，その高度情報化社会を可能にし，かつ支えているのが各種の情報通信機器であり，その中核がパソコンである。

日本でのパソコンの販売台数も年々増加し，1998年には800万台を超えた。そのパソコンもデスクトップからラップトップへ，さらにノートパソコンへとダウンサイジング化が図られ，ノートパソコンは1998年にはパソコンの販売台数の45％を占めるまでなった。小型化されたノートパソコンは工場，オフィス，研究所など限られた分野だけでなく一般家庭にも急速に普及し，若年層から高年齢層まで無くてはならないものに

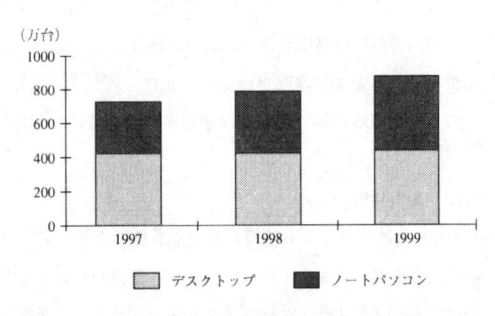

図1　パソコン販売台数

なりつつある。図1は日本でのパソコン販売台数の推移を示す[1]。

2.2　パソコンのEMIシールド対策

パソコンをはじめ数多くの電子機器は，我々に豊かな生活を保証する反面，自らが発生する電磁波のため，他の電子機器に障害を与えたり，人々の健康に影響を及ぼしつつあり，大きな社会問題となっている。これら妨害電磁波は1979年にFCC（米国），1983年にはVDE（ドイツ），1985年にはVCCI：自主規制（日本）などで規制されている。

パソコンなどの電子機器の電磁波漏洩防止（EMIシールド）には下記の対策がある。

---

[*]　Yoshihiro Watanabe　CBCイングス㈱　取締役営業本部長　兼　企画室長

①電子回路での対策
②グランドのとり方
③プリント基板上の対策
④電磁波吸収材の利用
⑤導電ガスケットの利用
⑥ノイズカットフィルター
⑦筐体での対策

　販売競争が激化している状況ではパソコンの機能，性能はもちろんであるが，開発期間(企画，設計，生産，販売)をいかに短縮し，新機種を他社に先駆けてマーケットに提供できるかが販売に大きく影響し，パソコンメーカーの利益を左右する。そのため，対策と確認が繰り返し必要であり長い時間と多大な労力が掛かる上記対策の①～⑥を完全に実施するだけの時間的余裕が無く，⑦の筐体での対策に頼らねばならないのが現状である。昨今マグネシウム合金(後でふれる)の筐体が脚光を浴びているが，まだまだプラスチック筐体が一般的であり，プラスチック筐体を導電化する方法がEMIシールド対策の主流である。その方法を下記に示す。

①金属プレス品と組み合わせ
②金属繊維などをコンパウンドした導電プラスチック
③導電性塗料
④湿式メッキ(無電解メッキ，電気メッキ)
⑤乾式メッキ(真空蒸着，高周波イオンプレーティング)

　ノートパソコンの分野では④湿式メッキと⑤乾式メッキが中心である。湿式メッキには，メッキ液の取り扱いに注意が必要である，メッキ工程が複雑である，また重金属やシアンイオンなどの有害な廃液の処理や大量の洗浄水を必要とするなど地球環境への問題が多い，などの欠点がある。

　そこで，本節では，地球環境に優しい乾式メッキのうち高周波イオンプレーティングについて概説する。

2.3　真空蒸着から高周波イオンプレーティングへ

　プラスチック筐体のEMIシールド加工法として，従来から「厚膜蒸着法」がある。その方法にはイングス(ISVD)法やエラメットプロセス(GFO社)法がある。わが国では上村工業，ダイナテックが導入して，ラップトップパソコン，携帯電話やゲーム機などのプラスチック筐体に実用化されていた。

　この厚膜蒸着法は蒸発金属であるアルミニウムを$1 \times 10^{-3} \sim 1 \times 10^{-5}$Torrの真空槽内で溶融

蒸着させる加工法であり，溶融粒子がプラスチック筐体に直進的に飛び，成膜するものである。この方法では複雑な形状をしたプラスチック筐体には均一な膜厚が望めず，また，より厚く成膜するには成膜強度，密着性などで問題があった。

　電子機器の高密度化，高集積化が進み，より高いシールド性能が要求されたため，当社は「イオンプレーティング」に注目した。イオンプレーティングは，プラズマ環境中で発生したイオンを利用して蒸着する方法である。

　その方法は下記に分類される[2]。

(1)　**直流印加方式（DC法）**

　蒸発電源と基板（ターゲット）の間に直流電界を印加することにより直流グロー放電が生じ，プラズマが形成される。この方法はイオンの入射エネルギーが高く，そのイオンの衝撃により加熱され，基板の温度が高温になる。

(2)　**活性化反応蒸着法（ARE法）**

　この方式も直流グロー放電が用いられ，蒸発源が電子銃である。電子銃で加熱・蒸発した蒸着粒子をプラズマ中で反応性ガスと反応させ，化合物を作成する方法である。

(3)　**ホローカソード放電方式（HCD法）**

　この方法は蒸発源に中空円筒陰極プラズマ電子銃を用いる。電子やイオン密度は桁違いに高く，工具類などへの窒化チタンの成膜に利用されている。

(4)　**高周波イオンプレーティング（RF法）**

　この方法は直流放電（DC法）と比較し高真空での放電ができ，チャンバー内に均一な放電が得られる。また，酸素，窒素などの反応性ガスを導入すれば，化学反応を起こしながら蒸着ができ，化合物を形成しながら成膜することができる。さらに，何よりも基板温度の上昇が少なく，プラスチック成型品に成膜することが可能である。

　当社では保有真空蒸着装置が利用できることと基板がプラスチックであることから，低温プラズマの環境（60℃前後）で加工できる高周波イオンプレーティング（RF法）をEMIシールド用途にわが国で初めて導入し，1992年12月より量産加工をしている。この高周波イオンプレーティングで成膜されたプラスチック筐体は，優れた密着性，高密度な膜質を保持することから電磁波シールド性も向上した。加えて次のことが可能になった。

①　ISVDではプラスチック筐体に密着性を付与するためアンダーコートの配設が不可避であったが，使用されるプラスチック材質によってはアンダーコートの配設が不要となった[3]。

②　ISVDでは蒸発材料はアルミニウムに限られていたが，銅とその保護材金属の2層膜も可能になった[3]。つまり無電解メッキと同質の膜が乾式ででき，それまで両面無電解メッキし

た後で化粧塗装されていた(化粧塗装費が高く,また化粧塗装が剥げるなどの問題があった)のが,成型されたプラスチック筐体の化粧面を生かした片面処理の利点が広く認められ,利用されることになった。

2.4 高周波イオンプレーティングのプロセスと特長

　高周波イオンプレーティングのプロセスの特徴は,ある真空度でアルゴンなどの不活性ガスを注入し,高周波電源から電圧を印加(高周波 13.56MHz)し,高周波プラズマを励起(入射角／反射角＝10/1)させ,プラスチック筐体の表面を改質およびクリーニング(プラズマエッチング)する点にある。この工程は後に成膜される時の密着性に極めて重要である。

　そしてそのプラズマ状態の中でアルミニウムや銅などを成膜するため,金属の蒸発粒子がより高いエネルギーを持ち,かつイオン化されることにより密着性,耐久性,耐食性,耐水性に優れた金属膜が成膜される。また金属の蒸発粒子はプラズマを構成するガス分子や電子に衝突し,反射されるため,単に直進するだけでなく三次元方向に飛ぶことから,複雑な形状を持つプラスチック筐体に優れたつきまわりをもたらすのである。

(1) 密着性

　金属の蒸発粒子は高い運動エネルギーを持ち,イオン化されていることから,単に堆積するだけでなくスパッタリング効果と一部イオン注入現象が起き,優れた密着性が得られる。図2は高周波イオンプレーティングと真空蒸着の密着性を比較して示したもの(ポリエステルフィルムにアルミニウムを加工し,密着性を測定した結果)である[4]。

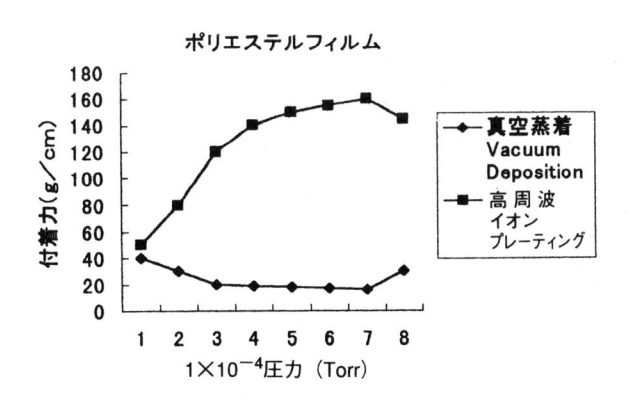

図2　イオンプレーティングと真空蒸着の密着性の違い

(2) 高密度な膜質

金属の蒸発粒子が成膜時においてプラズマに叩かれ，また膜厚が増加するとともに多くの中性粒子のほかにイオン化された粒子が混在しながら成膜されることから，ピンホールが少ない緻密な膜が形成される。図3は膜厚に対する粒子密度を示す[4]。

図3 膜厚に対する粒子密度

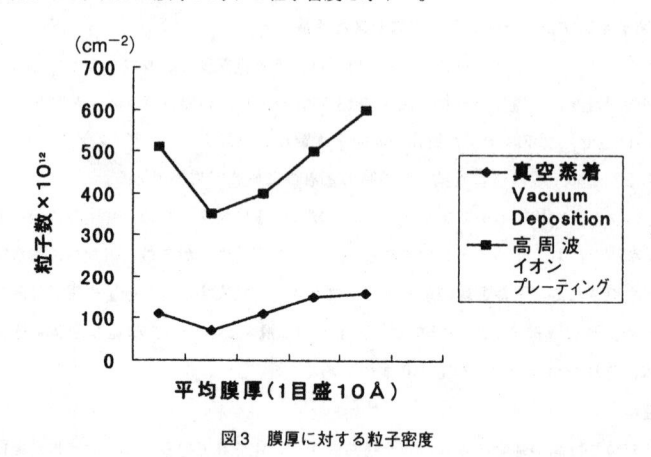

表1 高周波イオンプレーティング膜の物性

試験項目	試験方法	評価
密着性試験	ASTM3359-78準拠	クラス5B
耐湿性	65℃×95%RH×240HR	密着性クラス5B 抵抗値7.0mΩ（変化無し）
鉛筆硬度	JISZK5401に準拠	3H
耐塩水噴霧	JISZ2371に準拠 5%NaCl，雰囲気35℃ 試料角度45° 8時間噴霧，16時間休止 のサイクルを6サイクル	密着性クラス5B 抵抗値7.0mΩ（変化無し）

(3) 高いシールド性

図4は同じ膜厚（アルミニウム）での真空蒸着と高周波イオンプレーティングのシールド特性の比較を示す。膜質が緻密化されているので高周波イオンプレーティングの方が勝る。

(注)アドバンテスト法(ケミトックスEMC測定)により電界波測定したもの。周波数500MHzのときAl真空蒸着の減衰率68dB, Al高周波イオンプレーティングの減衰率77dBになっている。

真空蒸着（Al＝2.2μm）

高周波イオンプレーティング（Al＝2.2μm）

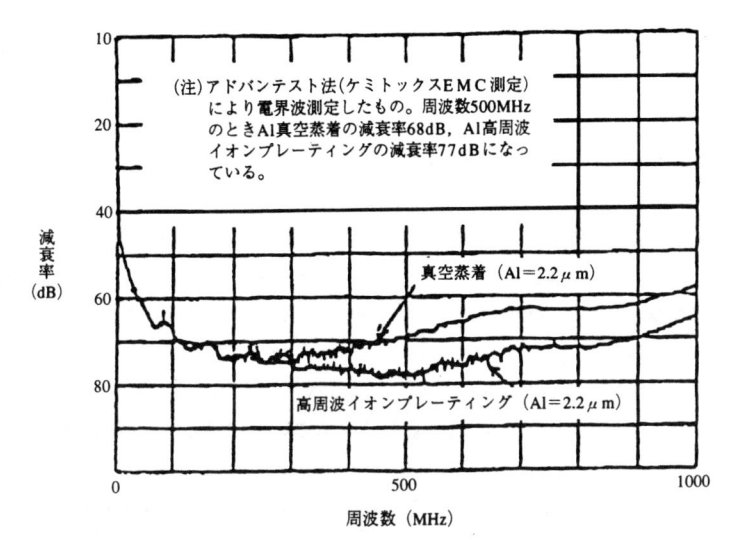

図4　EMIシールド効果[4]

2.5　マグネシウム／プラスチック筐体の組合せ

昨今ノートパソコンの筐体にマグネシウム合金が採用されている。その主な理由は下記である。

① 薄肉，高剛性
② 軽量
③ EMIシールド加工不要
④ 放熱
⑤ リサイクル

チクソモールド成型機を導入する企業も多く，またホットチャンバー成型機を増設したりと，マグネシウム合金は一大ブームとなっている。プラスチック筐体に関連する企業としては脅威である。

しかしながらマグネシウム合金の成型にはまだまだ解決されていない技術的な問題が多く，後加工(機械加工，形状矯正，防錆処理，パテ埋め，バフ掛け，化粧塗装など)で品質を保持している。つまりプラスチック成型の感覚で言えば，成型時の不良品をあの手この手を使って良品化しているのが現状なのである。

マグネシウム合金筐体の一般化には，成型技術，金型技術，材料の進歩を待たねばならない。

当然，現在のところ，プラスチック筐体と比べ，リードタイムも長く，不良率は高く，コストも高い。それゆえ，筐体全体にマグネシウム合金を使用するのではなく（筐体全体にマグネシウム合金を使用しているノートパソコンもあるが），プラスチック筐体と組み合わせて併用するのが一般的である。

ノートパソコンはあらゆる環境で使用され，例えば海岸であるいは高温多湿下でも使用される。そこで問題視されているのはプラスチック筐体にEMIシールド加工されている金属とマグネシウム合金との金属自体が持っている電位である。組み合わせされる金属の電位差は0.2V以下[MIL-F-15072A(EL)1969K]が望ましく，電食は起きないとされているが，残念ながら，汎用的に使用されているプラスチック筐体のEMIシールド加工膜はマグネシウムとの電位差がこの範囲内にない。

下記にマグネシウムと汎用的にプラスチック筐体のEMIシールドに使用されている金属の電位を示すが，アルミニウムは他の金属よりマグネシウムとの電位差が少ない。また現在使用されているマグネシウム合金には約9%のアルミニウムが含まれており，マグネシウム合金とプラスチックと併用され，各々が導通する筐体には，アルミニウムは他の金属より安全な金属と言える（標準電位5℃）[5]。

マグネシウム	(Mg)	-2.38V
アルミニウム	(Al)	-1.66V
ニッケル	(Ni)	-0.23V
錫	(Sn)	-0.14V
水素	(H)	0.00V
銅	(Cu)	0.34V
銀	(Ag)	0.79V

高周波イオンプレーティングはアルミニウム厚膜蒸着(ISVD，エラメットプロセス)の問題点を改良しており，マグネシウム合金と併用される筐体にアルミニウムを成膜でき，大きな力を発揮できると期待している。余談ではあるが，当社ではマグネシウム合金の成型品に高周波イオンプレーティングを利用して防錆処理を行っている。

2.6 おわりに

高周波イオンプレーティングは乾式メッキと言われるドライプロセスであり，湿式メッキと違って廃液など地球環境に悪影響を及ぼす工程はない。今，各方面で，また各企業で取り組んでいる世界環境基準 ISO14000 に合致したプロセスと言える。

加えてEMIシールド加工分野ではノートパソコンをはじめ小型筐体に適しており，加工ロット

においても小ロットから大ロットまで対応が容易である。

またEMIシールド加工だけでなく，人々の健康に役立つ分野，快適な居住空間の創造分野への応用が研究されており，21世紀を迎えるに当たり，さらなる可能性を秘めている。

文　献

1) パソコンメーカー資料
2) 長田義仁：『低温プラズマ材料科学』，産業図書，p.91－98
3) 特許第2688148；2561992；2561993
4) 柏木邦宏：プレーティングとコーティング，Vol. 6, No. 4 (1986)
5) 越川清重：『電子部品の信頼性試験』，日科技連出版社，p.159

3 導電性塗料

野村恭司[*]

3.1 はじめに

プラスチック筐体のシールド方法には，導電性塗料以外にも無電解メッキや真空蒸着等の方法がある。しかし，導電性塗料は比較的簡単に試作・評価でき，量産性に優れているので，広く使われているシールド方法である。

ここでは，各種導電性塗料のうち携帯情報機器用に適用されている電磁波シールド塗料を主体に，その技術について説明する。

3.2 電磁波シールド塗料の種類

電磁波シールド塗料にはニッケル系，銅系，銀系および銀・銅系塗料がある。デスクトップパソコンでは，銅系およびニッケル系が採用されることが多い。それに対して携帯情報機器の場合，メッキ並の導電性を要求する場合が多く，従来の銅系やニッケル系塗料に代わって銀・銅系や銀系塗料が採用されることが多くなっている。

銅系やニッケル系塗料に比べて，銀・銅系および銀系塗料は，塗料の単価（単位重量当たりの価格）が高いという弱点がある。しかし，最近の技術の進歩によって，銀・銅系や銀系塗料も薄膜で優れた導電性を発揮するものが上市され，かなりコスト的に改善されてきている。

以下，銀・銅系塗料と銀系塗料を主体に電磁波シールド塗料について説明する。

3.3 導電性塗料による電磁波シールド技法の特徴

導電性塗料による電磁波シールド技法には，他のシールド技法に比べて，次のような特徴がある。

3.3.1 長所

(1) 安価である

既存の塗装設備が使用でき，新たな設備投資を必要としない。

(2) 量産性がある

吹き手を増やせば，容易に量産が可能である。手間のかかる養生は，治具を利用すれば，さらに量産性が上がり，コストダウンが図れる。

(3) 塗装加工所が多い

プラスチック塗装業はもちろんのこと，金属塗装業でも容易に加工できる。

---

[*] Yasushi Nomura　神東塗料㈱　IU事業本部　シントロン部　課長

(4) あらゆるプラスチックに塗装できる

ABS，PS，PCおよび変性PPOなどは，アクリル系導電性塗料で仕上げられる。ポリエステル，ウレタンおよびエポキシなどは2液型ウレタン系導電性塗料で仕上げられる。また難付着性のプラスチックには，一般塗料のプライマーを施せば，ほとんどあらゆるプラスチックに塗装が可能である。

(5) 環境対策も容易

ABSおよびPSなどに付着性の良い水系の電磁波シールド塗料が上市され，VOC（揮発性有機化合物）対策が容易である。

3.3.2 短所

(1) 外面，放熱開口部および嵌合部などに塗装養生を必要とする。
(2) 銅系塗料で，塗膜が酸化して容易に黒変する製品がある。黒変は見た目にシールド効果に不安感を与え，銘柄によっては，酸化が進んでシールド効果を落とすものがある。

3.4 組成と特徴

電磁波シールド塗料の組成は，導電性フィラー，バインダー，添加剤および溶剤から構成されているのが一般的である。水系の場合は溶剤が水に置換されていると考えれば良い。被塗物への適性や，要求される性能に合致するように，最適の構成材料が選定されて組成されている。

電磁波シールド塗料の組成例を，表1に示すが，導電性フィラーは乾燥塗膜中の70～90%配合されているのが多い。

導電性の発揮は，図1に示すように，塗料中の溶剤が揮発して体積が収縮し，フィラー同士が接触してバインダーで固定されるためである。このように，フィラー同士の接触を満足させるためには，必然的に上記配合量が必要となる。

表1 導電性塗料の組成例

原料	配合量（重量）
導電性フィラー	50～55%
合成樹脂	10～15%
溶剤	30～40%
添加剤	微量
合計	100

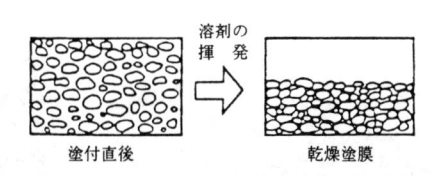

図1 導電性塗料の造膜

3.4.1 導電性フィラー

図2に電磁波シールド塗料の理論を示す。電磁波シールド効果は，図2の式に示すG（比導電

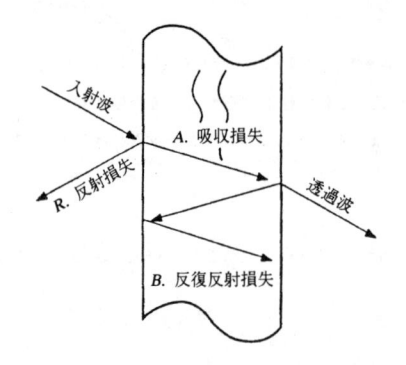

$$SE = R + A + B$$
$$R_E = 10 \log \left(G/\mu \times 1/f^3 r^2\right) + 353.6$$
$$R_H = 20 \log \left[0.462/r \left(\mu/G \times 1/f\right)^{0.5} \right.$$
$$\left. + 0.136 r \left(\mu/G \times 1/f\right)^{-0.5} + 0.354\right]$$
$$R_P = 10 \log \left(G/\mu \times 1/f\right)^{-0.5} + 168.2$$
$$A = t \left(\mu G f\right)^{0.5} \times 3.38 \times 10^{-3}$$
(B：省略)

G ＝比導電率　　　　R_E ＝電界反射損失
μ ＝比透磁率　　　　R_H ＝磁界反射損失
f ＝周波数（Hz）　　R_P ＝平面波反射損失
r ＝パルス発生源とシールド材の距離
t ＝シールド層の厚み

図2　電磁波シールドの理論

率）の値が大きいほど，すなわちシールド層の導電性が大きいほど（抵抗値が小さいほど）高くなる。

　電磁波シールド用導電層は，体積固有抵抗率で$10^{-3}\Omega\cdot cm$以下の導電性を必要とするので，導電性フィラーにはニッケル粉，銅粉，銀粉，銀メッキ銅粉が使われる。

　写真1および写真2に，代表的な銅粉と銀メッキ銅粉（銀・銅粉）のSEM写真を示す。

　銅粉は，樹枝状構造を有しており，見掛け密度・タップ密度が低く，嵩高な粉末である。したがって，銅粉同士のからみあいが容易であり，塗膜にした場合，導電性が得られやすい。一方，比表面積も大きいので，その分酸化されやすくなり，導電性も劣化するが，特殊な表面処理剤で処理することにより，銅系の電磁波シールド塗料の安定供給が可能になった。また銅粉の表面処

写真1　銅粉のSEM像　　　　　写真2　銀メッキ銅粉のSEM像

118

理以外に，バインダー中に酸化防止剤を組成し，酸化防止機能を強化する場合もある。

また銅粉の酸化防止の別の手法として，銅粉の表面に銀メッキを施す方法もある。銀メッキ銅粉は，写真2に示したように，フレーク状の形状を持っており，そのため薄膜でも優れたシールド性能を発揮する。

3.4.2 バインダー（樹脂）

プラスチック筐体に使われる樹脂はABS，PS，PPO，PC，FRP，さらにSMC，BMC，RIMに至るまで多種多様である。バインダーは，導電性フィラーを塗膜中に固着させ，プラスチックに塗膜を付着させる働きをする。

付着性は，非常に重視される機能である。電子機器内で，導電性塗膜が剥離した場合，誤動作や火災・感電の危険があり，UL（Underwriters Laboratories）認証でも重視される性能である。また，塗装後，早期に導電性を発揮する必要があり，溶剤型の場合，速乾性アクリル系樹脂や二液型ポリウレタン系樹脂が一般に使われる。現在，日本では溶剤型の電磁波シールド塗料が多く使われている。

一方，VOC規制への対応として水系の電磁波シールド塗料もある。樹脂系としては，水溶性樹脂の場合，塗装作業性を考慮すると，溶剤を多量に添加する必要があるので，その対策としてエマルションあるいはディスパージョンタイプが使用されることが多い。

ただし，溶剤型の場合は室温乾燥や50℃程度の強制乾燥で導電性を発揮するのに対して，水系の場合は50〜60℃での強制乾燥が必要である。

3.4.3 溶剤

溶剤はバインダーの種類に応じて，樹脂の溶解性のあるものが選ばれる。貧溶解性のものは，樹脂の凝集のみならず，導電フィラーの凝集まで引き起こし，導電性に悪い影響を与える。

また，ABS，PS，PCは溶剤によって表面が侵されて，クラックやクレイジング現象が発生しやすい。したがって，塗料は素材へのダメージの少ない溶剤を主体に組成し，各種プラスチックへの適応性を高める工夫がされている。

水系の場合は，水の揮散を促進するために低沸点のアルコールや，素材への濡れ性を向上させるためにグリコール系の溶剤を使用することが多い。

3.4.4 添加剤

電磁波シールド塗料は，ニッケル粉や銅粉のような比重の大きな金属が使用されているため，沈降しやすい。未希釈の状態のみならず希釈した状態での沈降防止も重要な問題である。

塗装中に導電フィラーが沈降すると，導電粉とバインダーとのバランスが崩れて，導電性不良を引き起こすおそれがある。また，沈降性が激しいと，希釈塗料を翌日の塗装に使用しようとした場合，塗膜の仕上がり肌がザラザラしたラフなものになってしまう。従って，沈降防止技術が，

各メーカーの技術のポイントになっている。

エマルション系の水系の電磁波シールド塗料の場合は，溶剤型と異なり，造膜助剤・分散剤・付着性を向上させるための添加剤が使用されるのが普通である。

3.5 性　能

表2に，当社製の各種電磁波シールド塗料の性状，性能を示す。適用プラスチックの種類によって，また要求される機能あるいはデザイン面（色相の制限）から最適なものが選定される。

表2　電磁波シールド塗料の例（神東塗料製）

製品名	Shintron E-3315	Shintron E-15	Shintron E-3063	Shintron E-63	Shintron E-3073	Shintron E-3043	Shintron E-3091
適用プラスチック	ABS, 変性PPO(PPE), PS, PC				SMC, BMC RIM	ABS, PS, PC 変性PPO(PPE)	ABS, PS
樹脂系	一液型熱可塑性アクリル系樹脂（溶剤型）				二液型ウレタン系樹脂（溶剤型）	一液型熱可塑性アクリル系樹脂（溶剤型）	ポリウレタン系樹脂（水系）
導電性フィラー	銅		ニッケル			銀	銀・銅
標準乾燥塗膜厚と表面抵抗値 塗膜厚	35μm	35μm	50μm		50μm	15μm	20μm
標準乾燥塗膜厚と表面抵抗値 表面抵抗値(Ω/□)	0.2	0.3	0.4		0.7	0.1	0.2
乾燥条件 25℃		16時間			5日	16時間	不適
乾燥条件 50～60℃		20～30分			30～60分	20～30分	30～40分

表からわかるように，表面抵抗値の最も低いのは銀系塗料であり，次いで銀・銅系塗料，銅系塗料，ニッケル系塗料の順序となる。なお，表中のSintronE-63およびE-15は，Shintron E-3063およびE-3315のエアーゾールタイプであり，塗装設備のない研究所や，少量試作に利用されている。

図3に，ニッケル系（Shintron E-3063），銅系（Shintron E-3315），銀・銅系（Shintron E-3910）および銀系塗料（Shintron E-3043）について，塗膜厚と電気特性の比較データを示す。塗膜厚が増えるとともに表面抵抗値は小さくなっていくが，銅系塗料では約35μm，またニッケル系塗料では約50μm以上でほぼ一定に達するのに対して，銀・銅系塗料では20μm，また銀系塗料では15μm以上でほぼ一定に達するので，塗膜品質の管理面からこれらの膜厚を塗装することが

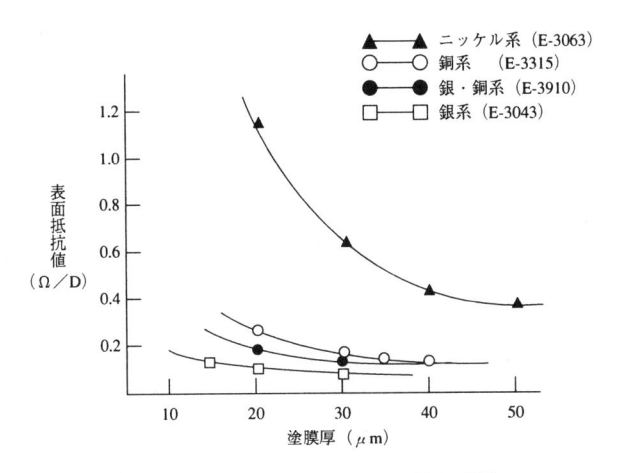

```
            ▲——▲ ニッケル系（E-3063）
            ○——○ 銅系    （E-3315）
        1.2 ●——● 銀・銅系（E-3910）
            □——□ 銀系    （E-3043）
        1.0
表
面  0.8
抵
抗  0.6
値
(Ω/□) 0.4

        0.2

         10  20  30  40  50
            塗膜厚（μm）
```

図3 導電性フィラー種と膜厚・表面抵抗の関係

重要である。言い換えると，銅系塗料では35μmの塗膜厚を塗装する必要があるのに対して，銀・銅系塗料は20μmの塗膜厚を塗装すれば良いことを示している。

図4は，ニッケル系塗料（45μm）と銀・銅系塗料（20μm）のシールド効果を比較したものである。電界強度のシールド効果は，300MHz以下の周波数域では銀・銅系塗料が，また300MHz以上の周波数域ではニッケル系塗料が高いことを示している（銅系塗料は銀・銅系塗料とほぼ同じ傾向を示す）。大半の機器の使用周波数は300MHz以下であるので，近年，銀・銅系塗料（銅系塗料）の方が採用されることが多くなっている。

3.6 UL認証制度について

日本製電子機器がアメリカに輸出されるケースが多いが，アメリカ市場で販売される機器はUL（Underwriters Laboratories Inc.の略称）の認証を必要とする。火災事故防止の保証のある機器を使用していると，火災保険の掛金率が下がるので，米国民にとってUL認証品を購買することにはメリットがある。UL認証を得たい場合，その機器を構成している各電子部品のUL認証を必要とする。

プラスチック製筐体に塗付される導電性塗料は，UL746Cの剥離試験法による塗膜の付着性試験があり，プラスチック素材-導電性塗料-塗装加工所の3コンビネーションで，剥離試験に合格したものに対してUL認証される。ShintronEシリーズ（神東塗料製）は各種プラスチックおよび塗装加工所とのコンビネーションで認証例が豊富にある。

図4 ニッケル系と銀・銅系のシールド性の比較

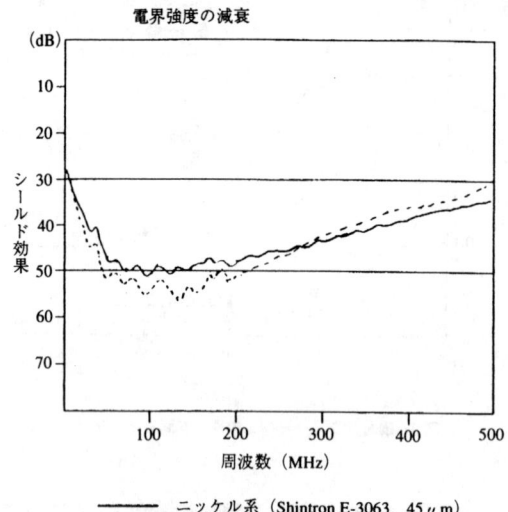

― ニッケル系 (Shintron E-3063 45μm)
‥‥ 銀・銅系 (Shintron E-3910 20μm)
(測定機器：スペクトラムアナライザー)

3.7 導電性塗料の今後

　高速信号機器の普及により，筐体シールドに無電解メッキやマグネシウム合金が採用され，導電性塗料の使用量は横ばいである。しかし，電子機器の筐体にプラスチックが使用される限り，フリーな形状に容易に導電加工のできる，電磁波シールド塗料が継続して採用されると考える。また環境対策を考慮した水系塗料への転換が進んでいくと考えられる。

文　　献

1) INCO LTD.JAPAN：INCO Nickel Powders PROPERTIES AND APPLICATIONS
2) 福田金属箔粉工業㈱：福田技報, 11, No.1 (1991)
3) ㈱大阪ケミカルマーケッティングセンター：導電性塗料とマーケット, 5, No.10 (1991)
4) 板野俊明：表面技術, 42, No.1 (1991)

4 導電性ハウジング(炭素繊維強化樹脂)

杉野守彦[*]

4.1 はじめに

当社で開発した炭素繊維強化樹脂(以下CFRP)は,1989年に,世界で最初に小型エレクトロニクス機器用キャビネットケース材としてシャープのヘッドホンステレオに採用された。その後,松下電器産業のノートパソコン外装材,東芝やIBMのノートパソコンの補強シャーシ部品,IBMノートパソコンの外装材へと用途開発が進み,薄肉軽量パソコンの開発に寄与してきた。これらの材料は25mm長の長炭素繊維で強化されたフェノールアロイ材であり,現在もソニーの「ディスクマン」の底面パネルや池上通信機のプロ用ビデオカメラ筐体に使用されている。

しかしながら,長炭素繊維強化フェノールアロイは,圧縮成形法を用いるため生産性が低く,用途が限定されていた。このため,通常の射出成形機で成形できる量産性の高いCFRP用成形材料の開発が望まれてきた。

これに対し,当社では,長炭素繊維の特長を生かしつつ量産性,汎用性を高めたPA(ポリアミド)-CF(炭素繊維)系コンパウンドを開発した。

CFRP成形品には2つの目的がある。一つは炭素繊維によるEMIシールド効果,もう一つは高剛性である。

炭素はアルミなどの金属と異なり,良好な電波吸収体であり,この機能を用いてパソコンキャビネットのシールドを行うのがCFRPの第一の目的である。

さらに炭素繊維は,その弾性率が一般グレードでも250GPaと,通常の金属材料よりはるかに高い弾性率を保有しており,これを強化材として用いることにより,高弾性率CFRPを得ることができる。

4.2 CFRPの分類

現在上市され,量産品に使用されているCFRPは,マトリックス樹脂によって大きく3つに分類される。

4.2.1 ポリアミド-炭素繊維系(PA-CF系)

最も一般的に用いられる樹脂系はPA(-CF)系である。15wt%から30wt%の炭素繊維含有率の材料がノートパソコンの上級モデルのキャビネットケースに用いられている。

30%以上の炭素繊維を含有するPA-CF系材料は,23GPa以上の曲げ弾性率を持ち,高性能CPUに対応するEMIシールド性とともに,A4サイズ以上のパソコンのキャビネットケース材料に用

---

[*] Morihiko Sugino ㈱神戸製鋼所 電子・情報事業本部 高分子材料部 部長

いることができる機械的性能と成形時の流動性を有している。

15％の炭素繊維を含有するPA-CF材は15GPa以上の曲げ弾性率で，流動性に優れていることから，A4サイズの1mm板厚の成形品に採用されており，メッキあるいは導電性塗装との併用によってEMI対策を行っている。

これらの炭素繊維の含有率の高い材料では，そのコストの大半を炭素繊維のコストが占めている。したがって，今後は30％以下の炭素繊維含有率で30％炭素繊維含有品と同等のEMIシールド性を得る低価格材料の開発が要求されている。

写真1　ノートパソコン，CDプレーヤーの適用例

写真1はPA-CF系材料を用いたノートパソコンおよびCDプレーヤーの上級モデルの例を示しており，長期間にわたり信頼性の高いキャビネットケースとなっている。

4.2.2　ポリカーボネートー炭素繊維系

PC-CF系はPA-CF系に次いで使用される材料である。A4サイズは衝撃値の問題から適用例は少なく，主にB5サイズのモバイル系パソコン用キャビネットケースに用いられる。

炭素繊維の含有率は10～20％であり，流動性を付与するため低分子量のPC樹脂やASA樹脂などを添加しているが，そのため衝撃性が低下し，弾性率もPA系に比較し同一炭素繊維含有率でも低い値を示す。これはポリカーボネート樹脂と炭素繊維の濡れ性が悪いため，それぞれの特性を発現していないためであり，その結果として，成形品の表面に炭素繊維の持ち上がりが発生し，塗装時に多くの問題を引き起こす。またウェルドラインが明確に現れるため，塗装は2層塗布を要求され，サンディングなどの前処理も必要となる。

当社では，PC-CF系の成形性の良さを維持しながら上記の欠点を改良したPC-GF-CF系を開発した。

この成分系は，ポリカーボネートに対するガラス繊維の濡れ性の良さを利用しながら，少量の炭素繊維で弾性率の向上を図ったもので，その外観はPC-GF系に相当するにもかかわらず，弾性率は8GPaから炭素繊維の含有率を上げることにより11GPaになり，かつブロムフリー難燃である。またA4サイズ以上の14.1インチ液晶パネルにも対応可能である。

したがって，PA-30％CF系からPA-15％CF系の高弾性率領域（23GPa～15GPa）に対し，8GPa～11GPaの領域は，今後，その価格水準からもPC-GF-CF系が用いられるものと思われる。

124

新しいPC-GF-CF系材料は98年モデルより数モデルに採用され，99年はさらにその採用が増加すると思われる。

4.2.3 フェノール樹脂-炭素繊維系

約10年前に開発されたこの材料は，25mm長さの炭素繊維を2次元方向に展開し，フェノール樹脂の流動性の良さを利用して1mm以下の成形品を得ることができる唯一の材料であり，EMIシールド性，衝撃値も前述のいずれの成分系よりも優れている。

ノートパソコン用材料としては理想的な材料であるが，製造方法が圧縮成形であり，その生産性の悪さから，大量供給が必要な製品には適用が困難である。しかしながらサイズの小さな製品に対しては，多数個取りの金型により必要数量の確保が可能であるため，使用されている。

写真2は，ノートパソコンの適用例を示しており，写真3はプロ用ビデオカメラ，CDプレーヤー底面部品を示している。少ない適用例ながら長年にわたり量産が続いている。

写真2　各種ノートパソコンの適用例　　写真3　ビデオカメラ，CDプレーヤーの適用例

量産可能な最小肉厚は小型キャビネットケースの場合0.7mm程度であり，マグネシウムダイカストをしのぐ唯一の成形材料[1]と言える。

4.3　製造上の留意点

CFRPは，硬度の高い炭素繊維を多く含有するため，金型設計および成形機のシリンダー，スクリューなどに配慮が必要である。また繊維含有であるがゆえの成形条件，後処理についても留意が必要である。また，二次加工についても工夫が必要である。

本節では，特に製造上多くのノウハウの適用が必要なPA-CF系について，製造上の主な留意点を述べる。

4.3.1 金型

金型は表面硬度の高い焼き入れ鋼または表面硬化鋼（主に表面窒化処理）が望ましい。特に数10万～100万ショットの成形を行う場合、キャビ側は焼き入れ鋼または窒化層の厚いEH処理[2]を用いる。

コア側は、窒化処理を行うが、スライド、ピンなどの可動部は摩耗が激しいため、ハイス鋼などを用いるか、EH処理を行う。

またゲート口は入れ子にすることが理想である。CFRPは、多量の炭素繊維を含有するため、流動のバランスが崩れると反りが発生しやすく、またウェルドラインの表面性が悪くなるなどの弊害が出ることから、常に一定のゲート径と形状を保つ必要がある。したがって、ゲート部に超硬度鋼やハイス鋼あるいはタングステンカーバイド鋼を用い、入れ子タイプのゲート口をセットすることが望ましい。

ゲート数はできるだけ少なくすることが理想であり、必ず流動解析を行い、最小のゲート数でバランスの良い流動を得るとともに、ガストラップのできやすい位置には必ずガスベントを設ける。ゲート数を安全策として増やす例もみられるが、スプルー、ランナーの増加により限度を超えると有効圧力は減少する。

ガスベントの構造は、多孔質金属より、むしろ当社推奨のスリットタイプが効果的である。スリットタイプ構造を図1に示す。

金属表面の磨きは、通常のABS樹脂と異なり、はるかに細かい仕上げが必要であり、#600以上の仕上げが最低レベルで、抜き勾配部や細かいリブ構造などは#800～#1200の研磨が必要である。

4.3.2 射出成形機・成形条件

当社の成形材料は、特殊な射出成形機を必要としない。

通常の長繊維ペレットタイプの成形材料と異なり、当社の長繊維ペレットは、ペレット製造時に長繊維長を保持しながら混練を行っているため、繊維と樹脂の濡れが十分であり、射出成形時の流動が安定している。したがって、通常の長繊維ペレットにみられる繊維浮きやゲート部での繊維束の露出がなく、良好な外観を得ることができる。また流動性が安定しているため、通常の射出成形機を用いることができる。

ただし炭素繊維の含有量が高いため、この成形材料を用いて長期間成形する場合には、耐摩耗仕様のスクリューとシリンダーを用いることが望ましい。またチェックリングは1～1.5年に1回交換する必要があるが、スクリュー、シリンダーは通常の成形条件では問題を生じない。

A4サイズ、肉厚1.2mmの成形品の場合、成形機は450T以上の型締力が必要である。長繊維を切らないためにスクリューの回転数は比較的低速とし、背圧も低く設定する。高速射出は反り防

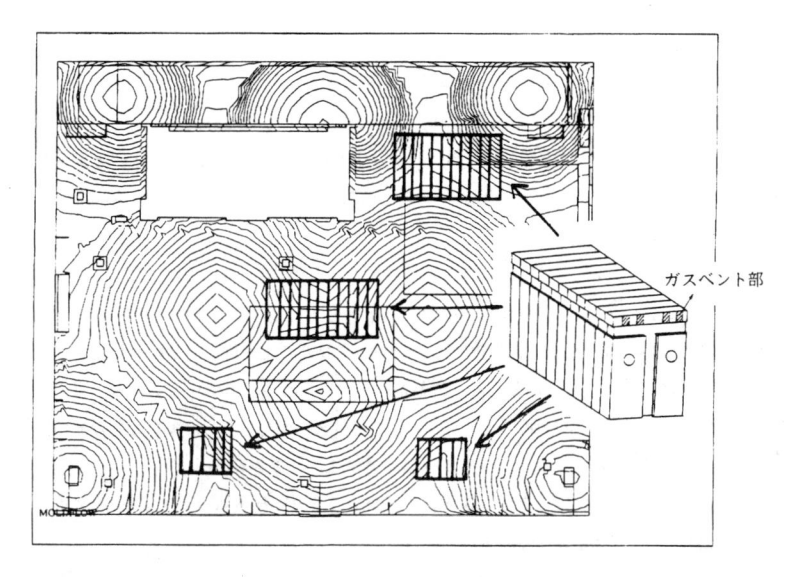

図1 ガスベント構造とその配置例

止には有効であるが，射出速度は必要以上は速くしない。特に，PA系においては，射出速度を速くすると金型が開き気味になり，バリが発生するので注意が必要である。また反りを少なくするために金型温度を低くするが，極端に低くすると成形後の加熱（たとえば塗装）によって反りが発生するので注意が必要である。

推奨成形条件を表1に示す。

表1 推奨成形条件

〈コバトロン〉

射出圧力	1,200～1,700	kgf/cm^2
射出時間	1～3	秒
保　圧	500～1,000	kgf/cm^2
保圧時間	1～10	秒
冷却時間	25～35	秒
背　圧	5～10	kgf/cm^2
スクリュー回転速度	50	rpm以下

〈コバロイ〉

射出圧力	1,000～1,500	kgf/cm^2
射出時間	1～5	秒
保　圧	500～1,000	kgf/cm^2
保圧時間	1～10	秒
冷却時間	25～35	秒
背　圧	5～10	kgf/cm^2
スクリュー回転温度	50	rpm以下

4.3.3 二次加工

成形が終了した後，ナット挿入，塗装が行われる。

ナット挿入は，超音波式・加熱式のいずれも適用できる。ナットを挿入することによりボス間抵抗は大幅に低減できる。これは，挿入されたナットが繊維とよく接触していることを示している。成形品の表面抵抗を測定すると約20～40Ωとばらつくのに対し，30％CF含有品はボス間抵抗を10Ω／300mm以下に制御できる。

ゲート仕上げが必要な場合は表面処理超硬エンドミル[3]を推奨している。このエンドミルを使用することにより，加工による炭素繊維の持ち上がりを防止し，良好な表面が得られる。

PA系材料については，塗装は他のPC系，PC/ABS系などに比べ難しいといわれる。しかしながらPAは，耐溶剤性が良好であるため，溶剤割れを生じる可能性も低いことから，適切な溶剤組成をもつ当社推奨の塗料の選択により，安定した塗装表面が得られる。また塗料の種類については，ハードタッチからソフトタッチまで幅広く選ぶことができる。

塗装工程については，特別な表面状態の要求がないかぎり，塗料はウレタン系2液タイプを使用し，塗膜は1コートで良好な外観が得られる。

PA系材料の接着はエポキシ接着剤が適当であるが，量産には超音波溶接が有効である。

写真4の左側は，CDプレーヤーにおいてCFRP材と透明窓材との超音波溶接接合部の量産例を示すもので，信頼性の高い高強度の溶接が可能である。また右側は，最新のデジタルビデオカメラの機構部品の量産例で，マグネシウム部品の軽量化，コストダウンの例である。

写真4　CFRP材と透明窓材の超音波溶接例およびデジタルビデオカメラの機構部品例

4.4 CFRPの物性

著者は，CFRPの組成は炭素繊維の含有率によってマトリックス樹脂の組成を変えるべきと考えている。すなわち，炭素繊維量を15～35％程度にする場合には，フェノール樹脂とポリアミド樹脂が性能，コストの面から最適と考える。またポリカーボネート系の場合は，炭素繊維含有率は10％が上限であり，他の高流動性樹脂をアロイ化しても15％が上限であり，ガラス繊維の場合と比較して添加量の上限は低い。

ポリカーボネート系アロイに20％炭素繊維を加えた商品も上市されているが，手直しなしで表

面塗装を行うのは困難であり、ウェルドラインの性能（衝撃値、曲げ強度）も大きく低下する。安定した量産ができる炭素繊維量は8～10%程度が上限と思われる。

ポリアミド系アロイの場合においても、炭素繊維を40%まで含有させると成形はかなりの困難を伴い、表面の手直しや頻繁に金型メンテナンスを行い、摩耗対策を行わなければならないので、炭素繊維含有率の上限は35%程度と思われる。これらの含有率の上限は、ガラス繊維と比較してかなり低い。

当社では、ポリアミド系については10～33%の炭素繊維含有率の商品を開発し、ポリカーボネート系については4～8%の炭素繊維含有率とし、剛性を高めるためガラス繊維を含有率10～15%で併用して剛性の向上を図っている。

表2は当社の材料の代表的な値を示すものである。

表2 各種炭素繊維強化樹脂材料の物性

項目	試験方法	Unit	コバトロン		コバロイ		
			LNB-907 (PA/CF30%)	LNB-921 (PA/CF15%)	BCB-992 (PC/CF 4 %) GF14%	BCB-996 (PC/CF 6 %) GF14%	BCB-998 (PC/CF 8 %) GF15%
引張り強度	ASTM D638	MPa	210.9	204.0	107.9	105.9	112.8
		kgf/cm^2	2,150	2,080	1,100	1,080	1,150
曲げ強度	ASTM D790	MPa	339.4	309.0	117.7	145.2	168.9
		kgf/cm^2	3,460	3,150	1,200	1,480	1,700
曲げ弾性率	ASTM D790	GPa	23.1	18.5	7.9	8.8	11.0
		kgf/cm^2	235,000	189,000	81,000	90,000	112,000
アイゾット衝撃値 (ノッチ付)	ASTM D256	J/m	58.9	69.7	60.8	61.8	54.9
		kgf·cm/cm	6.0	7.1	6.2	6.3	5.6
荷重たわみ温度 (18.6kg/cm^2)	ASTM D648	℃	203	210	86	89	94
比重	ASTM D792	−	1.36	1.37	1.35	1.34	1.34
難燃性 (最小肉厚)	UL94	−	V-0 0.65mmt	V-0 0.76mmt	V-0 0.8mmt(Black)	(V-0)[1] (0.8mmt)	(V-0)[1] (0.8mmt)
標準金型表面温度		℃	75～85	75～85	60～70	60～70	60～70
MI (275℃, 2160 g荷重)	ASTM D1238	g/10min	−[2]	−[2]	30.4	24.2	19.5
成形収縮率	ASTM D570 準拠	−	0.5～1.0 /1000	1.0～1.5 /1000	1.5～1.8 /1000	1.4～1.7 /1000	1.3～1.6 /1000

* 1：1998年12月現在、ULに申請中
* 2：繊維が多く測定困難

4.5 CFRPの用途

ノートパソコンや携帯用機器キャビネットケース用として開発したCFRPは、最上級モデル用

として多くのモバイル製品の軽量化，薄型化に寄与してきた。また炭素繊維を30％程度含有するCFRPは，高剛性，高強度に加えEMIシールド性をもつことから，信頼性の高い材料として，長年にわたり使用されている。

これらの多くのアプリケーションとその実績によりCFRPの価格も低くなり，ノートパソコンにおいては中級機種への適用も増加している。材料配合の検討と量的拡大により，価格はさらに引き下げられるものと思われる。

適用分野については，当初はノートパソコンとヘッドホンステレオ，CDプレーヤーであったが，マグネシウムキャビネットケースの出現により，その対抗材料との認知を受け，さらに適用分野が広がっており，ビデオカメラやその他のモバイル製品のマグネシウム代替のコストダウン手段として検討され，採用されている。今後もマグネシウムと共存しながら適用例が増加するものと思われる。

またPC-GF-CF系材料は，1998年に上市された新しい概念の材料で，PC-GF系で超えることが困難であった7GPaの弾性率の壁を容易に超え，8～11GPaの曲げ弾性率を達成するとともに，成形品の表面も良好である。これにより小型，軽量化が大きなリスクなしにさらに進展するものと思われる。

4.6 おわりに

当社では，ノートパソコンに特化した開発戦略により，PC-ABSからPC-GF，PC-GF-CF，PA-CFに至るまでの商品化を行い，しかもすべてをブロムフリー配合にすることにより，幅広くノートパソコンキャビネットケースの要求特性を満たすことが可能になった。さらにユーザーの製品開発過程での金型設計，金型加工，成形，2次加工などの技術サポートノウハウを蓄積している。

これらの技術は，今後，ノートパソコンのみならず，他の携帯用機器に広く適用されるものと思われる。

文　献

1) 日経マテリアルテクノロジー，9月号(No.133)，48－56(1993)
2) 型技術，13(1)，83－87(1998)
3) 神戸製鋼所カタログ

第3章 液晶ディスプレイの高性能・薄型・軽量化と材料

1 TFT-LCD

森山浩明[*]

1.1 はじめに

　CRTに匹敵する高画質を特徴とするTFT-LCD（Thin Film Transistor-Liquid Crystal Display）は，携帯用機器のディスプレイや壁掛けテレビへの応用を目的として開発が始まった。そして今や，ほとんどのノートPCに採用されるに至った。また液晶モニターは省スペース・省電力ディスプレイとして，CRTモニターからの置き換えも進みつつある。

　ノートPC用としては，対角8.9型から実用化が始まって順次画面サイズが大きくなり，対角15.0型まで拡大した。そして，この大型・高精細TFT-LCDについては，デスクトップPCなみの性能を有しかつ省スペース化を実現する高性能マルチメディアノートPCへの採用が始まっている[1]。図1に，ノートPC用TFT-LCDの代表的なサイズと主な用途の一覧を示す。

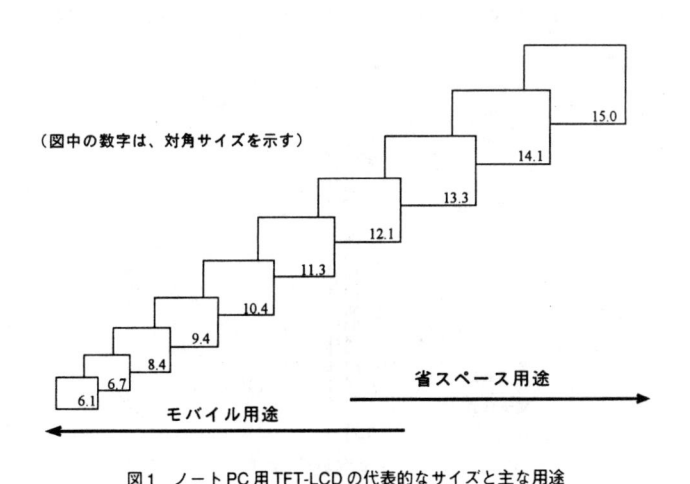

図1　ノートPC用TFT-LCDの代表的なサイズと主な用途

---

　[*]　Hiroaki Moriyama　日本電気㈱　カラー液晶事業部　応用技術部　マネージャ

また一方で，TFT-LCDのノートPC用途としての本来の特徴である薄型，軽量，低消費電力などの携帯性の重要度もますます高まっている。サブノートPC，モバイルPCと呼ばれる携帯性を重視した用途では，現在B5ファイルサイズの大きさのノートPCが最もポピュラーである。

そこで本節では，B5ファイルサイズノートPC等，モバイルPC用途のTFT-LCDに採用されている材料，技術を中心に紹介する。

1.2 全体構成

モバイルPCは人が持ち運ぶことを考えるなら，軽さが最も重要である。B5ファイルサイズノートPCでは，装置重量が1kg前後であり，各部品はグラム単位での重量削減が要求される。特に装置重量に占める割合の大きいTFT-LCDには，重量削減が大いに期待される。薄型化を進めることは，また同時に軽量化にもつながる。したがって，構造的に薄型化を進める技術開発と，各部品の素材まで遡って軽量化を進める材料開発が必要となる。本節では，薄型化，軽量化の進む各部品およびその材料について紹介する。

図2は，一般的なノートPC用TFT-LCDの断面図である。図2により，主要構成部材を説明する。ランプには，RGB（赤緑青）3波長発光の冷陰極管（Cold Cathode Fluorescent Lamp）が使用される。ランプから放射された光は，バックライト内の導光板で反射，拡散され，液晶パネル裏面に届く。そして液晶パネル内に形成されたTFTと液晶が光のシャッターの役目を果たし，画像の明暗に対応した電気信号が入力されることにより，光の透過率を変える。液晶パネル内面には，

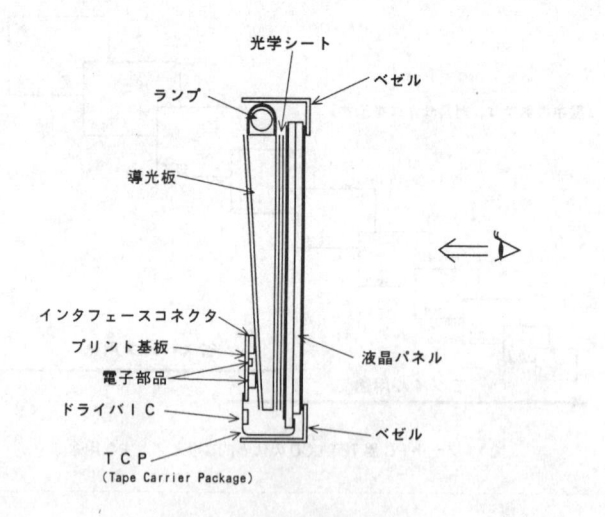

図2 TFT-LCDの断面図

赤,緑,青のカラーフィルタも設置されており,光がカラーフィルタを通過し,液晶パネル表面から出射することで着色して見えることになる。

ランプを点灯させるのは,外部に接続されたインバータである。パネルやバックライト等は,ベゼル（金属製）で保持,固定される。

1.3 薄型化・軽量化技術

(1) ランプ

さて,光源であるランプは,細径化が進んでいる。中,大型のTFT-LCD用ランプでは,ϕ 2.0～2.6mm程度であるのに対し,モバイルPC用TFT-LCDでは,ϕ 1.8mm以下のランプが使用されることがある。後で述べるバックライト導光板入光部の薄型化に伴い,理想的な線光源として寄与するためにも,できるだけ細い方がよい。

細径化のためには,ガラスの薄肉化(厚さ0.2mm)や電極の小型化が必要である。ただ,細径化するとランプ駆動電圧が上昇するので,駆動用インバータに負担がかかることもある。ランプの寿命は,一般的なノートPC用途の場合には,1万時間程度である。

(2) インバータ

ランプを駆動するインバータの薄型化も,TFT-LCD薄型化に連動して,PCを薄くするためには必須である。TFT-LCD部の厚みをインバータが左右しかねない。

インバータは,PC本体側からDC電圧を受けて,ランプ用のAC高電圧を発生させる装置。インバータの厚みは主に昇圧トランスで決まる。

昇圧トランスには,通常,線材をコアに巻き付けた構造の電磁トランスが使用され,薄型化が進んでいる。さらに薄型のトランスとしては電磁トランスに代わり,圧電トランスが採用されることがある。圧電トランスは,セラミック素子から形成され,電圧印加により材料を伸縮,共振させることで見かけ上の容量値を変化させて,インダクタンスとの共振により高電圧を得ることができる。電磁トランスに比べ,形状の自由度が大きいことから薄型化可能(圧電トランス単体厚さ4mm程度以下)で,電力の変換効率が良い(電磁:70～80%程度,圧電:～90%程度)こと,漏れ磁界が少ないこと,等が特長である[2]。ただ,駆動周波数が100kHz程度と,電磁トランスの50kHz程度より高いために,ランプ部分でのリーク電流を考慮する必要があることが欠点と言えよう(同じ容量なら高い周波数の方が漏れ電流が多くなるため)。

さらに小型のインバータとしては,薄型,細長形状のペンシル型品も開発されている[3]。このペンシル型インバータには,漏洩磁束型小型トランスが使用される。

(3) 導光板

ランプ光を液晶パネルに導く導光板についても，軽さ，薄さが追求されている．特徴的なことは，図2に示したように導光板の断面形状がくさび形になっていることである．高輝度が要求されるモニター用途等では，平板の導光板を用いることで光の有効利用が図られているが，ノートPC用途ではランプ側の入光部が厚く，先端側が薄いくさび形状をしている．この形状により，軽量化が達成できることの他に，図2に示すように，導光板先端側の薄い部分を利用して電子回路部が配置されることで薄型化の工夫がなされている．

導光板のサイズとしては，入光部はランプ径とのバランスにより，また先端部は成形技術の制限により，モバイル用途では，2.5〜1.0mm程度以下である．

導光板の材料には，通常アクリル（比重1.2）が使用されるが，軽い材料としてポリオレフィン（比重1.0）が開発されている．ただし，現状では成形が難しく，高コストである欠点が残っている．

(4) 光学シート

ランプ光を有効に利用する目的で，導光板と液晶パネルの間には通常，光学シートが使用される．光学シートには，表示画面全体で輝度を均一に保つための拡散シートと，散乱している光を液晶パネル正面方向に集光し見かけ上の輝度を向上させる集光レンズがあり，複数枚組み合わせて使用される．集光レンズにより，数十％程度の輝度向上が達成されるが，視野角（液晶パネル表面垂直方向からの見た目の角度）が大きくなると，暗くなり視認性が低下する．ただし，ノートPC用途では正面から見ることがほとんどであり，この欠点が問題となることは実使用上ない．

光学シートについては，さらに光を有効に利用する高機能品が開発，実用化されている．液晶パネルには，液晶に光のシャッタの役目をさせるために，表面および裏面に偏光板が貼付されているが，偏光板は原理的には一方向に振動する光の成分のみを通過させるために，偏光板を通過すると光量は半分に減衰する．新しい光学シートでは，従来は利用されなかった振動方向の光をいったん導光板側に反射させて，振動方向が変わって戻ってきた光を再利用する．このシートにより，30〜50％程度，輝度が向上する（商品名：D-BEF，3M社製）．

この光学シートを使用すると輝度が向上するが，従来と同輝度を達成する条件下では，導光板を薄くして薄型軽量化を図る，または，消費電力を削減する，など他のメリットが得られる．ただし，このシートはまだ高価なので，コストと性能のバランスを考慮する必要がある．

(5) 液晶パネル基板

TFT-LCDを構成する部材の中で，導光板と並び重量比に占める割合が大きい部品に，液晶パネルがある．液晶パネルは，2枚のガラスを貼り合わせて構成され，その間隙に液晶が注入されている．ガラスは重量，体積ともに大きいので，材料の軽量化，薄型化は，TFT-LCDの軽量化，薄型化に直結する．

まずノートPC用途に限らず，TFT-LCD全体で言えることであるが，ガラス材料そのものの比重が小さくなっている。従来は比重で2.7程度のガラスが使用されていたが，最近は2.5程度に軽量化されたガラスが主流となっている。これは，材料に含まれていた重い元素の割合を減少させて，酸化ケイ素等の軽量素材の割合を増やしたことによる。

また，ガラスの厚みについては，18型以上の大型液晶モニターには1.1mm厚品が使用されるが，15型以下の液晶モニターおよび通常のノートPC用途には0.7mm厚品が使用される。最近ではさらに薄い0.65mm厚品や0.5mm厚品が採用されている。

液晶パネルには，TFTが形成される側とカラーフィルタが形成される側とで計2枚のガラスが使用されるので，異なる厚さのガラスを組み合わせることも可能である。表1に，10.4型TFT-LCDに使用されるガラスの組み合わせ例と重量の関係を示す。表1に示すように，0.5mm厚品を採用すると，0.7mm厚品に比べて，30g以上の軽量化が達成できる。また副次効果として，TFT-LCD全体の厚みも，単純に0.2mm＋0.2mmだけ薄くできる。全体の厚みが薄くなると，ベゼル等の構造部材も薄く軽くできるので，全体重量としては相乗効果でさらに軽量化が達成される。

表1　10.4型TFT-LCDガラス厚さによる液晶パネル重量例

(表内単位：g)

		カラーフィルタ側ガラス厚		
		0.7mm	0.65mm	0.5mm
TFT側ガラス厚	0.7mm	126	122	108
	0.65mm	121	117	104
	0.5mm	108	103	90

注1)　ガラスのみの重量計算例であり，偏光板等は含まず
注2)　比重2.5の場合

実際の応用例では，2枚のガラスともに0.65mm（10.4型）や，TFT側が0.7mmでカラーフィルタ側が0.5mm（11.3型）の製品化例はあるが，2枚ともに0.5mmの場合（12.1型）は，サンプル試作までで量産化はされていないようである[4]。0.5mmガラスを使用した場合のTFT-LCD全体の重量は，現在の技術では10.4型で240g程度，12.1型で330g程度と計算される。

TFT-LCD製造ラインでは，スループット向上のため，1枚のマザーガラスから複数のパネルを製造することを基本とする。したがって，マザーガラスは大面積化の一途をたどっているが，10.4型サイズの液晶パネルの製造には，1枚のガラスから4枚製造できる，370mm×470mmガラスのラインが使用されることが多い。現在では旧型となったこのラインでも，上述の大きさのガラスを扱うので，0.7mmガラスの0.5mmへの薄型化は，特に搬送系装置の入れ替えなどのために新規

投資が必要となり，高コストの要因となる。したがって，現状装置の小変更で対応できる0.65mmガラスの採用や，高温プロセスを必要としないカラーフィルタ側ガラスのみを0.5mmとする折衷案が出てきた。TFT側ガラスも0.5mmを実現するために，現状の0.7mmガラスラインを有効利用して，液晶パネル完成後に，ガラスを物理的に研磨したり，化学的にエッチングして薄くすることも試みられている。

最も重いガラス代替に焦点を絞り，プラスチック基板にTFTを形成した例も報告[5]されている。実用化の目途は立っていないが，将来的には注目される。

(6) 低消費電力化と液晶パネル

さて，TFT-LCDの消費電力は，バックライト系とロジック系(液晶駆動部を含む)に分けられる。モバイルPC用TFT-LCDの場合には，その内訳は，バックライト系で1～3W程度(輝度や画面サイズによる)，ロジック系で0.5～1W程度である。低消費電力化のためには，バックライト光の利用効率を向上させることが重要である。

液晶パネル部分では，理論的には偏光板で透過光は半分に減衰し，RGBのカラーフィルタ部で3分の1に低下する。さらにTFTアレイ部でも，マトリクス状に設置された配線部やTFT自身の形成部では光が通過できない。偏光板の高透過化，カラーフィルタ材料の高透過化，TFTアレイ配線の細線化など，それぞれ技術開発が進んでいるが，液晶パネル部の透過率としては，10%前後である。逆に考えると，90%の光は利用されず，熱などに変わって廃棄されていることになる。

TFT-LCDの消費電力については，ノートPC用に開発された当初に比べ，約10分の1に低減され，かつ重量も5分の1程度に軽減され，表示色も8色から26万色に増大した。その一方でMPUは飽くなき速度・性能競争で消費電力は横ばい状態である。TFT-LCDの性能が向上した点については異論のないところであろうが，消費電力については，MPU並に低減したに過ぎず，この2つのデバイスは依然としてモバイルPCのバッテリライフを左右している。ひいては重く大きいバッテリを要求することになってしまう。

いずれにせよバックライト光の有効利用がTFT-LCDの今後の低消費電力化，すなわちモバイルPC用バッテリ重量低減の鍵を握ると言えよう。

(7) 低温 p-Si TFT

TFTは，その製造方法により，現在主流のa-Si (amorphous silicon) タイプと，最近話題の低温p-Si (polycrystalline silicon) タイプに大別される。a-Si TFTは，動作速度が遅いために液晶駆動用のスイッチとしてしか使用できないが，p-Si TFTはa-Si TFTと比較して2桁程度高速で動作するので，ドライバICを構成できる。したがって，ドライバICの機能を直接ガラス基板上に形成可能となり，外付けドライバICが不要となるので，コスト低減が期待できる[6,7]。また，機械的な耐振動性向上も見込める。

ただ，ドライバICまで形成すると，製造歩留まりが低下し，製造工程が追加されるために液晶パネルのみの製造コストは増加する。

低温p-Si TFTは製品への応用が始まったところであるが，製造技術が進歩し製造歩留まりが向上すれば，特に中・小型のTFT-LCDを使用するモバイルPC用途で主流になる可能性がある。

(8) 電子回路

電子回路部分においても薄型化が進んでいる。プリント基板薄型化も，TFT-LCDの薄型化・重量低減に寄与している。モニタ用途等では，0.8mm厚程度以上の多層基板が使用されるが，ノートPC用途では主に厚さ0.4～0.5mmの4層品が使用される。

電子回路に使用される部品は，薄型化のために低背部品を使用する。背の高い部品としては，インタフェースコネクタやチョークコイルがある。これらの部品は，プリント基板上の実装高さを低くするために，プリント基板に穴を開けて埋め込み実装されることもある。軽量化が進む他の電子機器として携帯電話があるが，携帯電話用に開発された軽量・低背電子部品が転用できる場合もある。

電子回路部は，埋め込み技術等で厚さ1.5～2mm程度以内に抑えられる。

PC本体のマザーボードからTFT-LCDへの信号伝送方式も工夫されている。現在は，ほとんどがLVDS（Low Voltage Differential Signaling）方式で信号が伝送される。LVDSは，マザーボード上のパラレルのデータ信号，同期信号をシリアルの低電圧差動信号に変換して送出し，TFT-LCD側でシリアル－パラレル変換して復号する方式である。もともとEMI（Electromagnetic Interference）低減を目的として開発された技術であるが，この方式により，例えば従来は31本必要であった信号線が14本に削減された。信号線の削減は，PC本体とTFT-LCDおよびカバーを結合するヒンジ部の小型化，軽量化に寄与している。

ヒンジ部小型化のために，極細の＃40シールド線が使用される場合もあり，コネクタも開発されている。

(9) ベゼル

ベゼルは，液晶パネルやバックライトを保持し，さらにPCのカバーに固定される機能を持つ。ベゼルは金属製であるが，モバイルPC用TFT-LCDでは，材料がステンレス（比重：8）から一部ではアルミニウム（比重：2.8）に換わり，厚さも0.3mm程度まで薄型化されている。

ただし，ベゼルの薄型軽量化は，TFT-LCDの機械的な強度を弱めることになる。そこで，薄型軽量TFT-LCDの強度を補うために，PCカバーの材料にマグネシウム合金が採用される場合がある。マグネシウム合金製カバーは，TFT-LCDの強度不足を補う機能の他に，薄型軽量モバイルPCのデザイン性を高めることにも貢献する。

また，さらに軽量化・薄型化を進めるために，TFT-LCD部のベゼルを削除し，PCのカバーに直接液晶パネルやバックライトを固定する，いわゆる一体型，もしくはヒンジアップと言われる方式が採用される場合もある。この場合には，PCカバーの設計，成形が複雑になるが，ベゼル分は重量減となる。

1.4 将来動向

TFT-LCDのモバイルPC用途としては，高画質を維持しながら，軽さ，薄さ，省消費電力を追求することになる。これらの目的を達成するには，本節で述べた各部材の技術内容をさらに改良する必要がある。軽量化のためには，最も重量比率の高いガラスの薄型化が効果的であろう。

しかし，これらの技術にもそろそろ限界が近づいており，現状技術の延長では，全体厚さで4〜4.5mmが限界であろう。できるだけ軽く薄く，紙のように持ち運びことができる真のモバイルPC実現のためには，特にバックライト系での新しい概念の誕生が切望される。

文　献

1) 日経マイクロデバイス，11, No.161, 80 (1998)
2) M.Sugimoto *et al.*: Very Compact Inveter for Color LCD Backlight Utilizing a Packed Piezoelectronic Transformer, SID'96 Digest, p.757-760 (1996)
3) ㈱ハイテックス資料
4) 日経マイクロデバイス，11, No.161, 95 (1998)
5) J.N.Sandoe: AMLCD on Plastic Substrates, SID'98 Digest, p.293-296 (1998)
6) 月刊FPD Intelligence, 7月号, 76-83 (1998)
7) K.Suzuki *et al.*: Low-temperature poly-silicon TFT technology and its application to 12.1-inch XGA, AM-LCD'98 digest, p.5-8 (1998)

2　STN-LCD

松下明紀[*]

2.1　はじめに

　液晶パネルはポータブル・ワープロに使われて大型化し，大型化したパネルはノート・パソコンという新しいジャンルの情報処理機器と共にその市場を拡大してきた。

　図1はSTN-LCD（Super Twist Nematic Liquid Crystal Device）パネルの変遷の様子を示したものである。

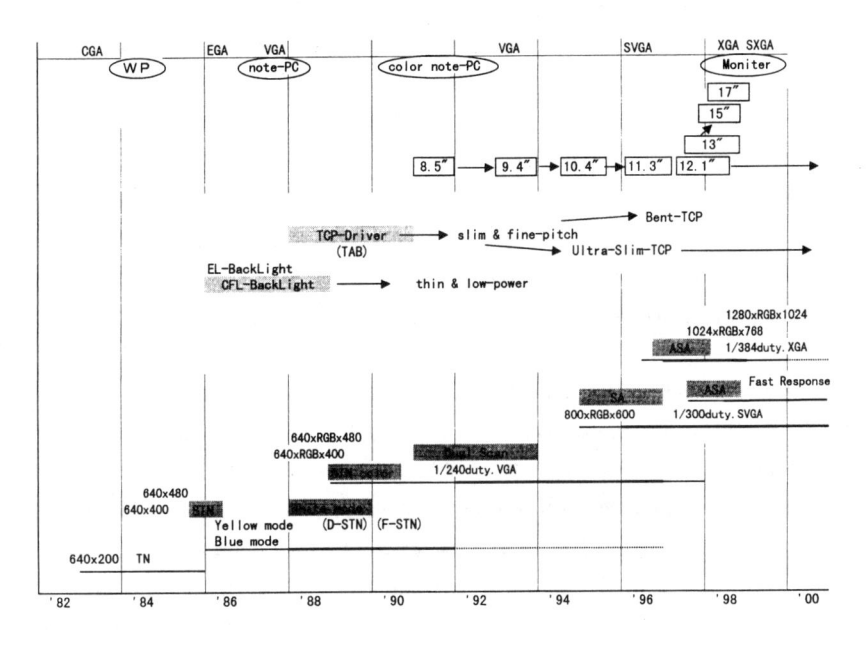

図1　STN-LCDの発展

2.2　STNパネルとノートPC

　初期のノートパソコンでは，透過型のブルーモードと呼ばれるタイプのSTN液晶がELバックライトと組み合わされて使用されている。画面解像度はCGA（640×200）でスタートし，EGA（640×400），VGA（640×480）へ展開した。ドライバーは80～100pinのフラットパッケージ

　　＊　Akinori Matsushita　　鳥取三洋電機㈱　LCD事業部　設計部　回路設計課　課長

(QFP), ガラス基板端子と回路部との接続はヒートシールと呼ばれるFPCタイプの接続材が使用されている。

1987年から1988年にかけて, 青っぽい画面のブルーモードから白い画面に黒い文字が出せるホワイトモードへ移行した。ブルーモードからホワイトモードになることにより, 20%を超していた透過率は15%程度まで低下したが, 液晶パネルのコントラストは5～10が10～20へと倍化した。

2.3 CFL (冷陰極管) と高輝度化

当初のノートパソコンのバックライトは, 軽く薄く構成できる有機ELのバックライトが一般的であった。液晶表面の輝度は40～60nitであり, 60～70nitとさらに高輝度化への要求が増していった。ELで輝度を維持することは, 消費電力を増加させるばかりでなく, ELバックライトの3,000時間程度と短い寿命をさらに低下させることになる。

そのような状況の中で, アクリルで構成した導光板と細い蛍光燈を組み合わせ, 薄型を維持しながら高輝度・長寿命化を実現した, エッジライト方式のCFL (Cold-cathord Florecent Lamp：冷陰極管) バックライトの開発・導入が行われた。

CFLはCCFT (Cold Cathord Florecent Tube) と記されることもある。

2.4 多出力TCPドライバーとカラー化

1989年にはTCP (Tape Carriar Package) ドライバーが実用化され, これまで0.3mmピッチ程度までの接続にとどまっていた, ガラス端子と回路 (ドライバー) 間の接続が, 0.2mmピッチで可能となり, 640×RGB×480画素のVGAカラー液晶パネルが実現した。白黒のパネルにおいても, TCPドライバーの採用により, 薄型化・狭額縁コンパクト化 (高密度実装化) が進んでいく。

当初のVGAカラーSTNパネルは, 上下方向から櫛歯状態でデータ電極を構成した1/480デューティーのシングル・スキャンとなっている。動作電圧は34V近くになり, 40V耐圧の160出力高耐圧TCPドライバーを使用した。カラーフィルターの介在とハイ・デューティー駆動により, パネルの透過率は2%台に低下したため, 4灯 (上2灯, 下2灯) のCFLエッジライト方式バックライト構成となっている。10.4インチの表示画面に対して, 283mm×227mmの外形, 厚み25mm, 重量1.2kg, 消費電力15Wといった仕様であった。

2.5 ノートPC対応のカラーSTN

1991年には, ランプ径を6.8φから4φに細くし高輝度化したCFL2灯のバックライトの開発と, ドライバーTCPのコンパクト化により, 厚さ10mm, 重量550g, 消費電力6Wと厚さ・重さ・

消費電力をそれぞれ半減させて，ノートPC対応のVGAカラーSTNが登場した。

さらに翌1992年には，TCP接続技術の向上により，90μmピッチのTCP実装が可能となり，1／240デューティーのデュアル・スキャンのVGAカラーSTNモジュールが実現した。デュアル・スキャンによる駆動デューティーの低減は，動作電圧の低減，コントラストの向上，透過率の向上につながり，低消費電力化と画質向上を同時にもたらした。これにより，ノートPCのカラー化が一気に加速された。

2.6 軽薄短小化，低消費電力化

図2に9～10インチのSTN液晶モジュールの消費電力の推移を，図3に画面1インチあたりに換算したときの重量変化推移を示す。

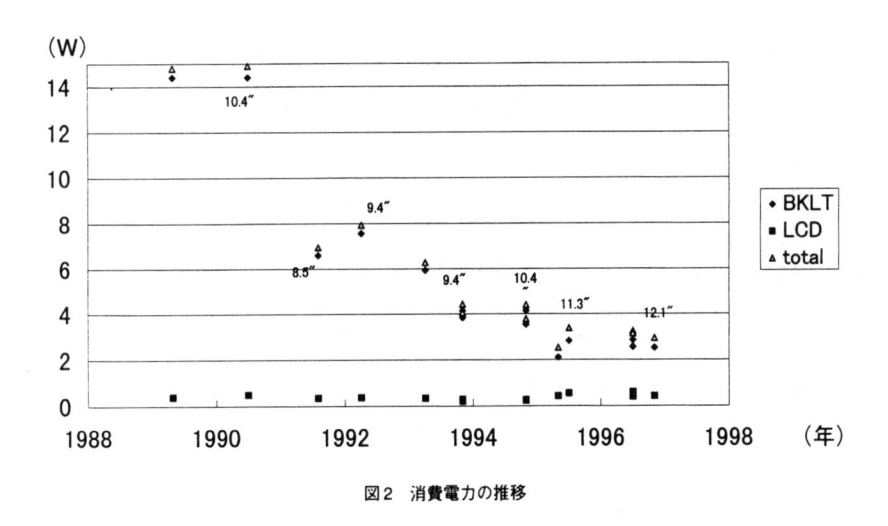

図2 消費電力の推移

低消費電力化・薄型化・軽量化については，その最大要因であるバックライトを中心として改善が図られ，レンズフィルム使用による正面輝度の向上，CFLのさらなる細管化による高輝度化が推進されている。

CFLの径を固定すると，導光板の厚さが薄くなるほど，光の利用率が悪くなり，バックライトの輝度は低下する。CFLの径が細くなると，ランプと導光板の間のカップリング効率が上昇し，導光板を薄くしても，バックライトの輝度を維持することができる。

CFLは，1993年の4φから3φ，さらに2.7φ→2.3φ→2.0φへと年々1割程度ずつ細管化し，

141

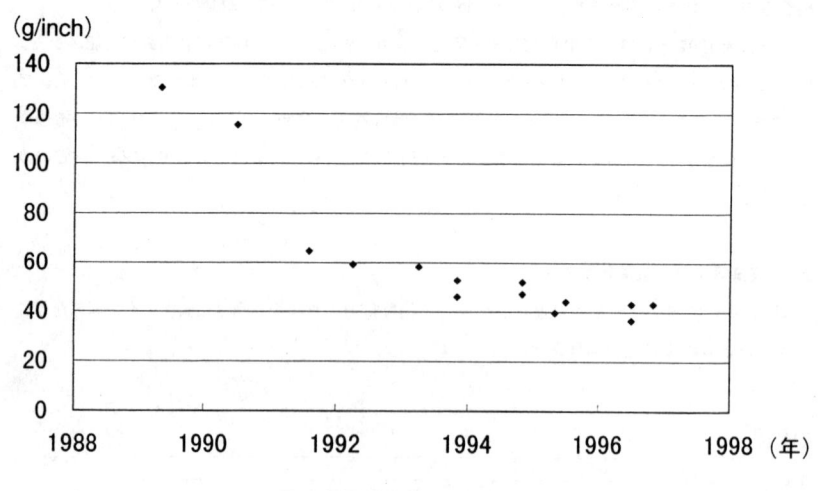

図3 重量／単位表示サイズの推移

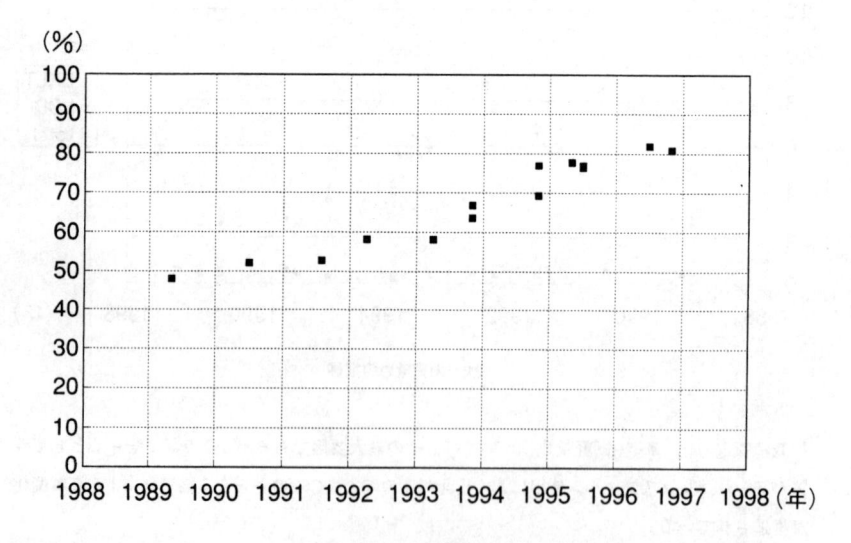

図4 Active表示面積率の推移

高輝度化している。細管化すると起動電圧が上昇するが，輝度が上昇することにより消費電力は低減する。現在では肉厚0.2mmの硬質ガラスを使用した1.8φ管が実用域に達している。

CFLが細管化することで，導光板も薄型化・軽量化し，液晶モジュールの薄型化・軽量化・低消費電力化が進んでいる。

画面表示として大型化しているフラットパネルにおいて，軽薄短小の短小はコンパクト化・狭額縁化におきかえることができる。狭額縁・コンパクト化の指標として，モジュール外形に対する実表示部の割合（Active表示面積率）に着目してみる。

この推移を図4に示している。Active表示面積率は，カラーSTN当初の1990年には約50%であったが，ドライバーTCPのスリム化により，1996年には80%を上まわるようになった。

狭額縁・コンパクト化に対応して，ドライバーTCPのスリム化が年々進行し，1992年11mm幅，1993年9.3mm幅，1994年7.3mm幅，1995年5.5mm幅といった形で推移してきている。ICチップおよびパッケージ（TCP）のスリム化により，実表示領域（Active-Area）からモジュール外形までの額縁寸法は，1992年の上部下部それぞれ20mmが1995年には半分の10mmとなった。

その後，TCP折り曲げ（Bent-TCPの使用）により，さらに狭額縁化するモジュールも造られている。しかしながら，Bent-TCPによる狭額縁化は，STNではあまり推進されていない。ドライバーをモジュール裏面に巻き込むことで，厚みが犠牲になり，液晶モジュール厚の増加やバックライトの効率低化による消費電力の増大を生じ，また，ドライバーTCPのコスト・アップも大きいからである。

13～14インチへの画面大型化とBent-TCPの組み合わせでは，Active表示面積率を90%まで上げることができる。Bent-TCP使用による狭額縁化は，TFT液晶モジュールで続けられている。

2.7　高解像度・大画面対応と駆動方法の見直し

ノートパソコンの画面構成がVGAからSVGAへと移行していった1995年には，駆動方法に変化が起こった。SA（Smart-Addressing）の導入である。

すなわち，セグメント・ドライバー（X方向に配列されたデータ出力用のドライバー：TFTではソース・ドライバーに相当する）とコモン・ドライバー（Y方向に配列されたライン・スキャン用のドライバー：TFTではゲート・ドライバーに相当する）の電圧配分に見直しが行われた。

従来はセグメント（Column），コモン（Row）ともに，40V耐圧の高耐圧ドライバーで構成され，データ出力もスキャン出力も30V以上の高電圧をパネルに出力していた。しかし，80V耐圧のドライバーが開発されたことにより，SA駆動では，データ処理用のドライバーを5V仕様，スキャン用のドライバーを80V仕様に配分している。

データ転送処理は20～30MHzの高速動作が必要であり，スキャン処理は30kHz程度の動作スピードがあればよい。そこで，高速データ処理は低電圧で，低速の液晶駆動処理は高電圧でと役割分担を振り分けることで，データ・ドライバー・チップのスリム化，ドライバーロジック部の

低消費電力化が可能になる。

　セグメント・ドライバーが低電圧化すると，データをさらに高速処理して，画面のリフレッシュレートを上げることが容易になる。従来70～90Hzで行っていた画面リフレッシュを120～180Hzにもっていくと，パネルのコントラスト・透過率が上昇する。より高輝度・低消費電力にすることができる。

　透過率が高くなるということは，バックライトを薄型化しても同じ明るさを維持できるということでもあり，モジュールの薄型化・軽量化にもつながっている。

　640×RGB×480画素のVGA構成の10.4インチ画面から，800×RGB×600画素のSVGAの11.3インチ画面へ，さらに12.1インチ画面への移り変わり時期に，積極的にこの駆動方法が導入されていった。

　13インチおよび15インチのXGA（1024×RGB×768），17インチのSXGA（1280×RGB×1024）と試作・サンプル作成は進められたが，このクラスの量産化は，TFTの方へ委ねられている。STNでは，この技術を使ってドライバーの使用数を減らし，コスト削減を主眼とした，シングル・スキャンのVGAモジュールとなって，カラー・ワープロ等で採用されている。

2.8　応答時間の高速化

　STNのパネルのレスポンスは，パソコンのマウス対応の可能な速度ということで，300～500msで推移してきたが，静止画をもっぱらとしたパソコンも，メモリの大容量化・CPUの高速化が進むにつれ，動画表示に対する要求が強まり始めた。パネルのセル・ギャップを狭める，液晶の粘性を下げる，などでハイ・レスポンス化を行っているが，パネルの駆動を従来のままで使用すると，フリッカーやクロストークが激しくなり，画質を大きく悪化させてしまう。

　そこで，SA駆動をベースにして，画面のリフレッシュレートを上げ，データに依存した電圧補正を入れることで，倍速の150～200ms程度まで対応が可能となっている。

　図5，図6に液晶の動作イメージを示している。液晶パネルは，液晶分子の捩れによる光の偏光を利用して，偏光板と電圧で透過光を制御している。TFTで多く使用しているTNタイプは，液晶分子の捩れ（ツイスト角）は90度を使っている。STNタイプは，ツイスト角が180～230度となっている。

　STN液晶はTN液晶よりも原理的に応答は遅いが，高コントラストからくる高時分割対応が特長である。高速レスポンス対応は，コントラスト・透過率・消費電力を犠牲にしてなりたっている。従って，この分野をさらに追い求めるのはSTNの本筋でないと思われる。

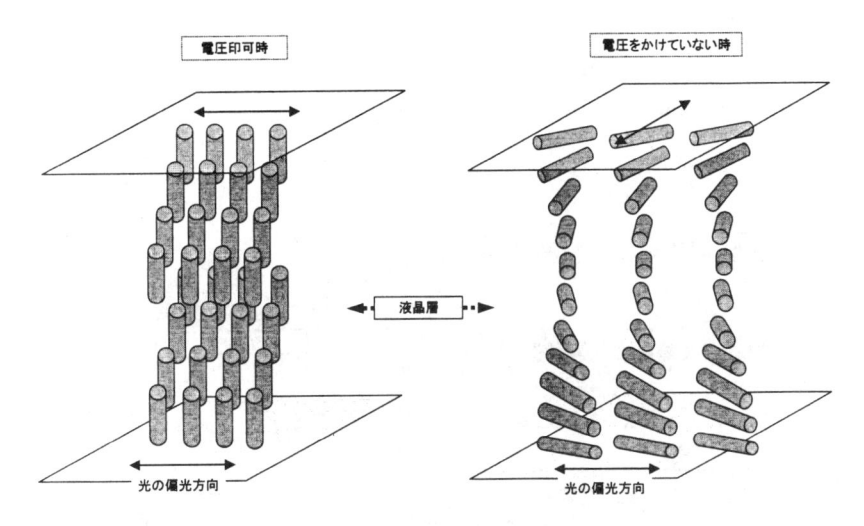

図5 STN液晶の動作原理

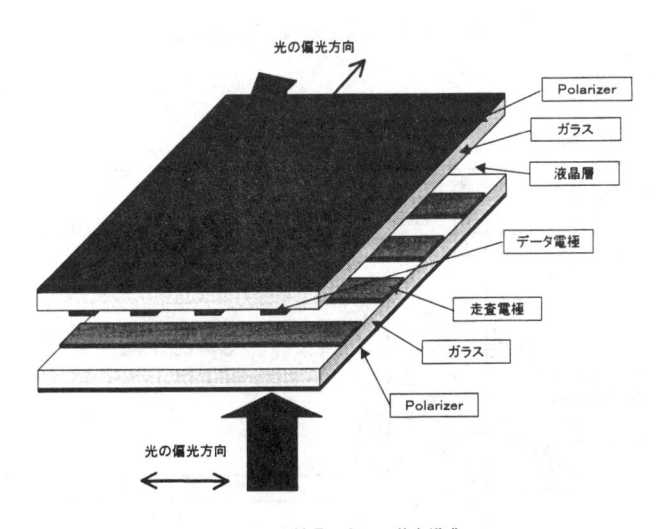

図6 STN液晶パネルの基本構成

2.9 STN液晶モジュールの現状

図7はカラーSTNの断面構成図，図8は回路構成のブロック図，表1は12.1インチSVGAモジュールの仕様を示している。

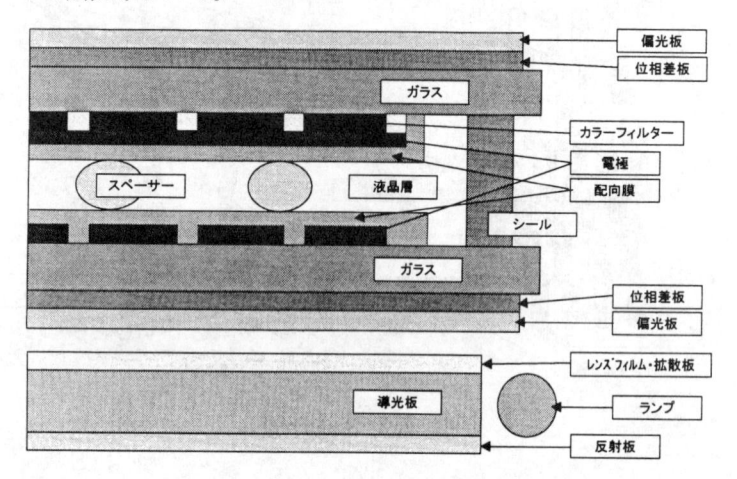

図7　カラーSTN液晶パネルの断面構成

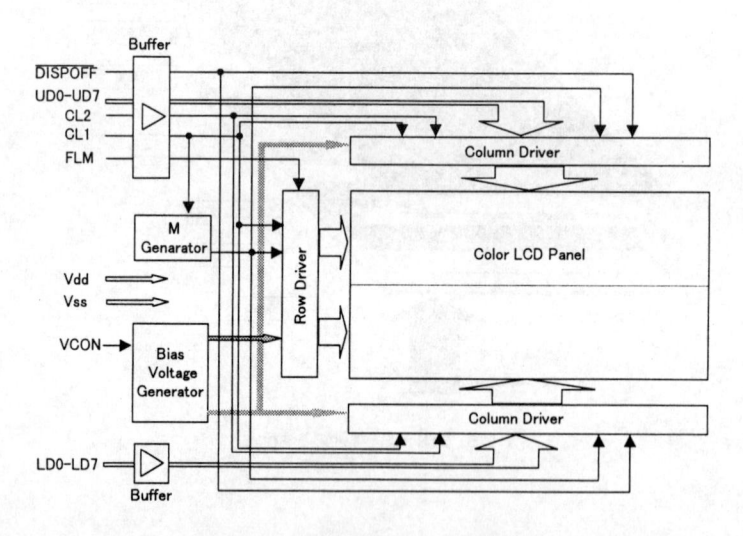

図8　STN液晶モジュールの回路構成

表1　12.1インチSVGAモジュールの仕様

項目 Item	LM-JJ63-22NTZ 標準値 typical value	LM-JK53-22NTR 標準値 typical value	単位 Unit
画面サイズ／対角 Screen size/diagonal	12.1 inch/31cm	12.1 inch/31cm	
表示容量 Display format	800・RGB×600	800・RGB×600	dots
ピクセルピッチ Pixel pitch	0.3063×0.3063	0.3063×0.3063	mm
コントラスト比 Contrast ratio	40	40	
応答速度 Response time	150	300	ms
輝度 Brighteness	70	70	cd/m^2
パネルモード Panel mode	透過型 Transmissive type	透過型 Transmissive type	
バックライト形式 Backlight type	冷陰極管　1灯 1 CCFT	冷陰極管　1灯 1 CCFT	
ロジック電圧 Logic Voltage	3.3	3.3	V
消費電力／パネル Power Consumption/panel	0.73	0.53	W
消費電力／バックライト Power Consumption/backlight	2.81	2.21	W
外形寸法 Outer dimentions	275×202.5×6.5	275×202.5×8	mm
前面枠開口 Bezel opening area	251.4×189.9	250.6×189.1	mm
重量 Weight	450	520	g
動作温度 Operating temperature	+5〜+40	+5〜+40	℃
保存温度 Storage temterature	−20〜+60	−20〜+60	℃

Column Driver（セグメント・ドライバー）には5V耐圧の240出力で，出力ピッチ70μmのウルトラ・スリムTCP（5mm幅）を，上下10個ずつ20個使用している。Row Driver（コモン・ドライバー）は80V耐圧で120出力，出力ピッチ150μmで5個使いである。

デュアル・スキャン，1／300デューティーで，DC/DCコンバータ内蔵，ロジックは3.3V動作である。ランプは2φ管，アクリルの導光板は薄型でくさび状の成型品を使用して，薄型・軽量化・低消費電力化を図っている。

図9は液晶モジュールの重量構成比率を示している。薄型化にともなって，バックライトの重量比率が低下し，パネル・ガラス部の比率が大きくなってきている。さらに軽量化を進めるには，ガラス厚を薄くする，低比重のガラスを使用する，などパネル・ガラス部の軽量化が必要となる。

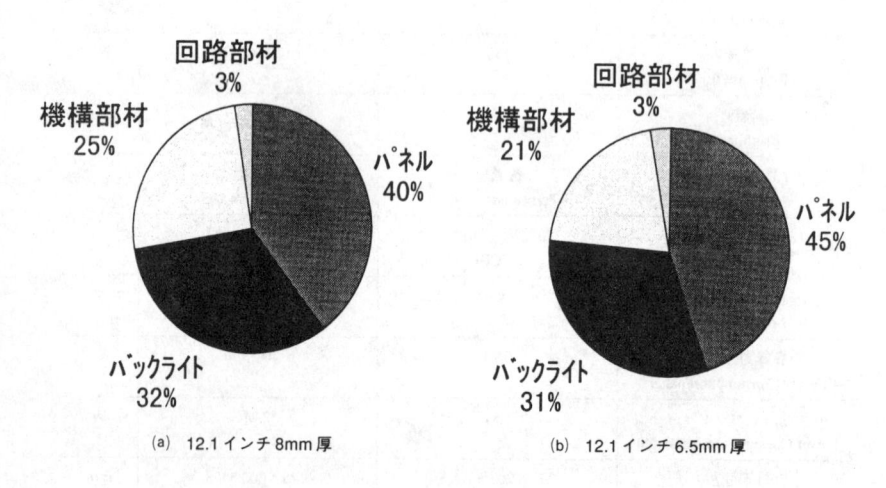

(a) 12.1インチ 8mm厚　　　(b) 12.1インチ 6.5mm厚

図9　STN-LCD重量構成比

2.10　STN液晶のメリット・デメリットと課題

1996年頃までは性能向上と生産性向上の両立ができていたが，以降は性能向上と生産性とは相反する要因を強めている。パソコンの進化にともなう高画質化・動画対応・高輝度化といった強い要求に，補正回路を組み込んだり，セル・ギャップを狭めたり，フィルムを使用したり，性能向上に取り組んできているが，いずれも生産コスト・アップ要因であり，生産性を阻害し，単純マトリックスのメリットを損なう方向に向かってしまった。

1997年から1998年にかけて，TFTパネルの価格が急激に下落し，STNパネルも価格を下落さ

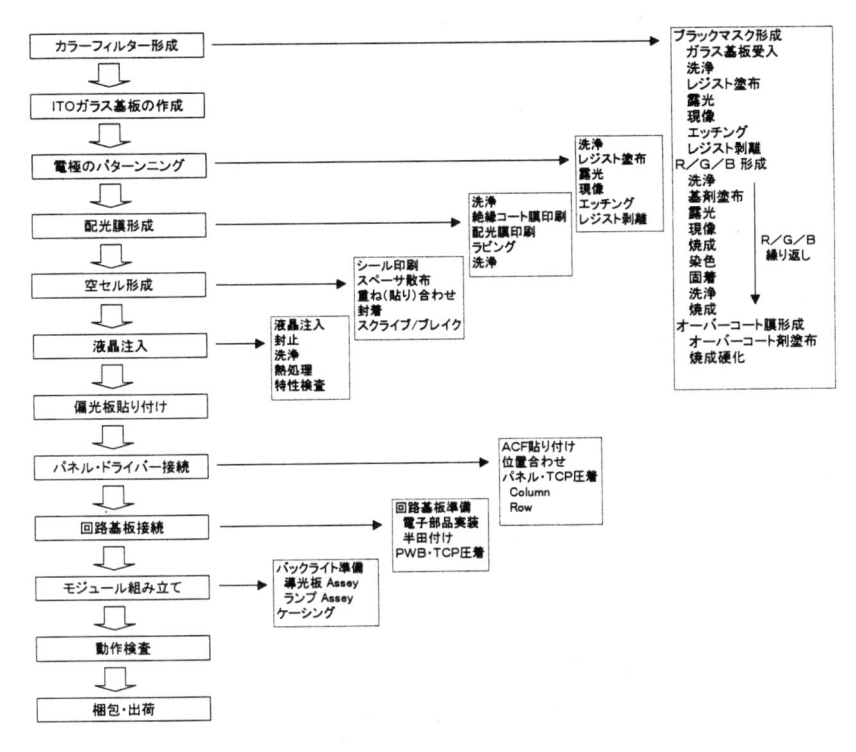

図10 STNパネルの製造工程

せた。性能向上の要求に対して，コスト・パフォーマンスを上げていく新たな技術が確立されないまま，急激な価格下落の渦中に入ってしまった。

　STNの市場規模が縮小化したことにより，工程設備を更新して効率化するといった方向性は消えている。新たな技術の投入や設備投資を行わず，今までに確立されている技術の活用と，品種を限定して既存設備を整理・効率化し，製造仕様に変化を起こさないことで，コスト・パフォーマンスを上げ，生産コストに見合った市場対応をするというのが現状認識ではなかろうか。

　STNパネルのメリットは単純マトリックス・パネルとよばれるように，構造がシンプルなことにある（図6参照）。製造工程（図10）でわかるように，アクティブマトリックスにおけるTFT-Array生成工程がない。製造コストが割安で作れるということになる。

　一方，パネル製造工程の差は，パネルの性能の差となって現れる。STNパネルとTFTパネルを比較すると，コントラストやレスポンスで約一桁，透過率で倍・半分の差が存在する。この性能

差は高精細・高デューティー駆動に成るほど，大きく現れてくる。STNでXGA・SXGAに対応していくと，コスト・パフォーマンスの非常に悪いものとなる。

　STNの画質が見た目に十分だと思えるのは，レスポンス300ms以上で，1／240〜1／300デューティーまでの領域である。この領域でのコスト・パフォーマンスは高い。しかしながら，このクラスのノートPCは過去のものとなり，このクラスのパネルはあまり刷新されていない。

　STNカラーパネルはパネル内部で階調処理機能をもっていない。ディザやフレームレート・コントロールと呼ばれる階調処理は，PC本体がもつグラフィック・コントローラで行われている。STNパネルはグラフィック・コントローラの使い方で大きく画質が変化する。汎用で使用するに当たって，使い方が難しい一面をもっている。

　STNを正しく理解してもらい，TFTとの分担を明確にして，安価で使いやすいコントローラを準備し，性能にあった適切な用途を開拓していくことが必要と思われる。

第4章　ハードディスク装置の小型・軽量・高密度化と材料

城石芳博[*]

1　はじめに

パソコン産業の拡大とインターネット等の情報ネットワークの普及により，コストパフォーマンスに優れたデータストレージのニーズがますます高まっている。ハードディスク装置（HDD）は，ディスク状磁気記録媒体における磁化状態の違いを利用して情報を記録する磁気的データストレージ機器で，小型・大容量，高性能・高信頼，かつ安価なため，不揮発性が要求される情報記憶分野において必須のものとなっている。我々がパソコンを操作する時，ほとんどハードディスクを意識することはない。しかし，メニュー画面を選択するだけで何でもできる快適な操作環境を実現しているのは，各種のソフトウェア，データを記憶している大容量ハードディスクのおかげなのである。

1998年のHDD総生産台数は1億5,000万台，総記憶容量は700PB（P：千兆）にも達し，総生産容量が9PB弱の半導体メモリと同等以上の大きな市場を形成している[1]。これは，磁気記録技術がV.Paulsen以来100年もの歴史を有する総合技術で，これまで大容量化，高性能化のために，材料，機構・制御，回路等の多岐に亘る技術分野で継続的な革新技術の導入がなされてきたことによる[2]。

1980年までは，大型計算機用の14インチ，8インチの装置が主流であったが，広くパソコンが普及し，記録密度が向上するに従い，1983年からは5インチの装置が，1989年からは3.5インチの装置が主流となった。最近では記録密度は5年で10倍（年率60％）ものスピードで向上しており，実用上の問題もあり，薄型化も含め小型化が進行している。現在ではデスクトップPC用等の3.5インチ装置が市場の約90％，ノートPC用等の2.5インチ装置が約10％を占めるまでになっている。

さらに最近では，ディジタルカメラ，携帯型情報機器用等の新しい市場ニーズも台頭しつつあり，1インチの装置も出現するなど，小型HDDのさらなる発展が期待されている。ハードディス

---

[*] Yoshihiro Shiroishi　㈱日立製作所　ストレージシステム事業部　技術開発本部
　　高密度化プロジェクトマネジャ

ク装置の小型化，薄型化，軽量化，高密度化，さらには小型・携帯用に必須の高耐衝撃化，低消費電力化等の技術動向とこの発展を支える材料技術について概説する．

2 HDDの位置付け

2.1 構成と動作原理[2,3)]

ハードディスク装置は，図1に示すように，直径3.5インチ（90mm），2.5インチ（65mm）等のディスク状磁気記録媒体，磁気記録媒体を定速回転するためのスピンドルモータ・駆動系，磁気ディスク媒体上を50nm程度の低浮上量で浮上しつつ記録再生を行う磁気ヘッド，記録再生回路・信号処理系，磁気ヘッドを目的の情報トラックへ移動，位置決めするためのアクチュエータ機構・制御系，およびコンピュータ等とのインタフェース回路系等の，約250点の部品で構成される．このように磁気ヘッドや磁気ディスクの主要部品を一体化し，塵埃や腐食性ガス等から内部を遮断すべく，モジュールとして完全に密閉した構造は，HDA（Head Disk Assembly）と呼ばれ，ハードディスクの信頼性を確保する上で必須のものである．

ハードディスク装置の出荷時には，サーボトラックライタ(STW)と呼ばれる装置で，磁気ヘッ

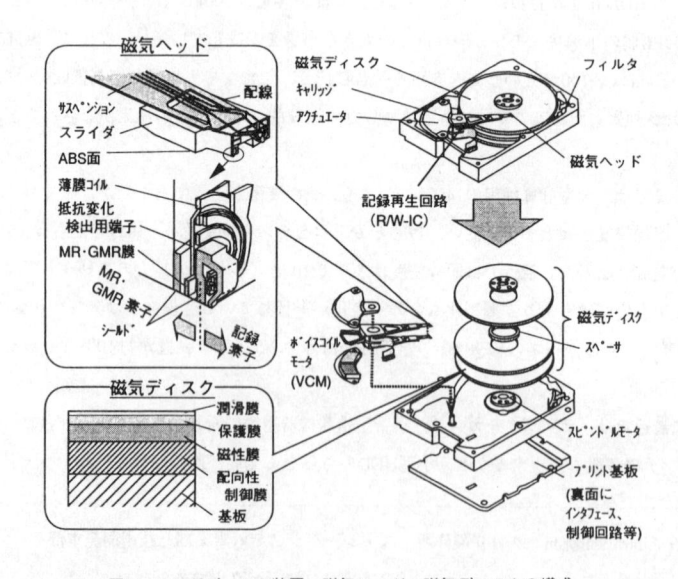

図1 ハードディスク装置，磁気ヘッド，磁気ディスクの構成

ドがトラックを正確に追従できるようにサーボ情報と呼ばれる特殊な磁気パタンが磁気ディスクに書き込まれる(図2)。これにより，ディスク面毎に1万本程度の，トラックもしくはシリンダと呼ばれる同心円上の領域が形成される。この同心円上のトラックは，50～80程度のサーボセクタと呼ばれる小領域に均等に分割される。このサーボセクタは，サーボ領域の他に，セクタの所属を示すIDデータが記録されているID領域と，512バイト毎のデータを記録するデータ領域(データセクタ)とにさらに分割される。最近では，必要なID情報をサーボ領域に記録し，ID領域を省略することで効率化が図られている。

ハードディスク装置においては，10^{-7}から10^{-9}程度の極めて小さな誤り率が要求されるので，初期化の段階で欠陥の位置を登録し，その位置を避けて記録がなされる。なお各トラックには予備セクタも設けてある。

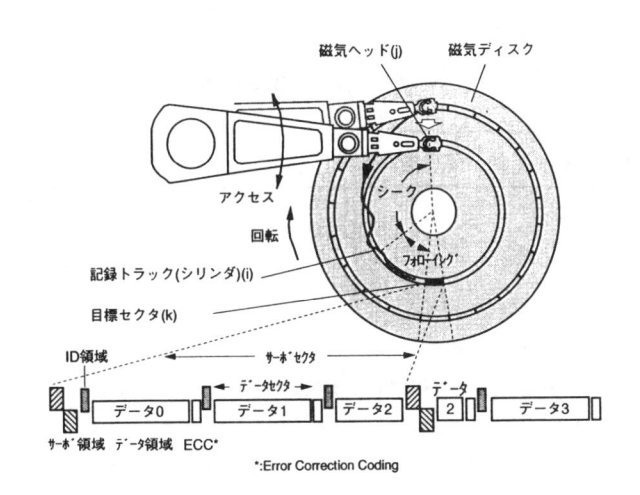

図2　記録フォーマットと記録動作

2.2 HDDの動作原理

プリント基板上に搭載されたコントローラから，「j番目の磁気ヘッドで，i番目のトラック上のk番目のセクタに情報を記録せよ」という命令に従ってデータを記録再生する場合を例に，ハードディスク装置の基本動作について図2に従って説明する。まずj番目の磁気ヘッドが，位置情報であるサーボ情報を参照しながら，i番目のトラックに数msの高速で移動(シーク動作)する。磁気ヘッドは，位置情報に従いトラック上を追従し(フォローイング動作)，k番目のデータセク

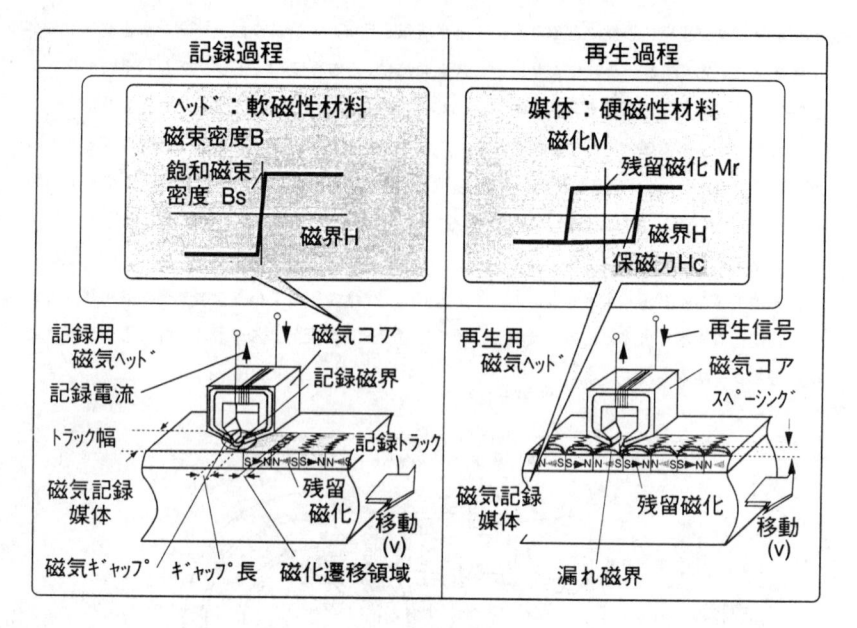

図3 磁気記録の原理

タ位置で以下のように情報を記録する。

まず「0」,「1」の2値からなるデータ列を,符号「1」をある方向の媒体磁化に,符号「0」を逆方向の磁化に対応するように記録電流に変換する（NRZ方式：Non Return to Zero）。図3に示すように,リング型の磁気コアを形成する軟磁性体をこのように変換された記録電流で励磁し,磁気ギャップ部に記録すべきデータに対応して変化する強い記録磁界を発生し,磁気記録媒体を磁化する。磁気記録媒体は微小な永久磁石の集合体からなり,保磁力 H_c の大きな硬磁性体であり,記録用磁気ヘッドが移動し,記録磁界が消滅した後にも磁化が残留する。この残留磁化の状態,すなわち記録磁界によって再配列された永久磁石の磁化の向きと長さによって,情報が不揮発的に記憶される。

一定の回転速度 v で磁気記録媒体を移動しつつ記録が行われるので,情報トラックに沿って帯状に情報が記録される。磁気記録媒体に記録できる容量は,このトラック密度と磁化反転密度（線記録度）との積である面記録密度で決まる。

一方,再生過程では,記録過程と同様に所定のデータセクタにヘッドを移動させた後に,磁気記録媒体の磁化反転領域からの漏れ磁界を再生用磁気ヘッドで検出することで,記録された情報

(データ列)が再生される。磁気記録媒体からの漏れ磁界はリング型の磁気コアに導かれ，電磁誘導の法則に従い，磁気ヘッドの移動とともに変化するコア内磁束の時間変化が再生信号として従来は検出されていた。

最近では，高密度化の要請とともに，ヘッドノイズが低く，高い再生感度を有する再生ヘッドが強く望まれるようになってきている。このため，磁気抵抗効果（MR：Magneto-resistive）や巨大磁気抵抗効果（GMR：Giant Magneto-resistive）を利用し，磁界の変化に伴う抵抗変化を電圧変化として高感度で検出するヘッドが実用化されるようになっている。いずれの場合も，磁気記録媒体を一定速度で移動させる駆動エネルギーの一部が再生信号を発生するために使われている。

検出された再生信号については，(a)記録波形間の干渉を抑制するように波形処理し，信号のピーク位置を磁化の反転位置とみなす，もしくは，(b)波形干渉の特徴を所定のタイミングで離散的に取り入れるように波形を離散化・整形し（PR波形等化：Partial Response），干渉のルールから逆算して最も確からしいデータ列を精度良く再現する（最尤復号，ML：Maximum Likelihood）処理を施し，元のデータ列を復元する。最近では，ディジタルLSI技術の進歩により，EPRML（Extended PRML），E^2PRML（Extended EPRML）等の高度信号処理方式も実用化され，高密度化に寄与している。

3 高密度化技術

図4には，ハードディスク装置，光ディスク装置，半導体メモリ（DRAM）における記録密度の推移，および，典型的な記録ビットの大きさを示す[2]。ハードディスクにおいては，1980年代までは10年で10倍，さらには1990年代には5年で10倍と言う驚異的なスピードで記録密度が向上してきており，現在では光ディスクの記録密度をも凌駕している。

これは表1に示すように，①磁気記録媒体，磁気ヘッドの高性能化技術，②ヘッド・媒体間スペーシングの狭小化技術，③狭トラックでも対応できる高精度位置決め機構・制御技術，④微弱信号でも対応できる高度信号処理技術等の技術革新による[3]。

例えば①についてみると，磁気記録媒体として，γFe_2O_3，$Co-\gamma Fe_2O_3$等の針状磁性粉を用いた塗布型媒体から，より保磁力が高く薄膜化が可能なCoNi，CoCr合金薄膜媒体へ，また磁気ヘッドとして，パーマロイのラミネート磁極，バルクフェライトヘッドを経て，Ni-Fe薄膜を磁極に用いた薄膜磁気ヘッド，さらには高感度MR，GMRヘッドへと技術が進歩してきた。②について言えば，静圧，動圧型を経て負圧利用のヘッド浮上方式の採用，密閉型装置構造の採用等により，空気の平均自由行程に相当する50nmレベルもの超低浮上化技術が実用化されている。これには，装置内の塵埃や装置を構成する部材から発生するガスの分析，除去技術の発展も大きく寄与して

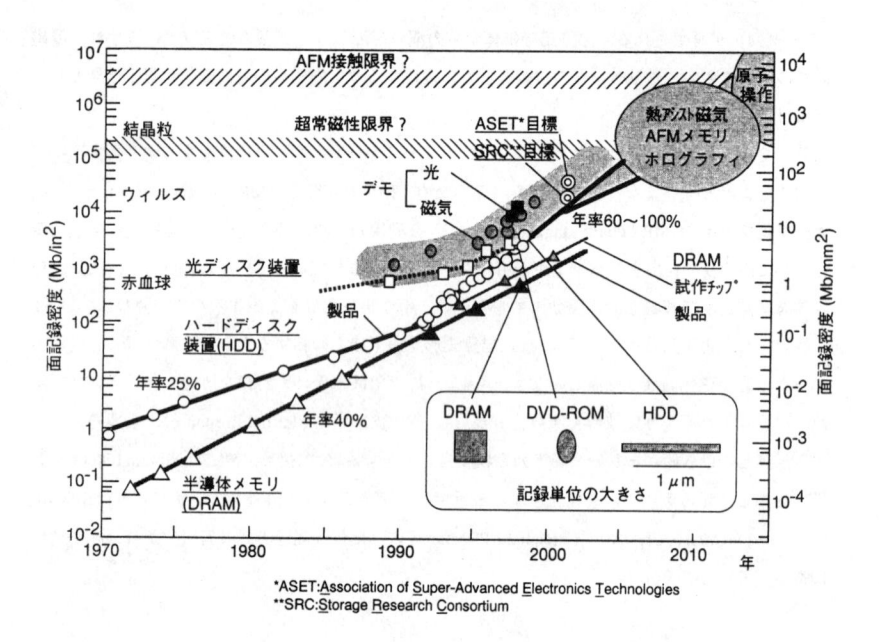

図4 ハードディスク装置，光ディスク装置，半導体メモリにおける面記録密度のトレンド

いる。③については，ボイスコイルモータやセクタサーボ方式の採用により，数十nm級の高精度位置決め技術が実現されている。さらに④については，PRMLやE^2PRML信号処理方式などの最先端技術が導入されるまでになっている。

さらなる高密度化に向け，垂直記録，コンタクト記録方式，マイクロアクチュエータ，ターボ信号処理方式等の研究開発が活発になされている。

以上のように磁気ディスク装置は，材料技術からマイクロメカトロニクス，信号処理技術に至る幅広い総合技術として初めて成り立つものである。上記の全体状況を踏まえながら，ハードディスク装置における小型・軽量・高密度化技術や，モバイルHDD特有の耐衝撃，低消費電力技術を支える材料技術について以下説明することにする。

3.1 磁気記録媒体技術

3.1.1 媒体構造

磁気記録媒体はその磁性層の構成材料から，塗布型と薄膜型とに大別できる[3,4]。塗布型媒体はこれまで長く用いられて来たが，高記録密度化の必須条件である磁性層膜厚の低減，表面平滑

表1 HDD技術の変遷

技術	項目	1950年	1960年	1970年	1980年	1990年	(2000年)
ヘッド	浮上方式	静圧		動圧		ABS保護膜/負圧利用	
	磁極			記録再生兼用		NiFe系 記録再生分離	(Fe系・高ρ)
		パーマロイラミネート		フェライト	薄膜	MR / GMR	(TMR)
	ローディング	空気加圧	スプリング加圧	ランプロード	コンタクトスタートストップ (CSS)	ロードアンロード	
ディスク	記録膜		塗布型		磁場配向	薄膜型	(熱アシスト)
			γ-Fe₂O₃		Co-γFe₂O₃ CoNi	CoCrTa CoCrPt	(垂直)
	保護・潤滑				表面潤滑	C保護膜	
	形態	固定	交換型パック	モジュール	固定HDA		(超小型)
					密閉構造		
	基板		Al		NiPメッキAl	ガラス	(セラミックス/Si)
記録再生	変調方式	NRZI	FM	MFM	RLL(2,7) / (1,7)	PRML EPRML	(ターボ)
	波形補償			ライトプリコンペ		イコライザ	
	データ信頼性			エラー修正コード			(圧縮)
					ディフェクトスキップ		
					キャリッジ上のR/W		(サスペンション上)
位置決め	アクチュエータ	モータクラッチ	油圧式	ボイスコイルモータ(VCM)		ロータリボイスコイルモータ	(マイクロアクチュエータ)
	位置決め		ディテント		サーボ 面サーボ	セクタサーボ	(埋め込み)

化が困難なため，最近ではスパッタリング法で磁性層を形成する金属薄膜型媒体が主流の座を占めている。

金属薄膜型媒体は，図1に示したように非磁性基板上に，直接もしくは配向性制御膜（厚さ数十～数百nm）を介して，Co-Cr-Ta，Co-Cr-PtなどのCo基合金磁性薄膜（厚さ数十nm），保護膜（厚さ数十nm），潤滑膜（厚さ数nm）を順次形成したものである。薄膜媒体は，従来の塗布型媒体に比べて平滑性に優れ，一層の薄膜化が可能なため，高密度化に適している。総合的な特性を確保するため，塗布型媒体が複合材料であったのに対し，薄膜型媒体では多層材料となっている点が特徴である。

非磁性基板としては，平滑な表面が得られ比較的安価なNi-PメッキAl-Mg合金がこれまで主に使われてきたが，最近では，より高強度で耐衝撃性に優れた，超平滑強化ガラス，ガラスセラミックスなどの新基板がモバイル用HDDを中心に実用化されている。

配向性制御膜は，磁性膜をヘテロエピタキシャル的に成長させ，優れた磁気特性を得るために設けられるもので，①磁性膜の所望のエピタキシャル成長を促進する配向となり，しかも②磁性膜との格子整合性が高いことが望ましい。現在主流となっている面内磁気記録媒体にはCr，Cr合金等が，今後の展開が期待されている垂直磁気記録媒体にはTi，Ti合金等が適用できる。

また保護膜，潤滑膜は，耐摺動性，耐腐蝕性を確保するために設けられる。保護膜には，スパッタ法で形成した高硬度アモルファスカーボンがこれまで用いられてきた。最近では高密度化を図るための狭スペーシング化，保護膜の薄膜化が進展し，スパッタリング時に水素，窒素等を添加する，炭化水素ガスからCVD法で製膜する，などの工夫によりCP_3結合成分を増やすことで保護膜の一層の高硬度化が図られている。

また，潤滑膜には，末端基としてOH基等を設けた，高潤滑性パーフルオロアルキルポリエーテルが用いられている。末端基は，カーボン保護膜に強く付着し，ディスクの高速回転による潤滑剤の飛散を防ぎ，潤滑性能を保つ上で極めて重要で，主鎖とともに種々の分子構造の検討がなされている。

今後のさらなる狭スペーシング化のためには，基板のより一層の平滑化とともに，保護膜のさらなる薄膜化が必要で，保護・潤滑性能を合わせ持つ数nm級極薄新材料の開発が期待される。

3.1.2 高密度化に必要なマクロな特性

面内磁気記録方式において高い再生出力を得るためには，図3に示した媒体からの漏れ磁界を大きくすることが重要で，このためには，まず磁気記録媒体の飽和磁束密度（B_s）や，磁性層膜厚（t_m）を大きくすることが必要である。面内トラック方向の磁気的な配向性を高め，残留磁束密度（B_r）とB_sとの比である角型比（B_r/B_s）や保磁力角型比S^*を向上することも重要である。高い線記録密度で高い再生出力を維持するためには，記録磁化間の反磁界に打ち勝ち，狭い磁化遷移領域を形成することが重要で，このためには$H_c/(B_r \cdot t_m)$を大きくする必要がある。すなわち，記録できる範囲でH_cを出来るだけ大きくすることが望ましい。マクロな磁気特性をバランス良く制御することが高密度化の基本である。

以上のことから，優れた磁気記録媒体材料とは，まずは高い保磁力H_cと高い残留磁束密度B_rとを備えた永久磁石材料と言える。ハードディスク装置の実使用状態では装置内部の温度が数十度上昇するので，H_cの温度変化は10Oe/C（0.8kA/m/C）程度以下であることが望ましい。

B_rの向上にはまず高い飽和磁化（M_s）の材料の開発が重要である。一方，H_cを高めるには，①大きな一軸異方性エネルギーK_uと，高いM_sをもつ材料を選び，これを単磁区臨界寸法（〜磁壁の幅）程度の微粒子とし，②単磁区微粒子の容易軸が一方向に整列するように配向させる，ことが重要である[5]。実際には，粒子の配向の仕方や詰まり方によって様々な相互作用が働くため，H_cやB_rの値はこの理論値に比べ一般に小さくなる。また，粒子の大きさVを小さくし過ぎると，熱揺らぎのためにH_cなどの磁気的性質が劣化する超常磁性現象が現れる。

面内記録方式では，記録磁化を安定に保つためにはK_uV/k_BTを少なくとも100程度にする必要がある[6]。ここでk_Bはボルツマン定数，Tは絶対温度である。

薄膜型媒体では，配向性制御膜，製膜プロセスを注意深く選定することで，結晶配向性，磁化

容易軸の状態を制御することができる．したがって，薄膜型媒体用材料としては，Coのように高い結晶磁気異方性エネルギーを利用して高保磁力化を図る材料系の方が生産上有利である．実際，Cr配向性下地膜の発見と相俟って，耐腐食性や磁気特性向上用の第三，第四元素を微量添加したCo-Cr合金が媒体材料として広く実用化されている．

特に最近では，Ptを添加して結晶磁気異方性エネルギーを高めたCo-Cr-Pt系材料において，格子の整合性を高めたCr-Ti，Cr-Mo，Cr-V，Ni-Al配向性下地膜を用いたり，Ta，Nb等の第四元素を添加することで，3〜4kOe（240〜320MA/m）もの保磁力を有する媒体も開発されている[7]．

3.1.3 高密度化・高速化に必要なミクロな特性

磁性膜の構造は微視的にみると不均一であるため，媒体ノイズNdが発生する．媒体性能としては高い媒体S/Nを確保することが必要で，低ノイズの膜構造とすることが特に重要である．

塗布型媒体とは異なり，薄膜型媒体では高密度記録（交流消磁）時にノイズが大きくなる．これは，薄膜型媒体は多結晶質状で，磁性結晶粒の密度はほぼ100％で塗布媒体のような大きな欠陥はないが，磁性粒子の面内配向が無秩序で磁性結晶粒間の相互作用が強いため，記録ビット間には不規則な鋸歯状磁区構造（Jig-zag domain）ができやすいためである[5]．実際，薄膜媒体ではビット境界から大きなノイズが発生し，記録密度の増大とともにノイズも増大する．

マイクロマグネティクスに基づく最近のシミュレーションに依れば，ノイズを抑制するには，磁性結晶粒の大きさや粒子間の交換相互作用を小さくすること等が有効とされる[4,5]．これらの考え方に基づき，高濃度のCrを含むCo-Cr-Pt系合金を用い，プロセス，下地層を工夫して，平均結晶粒径を15nm程度に微細化し，さらに磁性結晶粒界に1〜2nm程度のCrリッチ非磁性層を析出，もしくは磁性結晶粒を物理的に分離することで，非常に高いS/Nの媒体が得られ，高密度化の原動力となっている[5,8]．

一方，記録密度とともに記録速度を向上することが，高速での処理を可能にする高性能のハードディスク装置では必要である．実際，最近のハイエンドの3.5インチハードディスク装置では，記録周波数は200MHz程度にまで向上している．

このように高い周波数では，保磁力Hcは数十％も増大してしまうことが見いだされており，高周波記録を行う上の大きな課題となっている[9]．メカニズムの解明，対策に向けた，さらなる研究開発が期待される．

3.1.4 今後の高密度化に向けて

以上のように媒体材料の進歩は，高密度化・高速化を支える上で極めて重要な役割を果たしてきた．今後のさらなる性能向上のためには，より一層の結晶粒の微細化，磁性粒間の相互作用制御，ノイズの低減が必須である．しかし，既に述べたように，平均結晶粒径は15nm程度と非常に小さくなっており，粒径10nm程度以下の微量に存在する超微粒子のために熱揺らぎが加速さ

れるおそれについて考慮しなければならないレベルにまでなっている[8]。

このため, 20～40Gb/in^2 (31～62Mb/mm^2) 級の高密度面内記録媒体の開発[10]を目指し, 結晶粒径分散を抑制する技術や, 結晶磁気異方性エネルギーがCo-Cr基合金に比べ極めて1桁程度高いCo-Pt磁性合金微粒子を微細なグラニュラ状に均一分散させる, 酸化物との同時スパッタリング製膜技術[11]等が研究されている。最近では, より大きな結晶粒でも高いS/Nが期待でき, 熱揺らぎにも強い垂直記録媒体の研究も加速されている[10,12]。

3.2 磁気ヘッド技術[3,5]

3.2.1 スライダ・サスペンション

磁気ヘッドは, Al_2O_3-TiC等の基板に記録再生素子を半導体技術で大量に一括形成した後, 機械加工等によって素子を切断, 研磨し, 数十μm程度のAl_2O_3等の保護膜を形成して, 図1に示したようなスライダ形状に加工される。最近のMR, GMRヘッドでは媒体対抗面 (ABS：Air Bearing Surface) には素子の腐蝕防止, 耐摺動信頼性向上のために数nmのC/Si等の保護膜が設けられている。記録再生素子を搭載したスライダは磁気ヘッドと呼ばれ, 支持バネ (サスペンション), 配線に接続され, 一体化された後 (HGA：Head Gymbal Assembly), キャリッジ, R/W-ICに接続される (HSA：Head Stack Assembly)。

磁気ヘッドの大きさ (面積) は装置の小型化に伴い, 数mm角から1mm角程度にまで小さくなり, 支持バネ荷重も2g程度に軽量化している。なお配線についても, 生産性向上のため, サスペンションにIC技術で配線を直接一体形成したICS (Integrated Circuit Suspension) が最近実用化されている[14]。

前節で述べたように最近では高周波記録技術に関する要請が高まっている[13]。この要請に対応するため, R/W-ICからヘッドまでの間での信号劣化を少しでも小さくする方式として, R/W-ICをサスペンション上に設置するCOS技術 (Chip on Suspension) が開発されている[14]。さらに, 30kTPI (1.2kT/mm) 以上の高精度位置決めを実現するために, サスペンションに工夫をし, 光ディスクのようにアクチュエータを二段で高精度駆動する方式の開発も活発に行われており[15], COS技術との融合が期待される。

磁気ヘッドの浮上量は, 支持バネ荷重と, 高速回転する磁気ディスクと磁気ヘッド媒体対抗面 (ABS面) との間に発生する空気動圧力とのバランスで決定される。したがって, スライダの媒体対向面の形状設計は, 磁気ヘッドの浮上特性を制御する上で極めて重要である。最近では, 内外周での記録密度を極力一定とするため, ヘッドの浮上量をディスク内外周での周速の違いに依らず数十nmレベルで一定とする努力がなされており, フォトリソグラフィ技術を用いて媒体対抗面 (ABS：Air Bearing Surface) に負圧発生部を設けるようになった。

現在，さらなる低浮上化に対応するため，コンタクト方式に適したスライダ，サスペンションの研究開発も加速されている[16]。

3.2.2 記録再生素子

記録再生用の素子については，記録と再生とを同一の素子で行う記録再生兼用型と，別素子で行う記録再生分離型とがある。図1に示した記録再生分離型では，製造プロセスが複雑であるが，記録，再生機能をそれぞれ最適に設計できるので設計尤度が高い[4]。MR素子やGMR素子を再生部に用いた記録再生分離型ヘッドは，再生感度，ヘッドノイズの点で兼用型に比べて格段に有利であるため，小型・高密度・高性能の装置では必須のものとなっている。

以下，記録再生素子技術について詳細に説明する。

(1) 記録素子

記録素子は，薄膜形成技術，フォトリソグラフィ技術を主体とした加工技術で，Ni-Fe軟磁性合金薄膜等の薄膜磁極，Al_2O_3等の磁気ギャップ層，Cu等の薄膜コイル等を順次形成，加工したものである[3,4]。数 Gb/in^2（数 Mb/mm^2）の記録密度を実現するための記録トラック幅，ギャップ長はそれぞれ1〜2μm，0.3μm程度である。

磁性膜はメッキ法もしくはスパッタリング法により形成されるが，スパッタリング法による膜の方が磁歪定数の制御性が高く，磁壁の不連続移動に起因するライト後ノイズの発生が少ないことが知られている[5]。しかし，最近ではトラック幅は1μm程度にまで小さくなっており，狭トラック加工化に有利なフレームメッキ法が適用できるメッキ法が主流となっている。さらに，狭トラック化，記録磁界のトラック幅方向のにじみを抑制するために磁極のトリミングも行われている[17]。

狭いトラック幅，ギャップ長でも強い高周波記録磁界を得るためには，磁極材料の飽和磁束密度B_sを高くする必要があり，最近ではFeを主体とした磁性材料が採用されるようになっている[18]。しかし通常，B_sの高い磁性材料はKu，λ_sが大きく，透磁率が低く，記録効率の点で不利であるというジレンマがある。そこで，これらの特性を制御しつつ磁性結晶粒を微細化し，異方性の影響を実効的に低減することで，高B_s材料においても高い高周波透磁率を実現しようとする検討がなされている[20]。

記録用の上記薄膜素子にはコイル部と磁気ギャップ部に数μm程度の段差があるので，記録素子の上に膜厚数十nmのMR素子を特性を劣化させずに形成することは困難である。このため，通常のヘッドは，基板上にまずMR素子部を形成し，この上に記録素子を形成することで作製されている。

しかし，この方法では，記録素子の諸特性向上のために高温プロセスを導入しようとすると，MR膜の結晶粒が肥大化し，MR特性が劣化してしまうため，記録磁極材料や作製プロセスが限

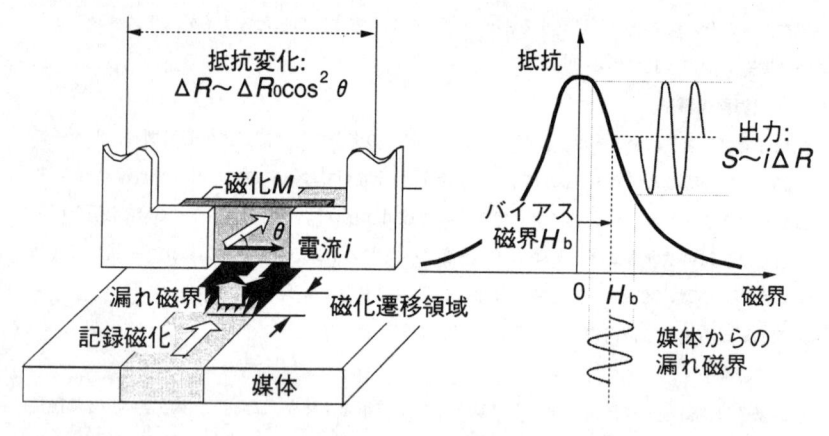

図5 MR素子の動作原理

定される。そこで，材料・温度条件の制約を意識せずに記録素子をまず形成し，保護膜を形成，平坦化した後にMR素子を形成する方法も見直されている。特に最近では，高周波記録に対応するため，渦電流を抑制できる数十〜百Ω/cm^{2}級高比抵抗の新磁極材料の開発が進んでおり[18,20]，本構造での自由度増大も含め，今後の研究成果が期待される。

(2) MR再生素子

図1に示した再生専用のMR素子において，MR膜を挟んで形成されるシールド層は，再生領域を制限し，再生分解能を高めるために設けられるもので，シールド間隔の1／2がほぼ再生ギャップ長に相当する。図5に，MR素子の原理図を模式的に示す。

MR素子は，磁化の回転（θ）により素子の磁気抵抗値が$\cos^2\theta$に比例して変化する磁気抵抗効果を利用したもので，MR膜にバイアス磁界を印加して動作点をシフトすることで，媒体からの漏れ磁界（磁束）強度に比例した抵抗変化を再生出力として検出する。素子の抵抗値は数十Ωで，高周波でのヘッドノイズは従来の誘導型ヘッドに比べて小さいという特徴もある。さらにMR素子はその高い再生感度が磁気ディスクの周速に依存しないので，ディスクの高密度化，小型化に適している。

なお，バイアス印加手段としては，MR膜上に直接導体膜を形成し，導体膜に流れる電流により発生する磁界によってバイアスを印加するシャントバイアス法，非磁性層を介して軟磁性膜（SAL膜：Soft Adjacent Layer）を設けるソフトバイアス法等がある[5]。MR膜に磁気抵抗変化率が2〜3％程度のNi-Fe薄膜を用い，数十MA/cm^{2}程度のセンス電流を流すことによって，誘導型ヘッドに比べ一桁程度高い再生出力を得ることができる。

162

高出力化を図るには，媒体からの漏れ磁界のMR素子部への流入量が大きい構造とするとともに，磁気抵抗変化率，磁界応答特性（バイアス磁界点での dR/dH）の向上が必要である。

また，MR素子実用化上の重要課題として，バルクハウゼンノイズ（BHN）や出力変動の抑制の問題がある。これらは，記録再生過程で磁性膜に生じる磁区構造，磁壁が不連続的に変化するために発生すると考えられ，この抑制のためには磁性膜を装置動作状態で常に単磁区化しておくことが必要である。このために，反強磁性膜や永久磁石膜を用いる方法などが提案され，現在では，媒体材料と同様のCo-Pt系永久磁石膜をMR膜の両端に設ける方法が主流となっている[5]。

(3) GMR素子

より一層の高密度化を実現するには，さらなる再生素子の高感度化が必須である。この要請に答えるため，巨大磁気抵抗効果（GMR：Giant Magneto-resistant）ヘッドの採用が積極的に進められている[19]。

巨大磁気抵抗効果とは，電子の散乱確率がスピン（磁化）の方向によって異なるために生じる量子効果による磁気抵抗効果で，磁化の電流磁気効果であるMR効果に比べて格段に高い抵抗変化が得られると言う特徴がある[19]。$3 \sim 4 Gb/in^2$（$4.7 \sim 6.2 Mb/mm^2$）級の面記録密度のハードディスク装置から，図6に示すような，フリー層（磁化回転が自由な磁性層）を，非磁性層を介してピン層（反強磁性体に隣接させることで磁化の向きを固定した磁性層）と積層する，いわゆ

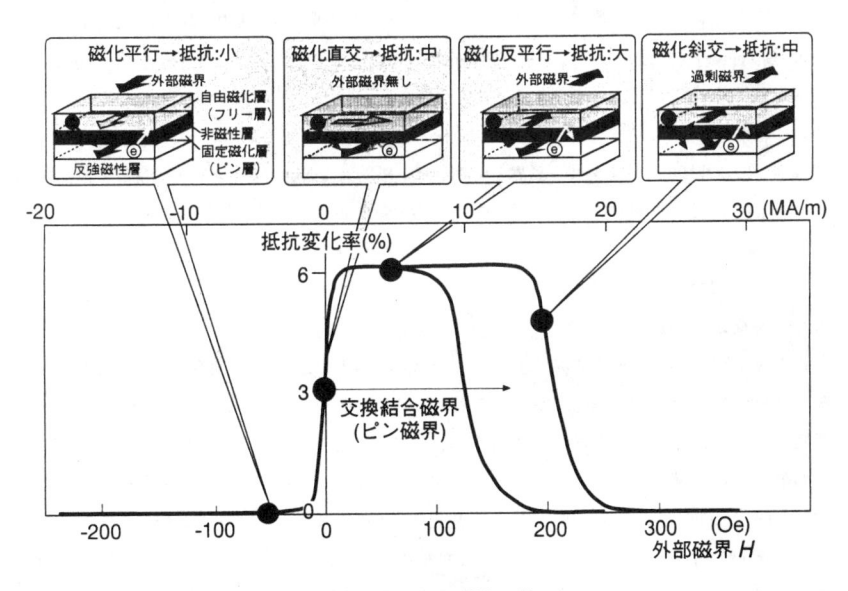

図6　GMR素子の動作原理

表2 反強磁性材料の例[21]

反強磁性材料			結晶構造	電子構造	ブロッキング温度(℃)	交換結合磁界*(Oe)	熱処理	耐食性	必要膜厚(nm)
金属	規則合金	NiMn系	NiMn	fct	局在型	450	450〜860	必要	△	25〜40
			PdPtMn			300	280	必要	○	25
			PtMn			380	500	必要	○	30
	不規則合金	γ-Mn系	Ir-Mn	fcc	遍歴型(gap無)	250	450	不要	○	5〜20
			Rh-Mn			—	425	不要	○	10
		Fe-Mn系	Fe-Mn			150	420	不要	×	≧7
		Cr系	CrMnPt	bcc	遍歴型(gap)	380	220	不要	○	30
			CrAl			—	48	不要	○	50
酸化物		NiO系	NiO	NaCl		200	200	不要	◎	50
		α-Fe₂O₃系	α-Fe₂O₃	Al₂O₃		200〜250	40〜75	不要	◎	100

＊：NiFe（4nm）換算，1Oe＝79A/m

るスピンバルブ（Spin Valve）型のGMR素子が実用化され始めている[19,20]．

ここで図6に示したように，過大な磁界が印加されると，ピン層の磁化まで回転してしまい，所定の特性が得られない．特に，ヘッドやハードディスク装置の製造工程で静電気（ESD：Electro-Static Discharge）に起因する過大な電流がGMR膜に流れると，電流起因の強い磁界が印加された状態で素子部の温度が上昇するため，反強磁性体の特性劣化とともにピン層の磁化が回転してしまい，特性劣化が生じる[20,22]．この耐圧はMRヘッドの数分の1以下と低いため，GMRヘッドの実用化に当たっては，高いピン磁界と，高いピン磁界消失温度（ブロッキング温度）とを有するMn合金系反強磁性材料の実用化が，最大の課題であった（表2）[19-21]．

現在，研究先端では，スピンバルブ型ヘッドにより13Gb/in^2（20Mb/mm^2）級の面記録密度が実現されるまでになっている[23]．

3.2.3 今後の高密度化に向けて

以上のように，磁気ヘッドの高感度化は，媒体の高S/N化とともに高密度化の原動力であった．磁性層表面での散乱効率を高め，スピンの散乱効率を高めることでGMR効果を改善したり，磁性膜を多層化すれば，さらなるヘッド感度の向上も期待できる[19]．さらに，非磁性層の替わりに絶縁層を用い，絶縁層を流れるトンネル効果により極めて高いMR効果が得られるTMR（Tunneling Magneto-resistive）素子[24]や，酸化物系等の新GMR材料も活発に研究されている．これら新材料ではヘッドノイズの起因となる抵抗値の低減が最大の課題であるが，最近TMR素子の抵抗値を大きく下げることに成功し[25]，数十Ωの実用領域までもう一歩の所まで来ており，

さらなる改良が期待されている。

上記の高感度化とともに，高い線記録密度に対応するためのシールド間隔の狭小化も重要で，この実現のためには10nm程度でも上記の条件を満たす反強磁性体と，再生ギャップ用の高耐圧極薄絶縁膜の開発が必須であり，活発な研究開発が進められている。今後，極薄膜形成，特性制御技術や，耐熱性，耐エレクトロマイグレーション技術を含めた上記の技術革新により，100Gb/in^2（155Mb/mm^2）程度までは従来技術の延長で実現できると考えられる[26]。

4 小型・軽量・高耐衝撃性・低消費電力化技術

2.5インチハードディスク装置は主にノートパソコンに搭載されているが，ノートPCが携帯を前提としているため，小型・軽量・耐衝撃・低消費電力化に要求が強い。本節では，これらの課題と材料との係わりについて述べる。

4.1 小型・軽量化と材料

高密度化により大容量を少ない円板枚数で実現できるようになり，ハードディスク装置の薄型化が進展している。装置厚さは，17mmから12.5mmを経て，現在9.5mmのものが市場の中心となっており，6.5mmの装置まで出現している。さらに，軽量，高強度のマグネシウム合金匡体が採用され，100gを切る軽量化も図られている。

4.2 高耐衝撃性・低消費電力化と材料

小さいものほど大きな衝撃を受けやすく，高い耐衝撃性が要求される。最近では700Gもの非動作時耐衝撃性が要求，実現されている。これには，ガラス製ディスク基板の採用や，軽量・高衝撃耐力のヘッドサスペンション技術，面取り型スライダの採用等が寄与している。

さらに，非動作時には，ヘッドとディスクとが接触しないようにする，ロード・アンロード（L/UL：Load /Unload）方式も採用され，高耐衝撃性，低浮上化・高密度化に寄与している。このL/UL方式の実用化に当たっては，非動作時にヘッドを待避させるランプと呼ばれる新部材の開発が鍵であった。すなわち，寸法精度，低摩擦率，数万回のL/ULに耐える低摩耗性，発生するガスに対する化学的安定性，等の条件を満たすポリマー材料の開発，形状設計がキーであった。

ノートPCでは，3時間程度以上の電池寿命が要求される。ハードディスク装置の全消費電力は，動作時，アイドル時にそれぞれノートPCの全消費電力の1/4, 1/6を占め，液晶パネルと並んで最も消費電力が大きく，その低減が強く望まれている。低消費電力化については，+5V, +3.3Vで駆動できる回路系の搭載，きめ細かいパワーセーブモードの採用とともに，上記のL/UL方式

の採用などの工夫がなされている。

4.3 さらなる小型化に向けて

モバイル向け，携帯型のHDD分野では，高密度化技術のさらなる発展に支えられ，2.5インチ装置から1.8インチ，1.3インチ，1インチ[27]等の超小型装置へと発展しつつあり，ディジタルカメラ，携帯型情報機器等の新しい各種モバイル機器への新展開も期待されている。

この実現のためには，デスクトップ機に匹敵する記憶容量を確保するため，最先端の技術を駆使して高密度化を実現することがまずは必須である。これらの技術開発と，新材料開発によって可能となったL/ULのような高耐衝撃性，低消費電力化のための新技術開発に支えられ，小型ハードディスク技術がさらに発展し，情報化社会がさらに良いものとなることが期待される。

5 今後の磁気記録技術動向

今後，記録ビットの大きさがウイルスの大きさの程度にまで小さくなるのに従い，熱揺らぎ，薄膜の欠陥等に起因するエラーのない，高品位・高S/N媒体形成技術，さらに微細加工技術に裏付けられた，高感度で微小信号を検出できる磁気ヘッド技術の開発が重要になる。また，誤り訂正機能の強化とともに，マイクロアクチュエータ等による高精度位置決め技術，超低スペーシング化技術，ターボ方式等の高度信号処理技術，要素部品使いこなし技術等の開発も一層重要になると考えられる。さらに垂直磁気記録媒体の実用化も期待され，これらの技術を総合すると，数十～百 Gb/in^2（16～155Mb/mm^2）級の記録密度は十分実現可能と考えられる。

近年，サブTb/in^2（1.6Gb/mm^2）級以降の記録密度実現に向け，図3に示したように，近接場記録，ホログラム，走査型プローブ顕微鏡応用技術を駆使した挑戦がなされている。これらの方式では大容量性は確保出来ると考えられるが，記録，アクセスの高速性にやや難がある。

これに対して軽荷重の磁気ヘッドを高速でアクセス出来る回転駆動型のハードディスク装置は，適度な高速，大容量性にその特徴があり，この特徴を生かす試みもなされている。例えば，高速性を活かすための方式として，光磁気融合，熱アシスト垂直磁気記録方式等の検討等が着実に進められている。サブTb/in^2（1.6Gb/mm^2）級以降の記録密度の実現に向け，材料技術を核にした今後の展開が期待される[28]。

文　　献

1) 菅沼庸雄：エレクトロニクス，1998，9月号，2(1998)
2) 城石芳博：応用物理，64(12)，1424(1998)
3) C.D.Mee and E.D.Daniel： "Magnetic Recording", Vol.II, MacGraw-Hill Book (1998)
4) 例えば，高橋研：応用物理，68(2)，158(1999)；城石芳博：日本応用磁気学会主催第19回MSJサマースクール，「応用磁気の基礎」，p.97(1995)
5) 梅田高照編：『金属電子材料』，培風館(1995)
6) P.-L.Lu and S.H.Charap： *IEEE Trans. Magn.*, 30, 4230(1994)；Y.Uesaka et al.： *J. Mag. Soc. Jp.*, 21, Supplement No.2, 277(1997), Y.Hosoe et al.： *IEEE Trans. Magn.*, 34, 1528(1998)
7) Y.Shiroishi et al.： *J. Appl. Phys.*, 73, 5569(1993)；M.Yu et al.： *IEEE Trans. Magn.*, 34, 1534(1998)；J.Zou et al.： *ibid.*, 1582(1998)；H.Akimoto et al.： *ibid.*, 1597(1998)
8) Y.Hosoe et al.： *IEEE Trans. Magn.*, 34, 1528(1998)
9) H.J.Richter et al,： *IEEE Trans. Magn.*, 34, 1540(1998)；N.Bertram, Q.Peng et al.： *ibid.*, 1543(1998)
10) Nikkei Electronics, 2月9日号(No.709), 35(1998)；ASET第5回磁気記録研究成果報告会，東京コクヨホール，1998年10月26日
11) I.Kaitsu et al.： *IEEE Trans. Magn.*, 34, 1591(1998) Ichihara et al： *ibid.*, 1603(1998)
12) Y.Honda et al.： *IEEE Trans. Magn.*, 34, 1633(1998)
13) K.B.Klaassen et al： *IEEE Trans. Magn.*, 34, 1822(1998)
14) Nikkei Electronics, 4月6日号(No.713), 167(1998)
15) M.Chenery： "Disk Drive Technologies," Head/Media Technology Review Proceedings, Nov.1997
16) 例えば，Nikkei Electronics, 3月10日号(No.684), 161(1997)
17) H.Takano et al.： *IEEE Trans. Magn.*, 27, 4678(1991)；L.Gorman et al.： *ibid.*, 33, 2824, (1997)；Y. Guo et al.： *ibid.*, 2827(1997)；W.P.Jayasekara et al.： *ibid.*, 2830(1997)
18) N.Robertson et al.： *IEEE Trans. Magn.*, 33, 2818(1997)
19) 例えば，松崎幹男：応用物理, 68(1), 62(1999)
20) 例えば，Nikkei Electronics, 1月5日号(No.706), 37(1998)；同8月24日号(No.724), 47(1998)；同11月2日号(No.729), 53(1998)；神保睦子ほか：日本応用磁気学会第99回研究会資料，99-4, 53(1997.3.7)；瀧口雅史：同99-5, 53(1997.3.7)
21) H.Iwasaki et al.： *IEEE Trans. Magn.*, 33, 2875, H.Hoshiya et al.： *ibid.*, 2878(1997), J.Devasahayam et al.： *ibid.*, 2881(1997)；H.C.Tong et al.： *ibid.*, 2884(1997)；斎藤正路ほか：日本応用磁気学会誌，21, 505(1997)；H.N.Fuke et al.： *J.Appl.Phys.*, 81, 4004(1997), H.Kishi et al.： *IEEE Trans. Magn.*, 32, 3380(1996)
22) 例えば，向山直樹ほか：日本応用磁気学会誌，23, 1053(1999)
23) H.C.Tong et al.： Intermag 99, AB-01(1999, May. 18)
24) 例えば，Nikkei Electronics, 4月7日号(No.686), 125(1997)；宮崎照宣：日本応用磁気学会誌，20, 896(1996)；宮崎照宣：固体物理, 32, 221(1997)
25) H.Tsuge and T.Mitsuzuka： *Appl. Phys. Lett.*, 71, 3296；K.Inomata et al.： *Jpn. J. Appl. Phys.*, 36, L1380(1997)；P.K.Wong et al.： *Appl. Phys. Lett.*, 73, 384(1998)
26) S.K.Khizroev et al, *IEEE Trans. Magn.*, 33, 2893(1997)；R.Wood： RWW, IEEE, Santa Clara (May

19, 1998)
27) Nikkei Electronics, 3月23日号(No.712), 35(1998)
28) R.Wood：ISTS '98, Kalamata, Greece, RWW(1998.9.8)

第5章　バッテリーの小型・軽量・長寿命化と材料

三戸敏嗣*

1　はじめに

　ノートパソコンで使用される部品の中で，デスクトップと大きく異なるのがバッテリーである。長時間動作を実現するためには大きな電池を搭載すればよいが，重たくなる。その本体に対する体積・重量は10～20%と大きな比重を占めており，携帯性を向上するためには，その小型・軽量化は非常に重要である。
　この章においては，ノートパソコン用2次電池の開発の経緯と今後の技術動向をまとめる。

2　ノートパソコンにおける2次電池

2.1　新電池開発の要求

　ノートパソコンが市場に現れて約10年になる。その間に密閉鉛，NiCd，NiMH，Li-Ion，Liポリマー電池と5種類の2次電池技術が採用されてきた。いずれも，より高い重量・体積エネルギー密度やコスト低減，薄型化を求めての結果である。100年以上の電池の歴史において，これほど速い技術変化を求める応用商品は無かった。
　一般に，新しい電池応用製品の負荷電力は集積化，小型化などにより低減され，いち早く許容される動作時間に落ち着くため，電池の容量向上は遅くても十分許されてきたといえる。電卓などはその良い例である。
　関数計算用電卓は，初期の単3電池4本が2本になり，単4電池の1本，コインLi 1次電池，アルカリボタン電池そして太陽電池となった。電池の種類・サイズ・動作時間は変化しても，その間の電池のエネルギー密度の向上はきわめて少ない。
　しかし，ノートパソコンは短期間に急激な機能の拡張と負荷電力の増大が行われ，毎回の新製品でも十分な動作時間を得ることができないでいる。ゆえに，ノートパソコンにおける電池に対する長時間動作・軽量化への要求は強く，絶え間無い新電池開発が行われているという結果になっている。

---

*　Toshitsugu Mito　日本アイ・ビー・エム㈱　ポータブルシステムズ　スタッフエンジニア

2.2 ノートパソコンにおける電池の設計

電池が他の部品と異なり，設計が難しいのは，動作時間などに絶対的な要求指標が無いためである。目標とする時間はあるが，その時間が達成できなければ製品とならないわけではない。

ハードディスクは2.5インチという大きさで，そのディスクの枚数による厚みの違いこそあれ，記憶容量を倍，倍で向上してきている。また，アプリケーションソフトもその容量を要求して肥大化している。ノートパソコン用電池パックの場合は，パックは小さな電池セルの集合であり，構成するセル数を増減することで，パック容量が変化する。大きな電池を使用すれば長時間の動作が可能になり，小さければ短くなる。

ここで，単に長時間動作を可能にする電池パックでは，本体に対し重く，パソコン本体も大きくなってしまう。一方，短い動作時間の電池は，大きなオプション電池を用意することで，ユーザーの動作時間に対する不満を解消することができる。しかし，ユーザーは小さな電池で十分な動作時間を得たいと常に願っている。

設計する立場からすると，電池形状は製品のコンセプト，デザイン，許容されるスペースなどの要素により決定されている。しかし，電池の単位体積，重量あたりのエネルギー密度が向上することは，同じ動作時間要求であれば，電池パックに構成されるセル数を減らすことができることになる。より小さな体積，より少ない重量で同じエネルギーが取り出せれば，パソコンの設計の自由度は増大する。そこで，電池セルの体積・重量エネルギー密度を向上することがエンジニアに対し強く求められるわけである。

ただし，動作時間はロジック負荷のパワーマネージメント技術，構成部品の低電力化により平均負荷電力が下がることになれば，少ない電池容量で3時間以上の動作時間を達成できる。一方，電池重量や厚みの制限の中で，動作時間も3時間以下で良い，かつ価格も低くしたいという要求が加わると，単にエネルギー密度が高ければよい電池というのではなく，価格も含めいろいろな種類の電池を選定する必要が出てくる。これはエネルギー密度や価格などのすべての要求を満たした電池が無いからである。

パソコン用バッテリーパックの小型・軽量化は，単に電池のみの技術向上だけで達成できているわけではない。負荷となる部品，ソフトウェアと製品仕様に基づき，小型，軽量，薄型，低価格などの要求に合わせて，さまざまな電池が選択されているのが現状であり，電池選択を難しくしている要因でもある。

以上のような環境において，現在ノートパソコンに主に使われている電池は円筒形NiMH電池，角型・円筒形Li-Ion電池である。現在市販されている電池の体積・重量エネルギー密度を図1に示す。円筒形Li-Ion電池で400Wh/ℓ，145Wh/kgを達成している。

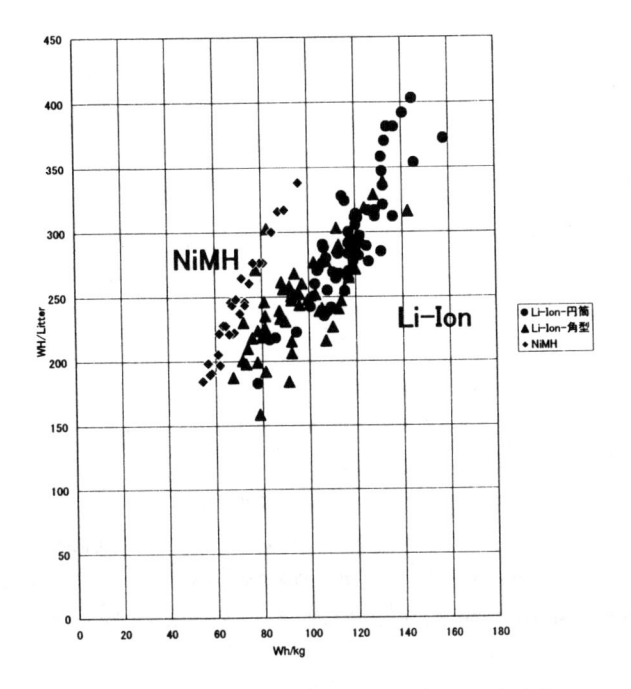

図1　ノートパソコン用2次電池の体積・重量エネルギー密度

3　ノートパソコン用2次電池開発の経緯

　ノートパソコンが発表され始めたのは80年代後半である。当時，2次電池としては，SLA（Sealed Lead Acid, 密閉型鉛）電池あるいは NiCd（ニッケルカドミウム）電池が主な選択肢であった。

　SLA電池は電極を鋳型に流し込んで製作するので，比較的自由な形状にできるが，体積エネルギー密度が100Wh/ℓ と低く，限られた体積の電池パックでは十分な動作時間を得ることができなかった。一方，NiCdも電極を巻いて円筒形にすることで製作されており，小さな形状の電池セルを使うことにより，比較的自由なパック形状を作ることができ，また，当時，ビデオ用として150Wh/ℓ と比較的大きなエネルギー密度を達成していたが，各負荷部品の消費電力も大きく，パワーマネージメント技術も十分でなかったので，実動作で約1時間台と，十分な動作時間を得ることができなかった。

　本格的にノートパソコンが注目されたのは1992年秋に 10.4" のカラー TFT パネルを搭載した

171

ThinkPad 700Cといっていいだろう。白黒のLCDパネルが主流の中で、美しい画面を持ち運べる大きさで実現した画期的なマシンとして賞賛を浴びた。

ここでは、常に最先端の技術を取り入れていたノートパソコンのThinkPadを中心に、その電池技術を振り返る。

3.1 NiMH電池からLi-Ion電池へ

ThinkPad 700Cは、当時としては一番エネルギー密度の高いNiMH電池の4/5Aサイズ1.5Ah 18本を採用し、30Whの容量を実現した。にもかかわらず、ランダウン時間は2時間と、まだ十分満足できるものではなかった。

製品出荷後、各方面の知識人の意見を総合し、フラグシップマシンとしての目標が3時間以上と設定された。当時の周辺技術を考えると、急激に負荷電力が下がる見込みがなく、電池に対し容量アップの要求が強まることとなった。

次の年、A4サイズの筐体の中にPCMCIAカードが搭載されることになり、電池のスペースが不足した。そこで、セルを2本減らして8直列2並列の16本とし、その分、電池セルの容量を1.5Ahから1.7Ahに向上し、30Whの容量を確保した。負荷の低電力化、パワーマネージメント技術の向上で、初めて3時間以上の動作時間を達成した。以後、3時間以上の動作時間が必要最低限の要求となる。

さらに94年、オーディオ・モデム回路等の増大で電池容積はさらに小さくなり、セル数は7直列2並列の14本となった。セル容量を1.7Ahから1.8Ahへ向上して約30Whのパック容量を確保し、3時間の動作時間を維持した。

その頃、ハードカーボンを使用したLi-Ion電池が発表されたが、Whあたりの価格がNiMHに比較して高く、また供給量が十分でなかった。NiMH電池とのサイズの互換性も無く、さらに、なだらかな放電電圧波形を持ち、ノートパソコンにおける高めのカットオフ電圧、定電力負荷では、同一体積比較でNiMH以下の動作時間しか得られず、採用に至らなかった。

しかしながら、軽量で充電時に発熱しない、メモリー効果が無い等の長所を持つLi-Ion電池の採用を、市場から強く要求された。約半年後、ソフトカーボン(グラファイト)を採用したLi-Ion電池の開発により、それは達成できた。

この電池は、放電電圧は平坦で、ハードカーボンに比較して同一体積で約30%長い動作時間を得ることができたが、精度の良い残量を計算するために電流積算型の残存容量計（フエルゲージ）、有機電解液を使用しているがゆえに、安全性を維持するために過電圧過放電保護回路が必要で、電池セルの開発と同等以上に複雑な設計を強いられた。しかし、電池パック内のソフトウェアを改良することにより、電圧・電流データを用いて充放電を制御し、出力電圧、充電方式

が異なる電池系のNiMHとLi-Ion電池を同一のシステムで使えるように設計した。それがThinkPad 755CXである。

ThinkPad 755CXのLi-Ion電池は、4/5Aと同じ直径の17500サイズ0.71Ahを12本4並列3直列接続し、NiMH電池と同一パック形状でAC-DCアダプターやパワーマネージメントソフトも変更することなく使用できるようにした。CPUもPentiumになり消費電力が増えたが、グラファイトLi-Ionを採用することで3時間の動作時間を維持した。

さらに、次のThinkPad760Cでは、ケースの薄肉化とセルの0.74Ahへの容量アップを図り、さらなるロジック負荷の増大にもかかわらず32.4Whの容量で3時間の動作時間を達成した。この機種で初めて100万台以上の出荷を実現し、以降の量産の足がかりとなった。ノートパソコンが使える機械として十分認識された時でもあった。

ThinkPad 700Cから760Cまで、A4サイズという限られた筐体の中、増大する負荷容量と少なくなる電池パックの物理サイズの中で、適切なサイズの電池セルの選定と製品スケジュールに合わせた電池の容量アップに支えられ、3時間以上の動作時間という要求を満足して開発できた。これらの開発の経緯を図2にまとめる。

92年10月のThinkPad700Cの時に652gだった電池が、3年で366gに約半減し、体積も0.294 ℓ から0.225 ℓ と約2/3に減りながら、動作時間は3時間を達成している。PCの要求と電池の容量アップが協調して開発できたよい例であると考える。

3.2 Li-Ion電池の容量アップの経緯と展望

95年以降現在まで、電池パックは大きな変化をする。まず、LCDパネルサイズが13"以上となりA4サイズに収まらなくなった。次に、FDDを外部に持つ機種、価格を最優先にする機種、極力軽量・薄型化を図る機種などパソコンの多様化が進んだ。これにより電池の本数も6,9,3本、円筒形、角型セル、3時間の動作時間にこだわらない等により、さまざまな形状の電池パックとなる。図3にその変化をまとめる。

今後もこの傾向は続くものと思われる。しかし、開発当初と異なるのは、増大した出荷量と、低価格、高容量化が急速に進み、セルサイズの集約化が進んで、市場が飽和気味になっていることである。

現在ノートパソコン用の主なセルサイズとしては、円筒の18650、17670、角型の345010の3種類があげられる。ここでは、現在ノートPCの約6割で使われている18650Li-Ionに注目して、その容量アップ経緯を図4にまとめる。

今年中に1.8Ahが出荷され、来年後半には2.0Ahのサンプルが現れる。しかしながら、Co酸Li-Ionとしての製造限界容量に至るため、さまざまな電池が開発されている。

発表年月	Feb-92	Jun-93	Oct-94	May-95	Oct-95
製品名(ThinkPad)	700C	750C	755CE	755CX	760C
単セル					
種類	NiMH	NiMH	NiMH	Li-Ion	Li-Ion
サイズ	4/5A	4/5A	4/5A	17500	17500
直径(mm)	17	17	17	17	17
長さ(mm)	43	43	43	50	50
容量(Ah)	1.5	1.7	1.8	0.71	0.74
エネルギー密度(Wh/kg)	192	225	238	248	252
エネルギー密度(Wh/Litter)	54	62	67	105	107
電池パック					
電池セル数	18	16	14	12	12
組み方	9S2P	8S2P	7S2P	4P3S	4P3S
定格電圧(V)	10.8	9.6	8.4	10.8	10.8
定格容量(Ah)	2.9	3.3	3.5	2.8	3.0
容量(Wh)	31.3	31.7	29.4	30.2	32.0
重量(g)	652	573	511	385	365
システム(本体)					
動作時間(時間)	2.0	3.4	3.1	3.0	3.5
消費電力(W)	15.7	9.3	8.9	10.1	9.1
重量(kg)	3.5	2.9	2.9	2.7	3.1
システムに占める電池重量(%)	18.6	19.7	17.6	14.3	11.9
CPU周波数(MHz)	25	33	100	75	120

図2 ThinkPadの2次電池の推移（'92〜'95）

そのひとつがNi酸Li-Ionである。平均電圧はCo酸の3.6〜3.7Vに比較して約0.1V低く，さらに放電波形がなだらかな曲線を持つため，定電力負荷で高いカットオフ電圧といったノートPCの使用条件下では，Ah容量が多少高くても動作時間の伸びは期待できないと考える。Co酸Li-Ion1600mAhとNi酸1950mAhセルの比較を図5に示す。

しかし，Ni酸Li-Ion電池も，NiにCoやAlなど数種類の金属を混合し，平均電圧や安全性の向上に向けての開発が進んでいる。さらに新負極材や新構造を採用することで，約2.6Ah程度までの容量が実現されるとのことである。

このような高容量化はセルの安全性マージンを少なくする可能性が高く，過充電，釘刺し，圧壊などの製造ばらつきを含めた設計確認のために，開発・評価期間は次第に長くなる傾向にある。

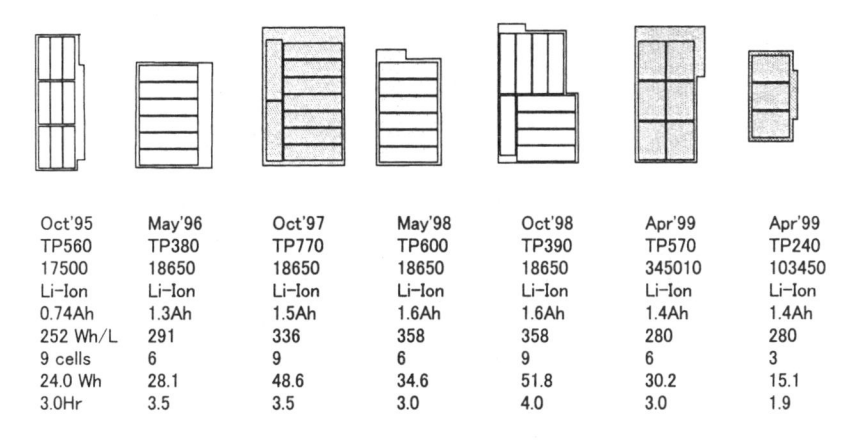

Oct'95	May'96	Oct'97	May'98	Oct'98	Apr'99	Apr'99
TP560	TP380	TP770	TP600	TP390	TP570	TP240
17500	18650	18650	18650	18650	345010	103450
Li-Ion	Li-Ion	Li-Ion	Li-Ion	Li-Ion	Li-Ion	Li-Ion
0.74Ah	1.3Ah	1.5Ah	1.6Ah	1.6Ah	1.4Ah	1.4Ah
252 Wh/L	291	336	358	358	280	280
9 cells	6	9	6	9	6	3
24.0 Wh	28.1	48.6	34.6	51.8	30.2	15.1
3.0Hr	3.5	3.5	3.0	4.0	3.0	1.9

図3　ThinkPadの2次電池の推移（'95〜'99）

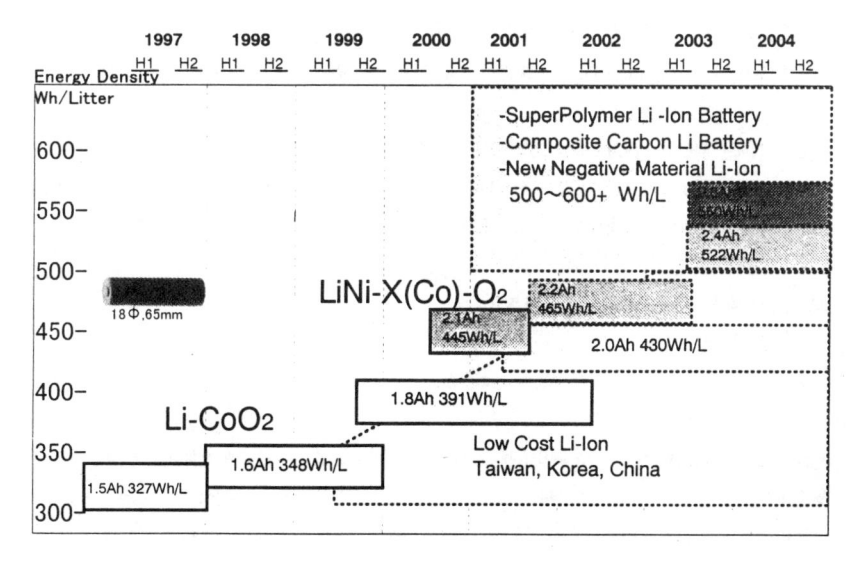

図4　Li-Ion電池容量アッププラン

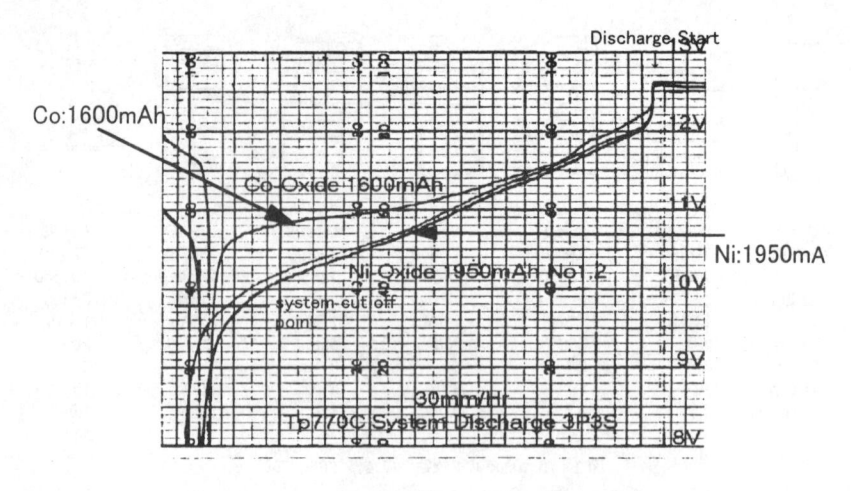

図5 Co酸Li-Ion電池とNi酸Li-Ion電池

　最終的にはSiコンポジットカーボンなど，3.0Ahを超える容量を実現できる素材もあり，開発が進んでいる。また，SuperPolymer電池等，電極構造は一般の液式のLi-Ion電池と同等でありながら，比較的電極を厚くすることで500Wh/ℓ以上を実現した電池も発表されている。
　さらに，今年度から台湾，中国，韓国等で低価格のLi-Ion電池の製造・出荷が始まり，日本が主なLi-Ionの生産地であった状況が崩れようとしている。このような市場の変化により，日本国内のLi-Ionやその他の電池は，さらに容量アップへの開発スピードが早まることであろう。

3.3 電極以外の部分の改良による軽量化

(1) 電池ケース材料

　電池の容量アップはその電極の改善によるところが大きい。しかし，電池ケース材料の改良も見逃すことができない。
　軽量化への要求は，パソコンよりも携帯電話が強く，当初よりアルミ缶を使用した角型電池が多く使われていた。パソコン用は携帯電話用に比較して容量が大きく，開発に時間がかかったが，今年になって，Al缶を使用したPC用10mm厚，3.6V 1.4Ahの電池UF103450Pができた。6本でちょうど30Whを達成できるサイズである。
　今までの鉄缶の電池との比較を図6に示す。当初，アルミは鉄缶に比較して，肉厚が厚く電極容積が少なくなるため容量が少ない，レーザー溶接に時間がかかる，ケース材料が高いので価格が倍以上する等の先入観があったが，開発努力の結果，鉄缶と比較して容量も価格も同等以上と

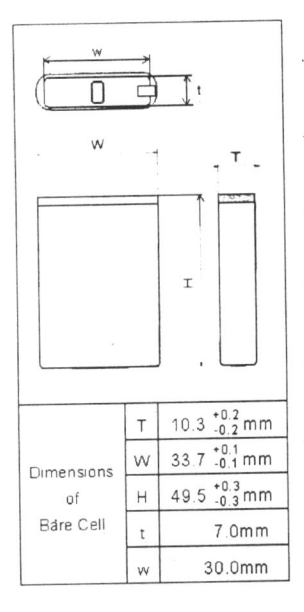

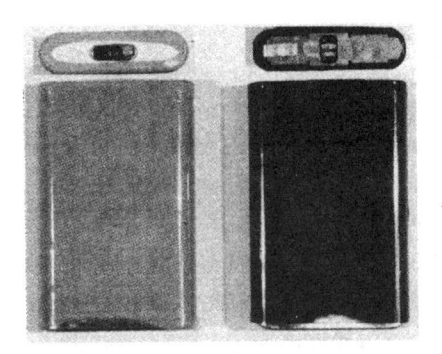

Dimensions of Bare Cell	T	10.3 $^{+0.2}_{-0.2}$ mm
	W	33.7 $^{+0.1}_{-0.1}$ mm
	H	49.5 $^{+0.3}_{-0.3}$ mm
	t	7.0mm
	w	30.0mm

鉄
3.6V 1.4Ah
42g
4.2V Charge

アルミ
3.6V 1.4Ah
38g
4.2V Charge

図6　103450角型Li-Ion電池の比較

図7　電池ケースの肉抜き

いう電池が開発された。

また，円筒形においても，1gでも軽い電池への要求は強い。メーカー間で同一サイズでの電池容量の差が無く，価格が同等となりつつある市場においては，軽量化は重要な差別化の要素になる。試算の結果，鉄缶の肉厚を薄くする，弁・電極構造の改良，アルミ缶化などにより，同一サイズ同等容量で現状より約1割軽い電池ができることがわかった。

(2) 電池ケースの軽量化

また，電池パックに占める割合は低いものの，電池ケースの軽量化も重要な技術である。

同じ容量のNiMH電池に比較して約半分の重量のLi-Ionでは，採用の当初からケースの薄肉化が図られた。耐有機電解液性をもつ材料のPC（ポリカーボネート）を使用したため，比較的機械的強度が高く，円筒形セルの間をすだれ構造にしてラベルと併せて機械的強度を維持する構造を採用できた（図7）。

これにより，落下強度を損なうことなく約4gの軽量化が実現できている。

(3) 電池コネクタほか

さらに，電池コネクタも，当初5mmピッチの7ピン構造で6gあったが，電極材料，樹脂の改善およびスマートバッテリーを採用することで，4ピン2.5mmピッチで1gを達成し，約5gの軽量化を図っている（図8）。

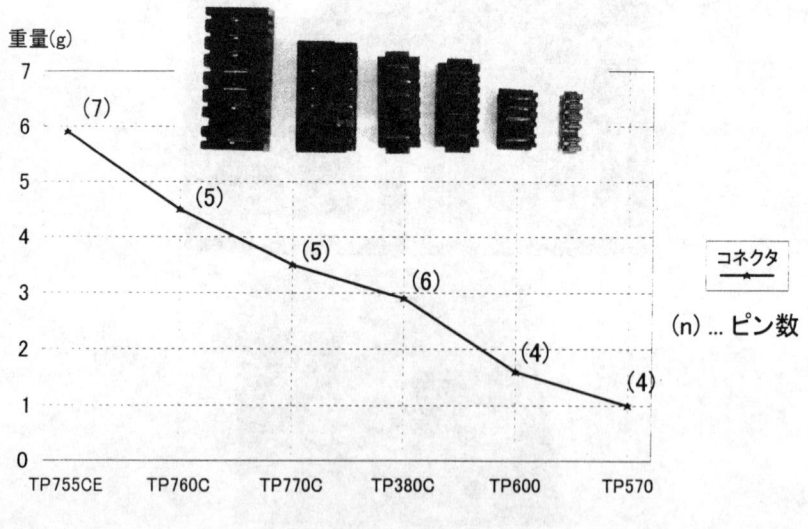

図8 電池コネクタ重量の低減

その他，保護基板，IC，FET，プロテクタ(ブレーカー)，サーミスタ，温度ヒューズ，配線基板等の材料の見直し，小型化，集積化などを図ることにより，数gではあるが当初の設計に比較し軽量化を行っている。

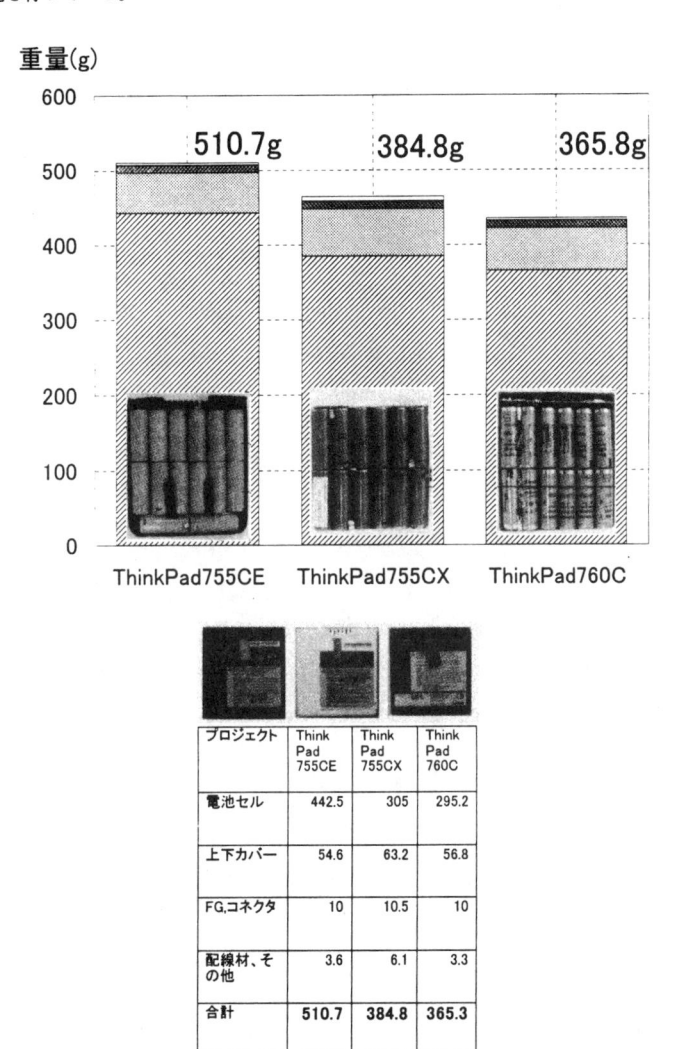

プロジェクト	ThinkPad 755CE	ThinkPad 755CX	ThinkPad 760C
電池セル	442.5	305	295.2
上下カバー	54.6	63.2	56.8
FG,コネクタ	10	10.5	10
配線材、その他	3.6	6.1	3.3
合計	510.7	384.8	365.3

図9 電池パック重量の推移

同一サイズの電池パックにおいて軽量化を達成した経緯を，図9のThinkPad 755CEから760Cまでのパックで示す．同様な電池のみではなく，小さな技術の積み重ねは，現在開発中の電池パックに引き継がれているのは言うまでもない．

4 おわりに

電池はエネルギーを扱うため，PCに使われる他の部品のように，年率で倍々の容量アップは実現できないが，10年で約2倍以上のエネルギー密度の向上を達成し，ノートパソコンの小型・軽量化に大きく寄与した．

ますます増大する負荷電力に対応するため，さらなる容量アップ，低価格化と負荷電力増大による高温使用環境に耐える電池の開発が急務となっている．

第6章　主回路基板（PCB）の小型・薄型・軽量化と材料

角井和久[*1]，前野善信[*2]，平野由和[*3]

1　はじめに

近年のノートブック型パソコン（以下ノートPC）の小型・軽量化の進展は著しい。それを構成する各々の部品も高機能化を要求される一方，小型・軽量化せざるを得なくなってきている。携帯電話，PDA，ノートPCの容積を比較したものを図1に示す。密度を比較した場合，各々の装置がほぼ同様であることがわかる。

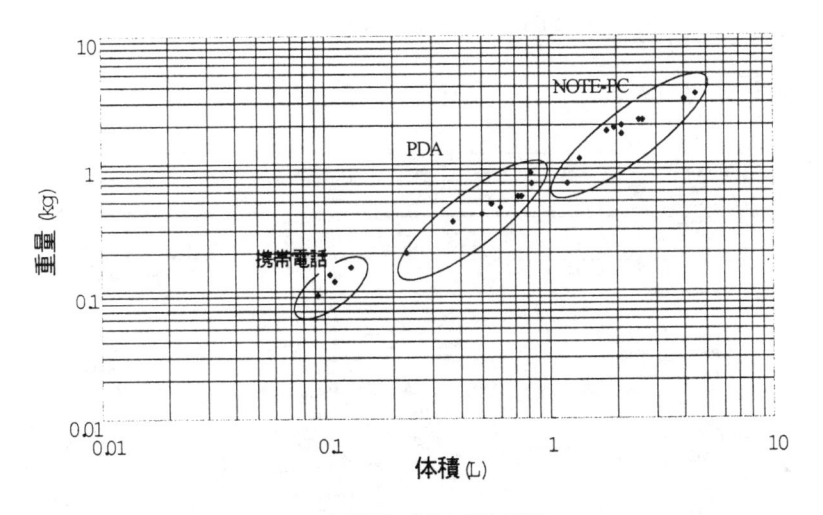

図1　各種機器の体積と重量の関係

[*1]　Kazuhisa Tsunoi　富士通㈱　テクノロジ本部　第二テクノロジ統括部　実装技術開発部
[*2]　Yoshinobu Maeno　富士通㈱　テクノロジ本部　第二テクノロジ統括部　実装技術開発部
[*3]　Yoshikazu Hirano　富士通㈱　テクノロジ本部　第二テクノロジ統括部　実装技術開発部

181

本章では，装置を構成している部品の一部であるプリント回路基板ユニット（以下プリント板ユニット）に着目し，小型・軽量化の技術について整理してみる。

2　ノートPCの軽量化

ノートPCの位置づけとしては，デスクトップ型パソコンと比較して，コストより機能重視型と考えられる。そして，携帯性あってのノートPCということになる。ノートPCの限られたスペースに必要部品を収納するためには，各々の部品の小型・軽量化が求められる。ノートPCのセグメントを3つ（ハイパフォーマンス，A4ポータブル，モーバイル），さらにPDA/CE機に分類し，重量推移を整理したものを，図2に示す。

当然，プリント板ユニットもその一部であることから，小型・軽量かつ高密度化が要求される。ノートPCの差別化として，他社よりも優れた機能を付加するためには，デスクトップ型PCのように，どこにでもある技術の構成ではすぐにキャッチアップされてしまう。一部の戦略モデルについては，他社に先行した技術の採用，リスキーな技術等も採用するケースがある。これに伴い，プリント板ユニットにも様々な技術の採用が必要になる。

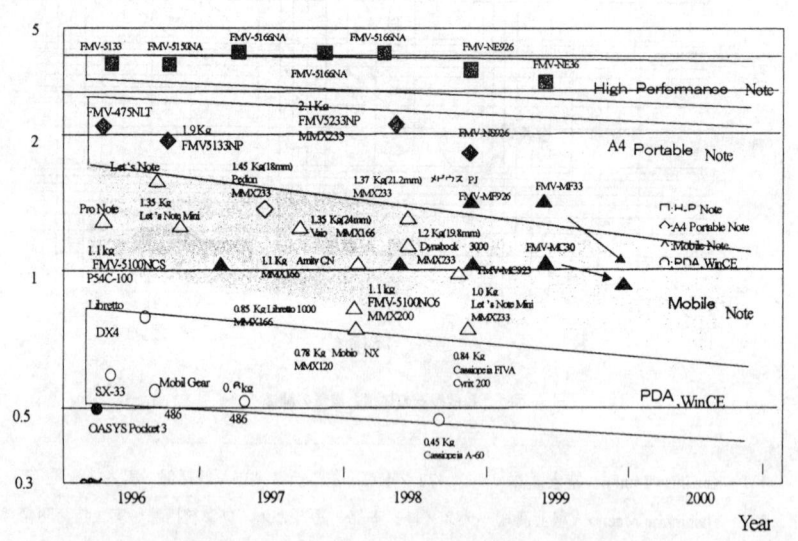

図2　ノートPC等機器の重量推移

3 小型化への取組み

小型・軽量化に必要と考えられる項目をあげてみる。

(1) プリント板ユニット

電子部品の小型，微小化傾向

多層プリント配線板に使用する内層銅箔の薄型化

小型電子部品の採用，薄物（0.8mm以下）の多層プリント配線板の採用

(2) 放熱対策

発熱するCPUへの対応

冷却用フィン，ファン，パイプ

(3) 軽量化材料

フレックスリジッドや多層FPCの採用

肉薄化による新素材の採用（アルミダイカスト，ステンレス）

(4) フォームファクター

薄くて軽い筐体適用（プラスチックからマグネシウム合金，チタンへ）

ポータブル機器の限られたスペース

折り曲げ実装，FPCの増加，新パッケージの採用（CSP等）

パッドオンホール技術，IVH基板，フレックスリジッド配線板，立体配線板

LCR内蔵化多層プリント配線板

さらに，個別の対応方法を整理する。

3.1 使用部品（パッケージ）の小型化による軽量化

CSP採用により，パッケージを小型化し，ベアチップサイズに近づける。さらには，使用樹脂量が減るため重量減少にも寄与している。パッケージのタイプを図3に示す。

CSP実装方法に関しては本章では述べず，以下，CSPを搭載するプリント配線板（以下プリント板）へ要求される項目を列挙する。

3.2 プリント板への要求

CSPパッケージは製造面だけでなく，プリント板への実装面でも解決すべき課題がある。

3.2.1 配線板の高密度化

多端子で0.5mmピッチ前後のエリアアレイになるとプリント板はファインパターン化，高多層

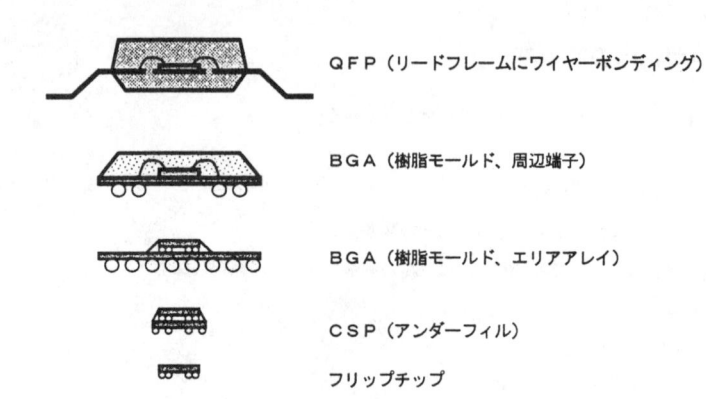

```
     QFP（リードフレームにワイヤーボンディング）

     BGA（樹脂モールド、周辺端子）

     BGA（樹脂モールド、エリアアレイ）

     CSP（アンダーフィル）

     フリップチップ
```

図3　パッケージタイプ

化が避けられず，供給面やコスト面で問題がでてくる。小型化とのトレードオフになるが，メリットをだすのは厳しい。

そこで，モジュール化による部分高密度化等の手段も必要となる。モジュールプリント板も第一世代から第四世代で面積で50%削減化がなされた。小型化推移を図4に示す。

	第一世代	第二世代	第三世代	第四世代
Die実装面		(▲23%)	(▲41%)	(▲51%)　(▲16%)　(▲36%)
サイズ	50mm×50mm	42mm×46mm	41mm×35.7mm (▲24%)	35mm×35mm

図4　モジュールプリント板の推移

3.2.2　プリント板とCSPの熱膨張ミスマッチ

プリント板とCSP間の熱膨張係数のミスマッチが接続部の信頼性に重大な影響を及ぼすことがこのパッケージ使用の問題点である。対策としてはカラム状ソルダーボールの採用，ディンプル端子等熱応力を分散させる方法がある。さらには，アンダーフィル樹脂を封入することで応力を分散させる方式もある。

4 ノートPCにおけるプリント板テクノロジー

代表的なノートPCから，プリント板ユニットが占める装置重量配分を調査した（表1）。装置全体の約13～20%程度を占めており，小型・軽量化への寄与率が大きいことがわかる。

表1　個別部品の重量比較

品名		A社		B社		C社		D社	
サイズ		B5		B5		ミニノート(A5以下)		A5	
単体		(g)	(%)	(g)	(%)	(g)	(%)	(g)	(%)
筐体	UPPERカバー	173.04	12.8	100.83	8.6	78.41	9.5	300.8	25.9
	LOWERカバー	190.83	14.1	169.24	14.4	131.19	15.9		
キーボード		91.32	6.8	92.29	7.8	57.02	6.9	71.5	6.1
LCD	LCDユニット(ガラスPTユニット)	170.07	12.6	166.59	14.2	72.8	8.8	184.1	15.8
	LCDユニット(バックライト,インバータ,カバー)	188.74	14.0	146.14	12.4	74.52	9.1		
	LCDケーブル(本体との接続)	11.26	0.8	5.9	0.5	18.58	2.3		
バッテリ		161.29	11.9	142.48	12.1	158.14	19.2	145.5	12.5
HDD		113.54	8.4	93.01	7.9	88.95	10.8	143.5	12.3
PTユニット	PTユニット(マザーボード)	181.97	13.5	179.3	15.3	108.57	13.2	226.2	19.4
	その他PTユニット(インターフェース)	16.28	1.2	10.13	0.9	13.14	1.6		
CPU冷却(ヒートパイプ+アルミ板)**		19.12	1.4	20.96	1.8	1.99	0.2	25.9	2.2
その他		33.37	2.5	48.82	4.2	19.87	2.4	65.7	5.6
合計		1350.83	100.0	1175.69	100.0	823.18	100.0	1163.2	100.0

以上のデータをさらにプリント板レベルまで考察すると，表2のようになる。

各社ともにプリント板の板厚はt1.0mm以下を採用している。これにより，薄型化が推進されていることがわかる。また，A社のように全体では8層構成であるが，4層板を2枚貼り合わせることで，8層化するユニークな方式も見受けられる。

さらに，D社においては，ビルドアップ方式のプリント板の採用，さらには，内層銅厚さを薄型化することで，軽量化対策をとっていると推測される。内層銅箔厚さを35μmから18μmへ変更すると，配線率（銅存在率）を70%と仮定した場合に，1層当たりで約100g/m^{2}の軽量化が得られることになる。

ビルドアップ基板の軽量化に対する効果を述べたが，使用する場合には特徴を理解して使用す

表2 プリント板仕様比較

	A社	B社	C社	D社
PCサイズ	B5	B5	ミニ（A5以下）	A5
層構成	8層t1.0mm	8層t1.0mm	6層t1.0mm	8層t0.8mm
L/S（μm）	100/100	80/180	100/150	90/100
SVH径／ランド（μm）	150/400	—	180/400	250/460
貫通PTH径／ランド（μm）	300/500	300/600	300/500	250/460
備考	4層板×2	8層貫通	L1-L3SVH	SVH

ることが必要である。以下にビルドアップ基板の特徴を示す。

(1) 長所

① 配線収容能力が高い

Via径の小型化，パターンの細線化が可能で，高配線密度を得られる。

② 軽量化が可能

ガラス繊維を含まない層があるため，基板の比重が低くなる。配線密度を高くできるため，同規模の回路であれば基板面積を小さくできる。一例として，1m^{2}サイズで，板厚を60μmとした場合に，ビルドアップ仕様の方が，1層あたり約10g軽量化ができる。

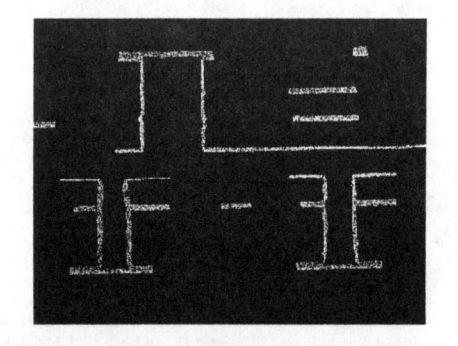

図5 貼り合わせ基板

(2) 短所

① 単位面積当たりの価格

高密度配線を行うため，高精度な設備が必要となり，比較的高価となる。

② 基板の調達

各社が独自の工法をとるため，同一の基板仕様でのマルチソース化が困難。

5 プリント板ユニット搭載部品の検討

A4ファイルサイズ型ノートPCで採用されている代表4社のプリント板ユニット搭載部品点数調査を行った結果を表3に示す。

表3 プリント板ユニット搭載部品点数比較

	E社	F社	G社	H社
CPU	1	1	1	1
キャシュメモリ	2	2	2	2
POW	1	1	1	1
チップセット	1	1	1	1
メインメモリ	8	1	8	1
チップセット	1	1	1	1
I/O	1	1	1	1
PCMCIAコントローラ	1	1		1
標準ロジックIC	14	14	19	9
グラフィック	1	1	1	1
VRAM			4	
オーディオ	1	1	1	2
パワーマイコン他	1	2	1	1
LEDコントローラ			1	1
ポインティング制御			1	
LVDS	1	1	1	1
IR	1	1	1	1
クロックジェネレータ	1	1	1	1
BIOS ROM	1	1	1	1
EEPROM	1			1
RS232C	1	1	1	1
PCMCIAスイッチ	1	1	1	
バススイッチ	2	1		
USBスイッチ	1	1	1	
充電コントローラ			1	
SWレギュレータ（同期整流）	1		1	1
SWレギュレータ（PWM）	1	1		1
3端子レギュレータ	3	8	23	5
アンプ	7	3	12	2
MOS-FET	13	11	14	12
トランジスタ	59	31	29	40
ダイオード	81	47	46	37
ステータスLCD/LED	1	9	8	11
抵抗／集合抵抗	399	303	410	403
コンデンサ	480	395	492	491
フィルタ／コイル	40	38	49	39
水晶／セラロック	4	3	7	4
スイッチ	5	5	5	5
ヒューズ	2	5	2	5
バッテリ	1	1	2	1
その他	27	21	16	21
コネクタ	41	34	29	46
プリント板	5	5	2	5
合計	1213	956	1198	1159

G社が2枚，他の3社が5枚のプリント板ユニットで構成されている．F社においては，他の3社と比較して部品点数が約200点少なく，プリント板ユニットの軽量化に貢献している．装置機能に優劣がないことから，プリント板の設計技術の高さが推測できる．

さらに，メインプリント板のスペックを以下の表4に示す．

表4　プリント板仕様比較

	E社	F社	G社	H社
層数，仕様	6層，貫通	6層，貫通	6層，IVH	6層，IVH
サイズ（mm）	285×148×1.2	290×154×1.4	288×144×1.2	280×153×1.4

E，G社は板厚を薄くすることで，薄型化へ対応している．G社は部品点数が多いため，IVH仕様を採用せざるを得なかったと考えられる．

6　冷却技術による小型・軽量化

ノートPCの小型，軽量，薄型化を推進すると，CPU等の高発熱部品により，装置の発熱密度が上昇する．これにより，内部空気温度や局所的な部品温度上昇が問題となる．

このため，装置全体，高発熱部に関する熱抵抗の低減やきょう体内熱分布の最適化が必要となる．ファン等を使用せずに，自然空冷方式で対応することが最良の策と考えられる．

前述したように，ノートPCの小型・軽量化のために自然空冷方式が有効であり，それを達成する手段としてつぎのような構造がある．

(1) **チップダイレクト冷却（図6）**

ベアチップ背面接続，TCPの逆さ実装により冷却部材を直接接続させることにより熱抵抗を低減する．

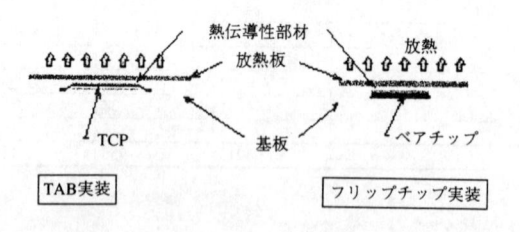

図6　チップダイレクト冷却

(2) **MCM（Multi Chip Module）／MPM（Multi Package Module）（図7）**

複数のベアチップ，パッケージ品を1枚のボードに集中搭載させることにより，一括放熱を可能とする。また，熱の分離を容易にする。

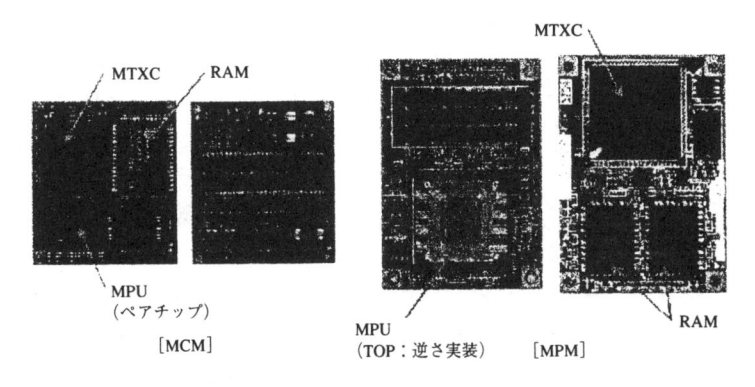

図7 MCM（Multi Chip Module）/MPM（Multi Package Module）

(3) **ハイブリッドきょう体（図8）**

樹脂モールドの微細形状形成の特徴と金属きょう体の持つ放熱性・強度を両立するハイブリッドきょう体の採用で，装置内部からの放熱性を改善する。

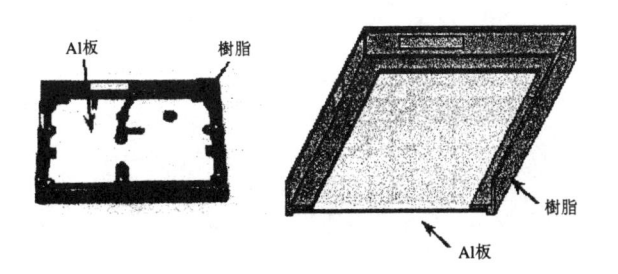

図8 ハイブリッドきょう体

7 まとめ

以上に述べたように，ノートPCの小型・軽量化のために，セットメーカは幾つかの対策を打って対応している。プリント板ユニットの贅肉を削ぎ落とし，さらに減量するためにプリント板の絶縁樹脂材料の低比重化，導体の薄型化，小型化部品の採用等で対応している。さらには，プリント板ユニット設計時に回路シミュレーション等を駆使して，必要最小限の部品点数で構成するように改善を繰り返している。

また，装置の冷却構造においても，自然空冷技術を適用することで，消費電力を低減し，部品点数増加を防止している。

将来は，メイン素子の1チップ化，低消費電力素子の開発，基本OSの軽量化等システムレベルでの対応がメインになると推定される。しかし，ユーザは次々と高機能を要求し，結局，実装技術での対応は不要にはならないと考えられる。実装技術開発者は，さらなるブレークスルーにより，新技術を求める必要があると考える。

第Ⅳ編　最先端高密度実装技術と関連材料

第1章　ビルドアップ配線板の開発と絶縁材料

入野哲朗[*]

1　はじめに

　100 μm以下の絶縁層と導体を逐次積み重ねる構造を持つビルドアップ配線板は，IVH (Interstitial Via Hole)付きの小径・微細配線形成を可能とすることを目的に開発され，軽薄短小の要求に対して，配線板製造の世界に留まらず，半導体チップ実装においても，生産性の良い半導体パッケージ用高密度実装基板の主流になることが予想される。

　現在，日本におけるビルドアップ配線板の生産比率は，多層プリント配線板の約20％と推定されているが，今後は，ニーズに合った層間絶縁材料の開発と，プロセス技術の確立によって大幅に拡大することが期待されている。

　本章では，上記の市場動向を踏まえて，当社が開発したビルドアップ層間絶縁材料（以下ビルドアップ材料と称す）および多層材料について報告する。

2　ビルドアップ配線板の要求背景

　携帯電話やノート型パソコンに代表されるマルチメディア製品の急速な発展に伴い，部品実装基板であるプリント配線板は，小型・軽量化，高速・多機能化の要求に対応することが必要となっている。また半導体素子も高集積化が進み，電子デバイスは小型化，多ピン化で高密度実装となる。

　このような技術動向に対して，従来のめっきスルーホール法では，バイアホール形成に多くの面積が必要であり，高密度配線の設計自由度が小さく，微細化に限界が見えてきた。

　ビルドアップ配線板の要求背景として，高密度多層プリント配線板の動向と従来工法の問題点を図1に示すが，微細配線形成を高効率生産性で可能とする「ビルドアップ配線板」の工法および層間絶縁材料が数多く提案されている[1,2]。

　代表的なIVH形成法は，図2に示すように，従来のドリル加工以外にフォト法，レーザ法，プラズマ法がある。また，IVHの導通のための接続方法としては，従来のめっき法以外に，ペース

---

　[*]　Tetsuro Irino　日立化成工業㈱　電子基材事業部　電子基材開発グループ

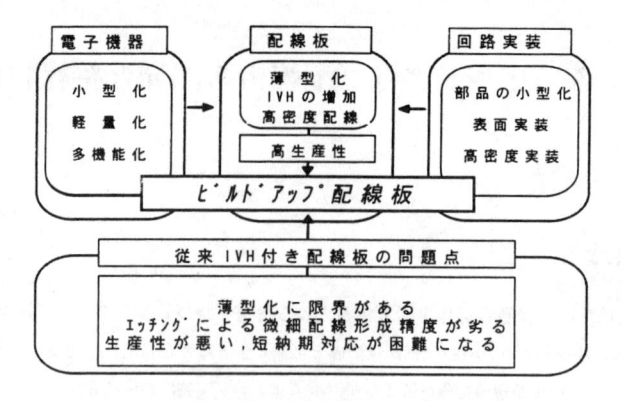

図1 ビルドアップ配線板の要求背景

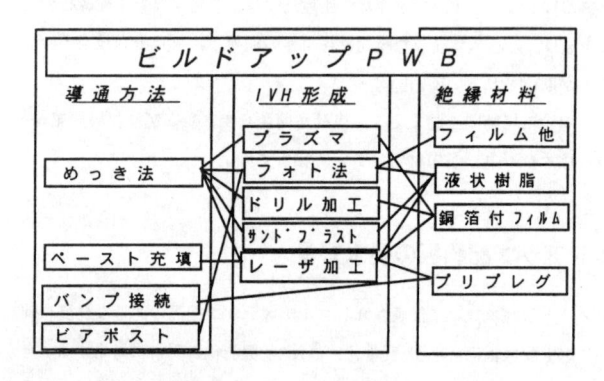

図2 各種ビルドアップ工法（材料～導通方法）

ト充填,バンプ接続,ビアポスト法等の新規工法[1]）が提案されている。

配線板の層間絶縁に使用される基板材料は，高密度実装を実現するために高耐熱性，低熱膨張性，低誘電率などの特性とともに，薄い層間厚での高い絶縁信頼性が要求される。用途別では，BGA（Ball Grid Array）／CSP（Chip Scale/Size Package）などに用いられる半導体パッケージ基板と，それらを搭載するマザーボード基板に大別することができるが，いずれも機能性の高い新規な材料への期待は大きい。

3 高密度配線,小径化とIVH形成法

図3は,ビアホール/ランド径を変えて配線幅と配線密度の関係を計算で求めたものである。ただし計算条件は,配線幅と配線間隔を等しいとした。ビアホール/ランド径を小さくすると,配線幅が100μm以下で配線密度が飛躍的に向上する[3]。

このように,配線密度の向上には,ビアホールの小径化が不可欠であり,各社で種々の材料およびIVH形成プロセスの開発が進められ,φ100μm前後のビアホールが実用化されている[4]。

また,代表的な配線板のIVH形成法(レーザ法,フォト法およびドリル法)と配線密度の関係を一例として図3中に当てはめてみた。ビルドアッププロセスは,プリント配線板あるいはパッケージ基板の仕様と生産性により決定される。

フォトビアプロセスは,通常のプリント配線板製造設備を使用できるが,解像性,めっき強度等には層間絶縁材料が大きく影響する。一方,レーザビアプロセスは材料選択の自由度が大きく,装置の急速な進歩により実用化が拡大している[1]。

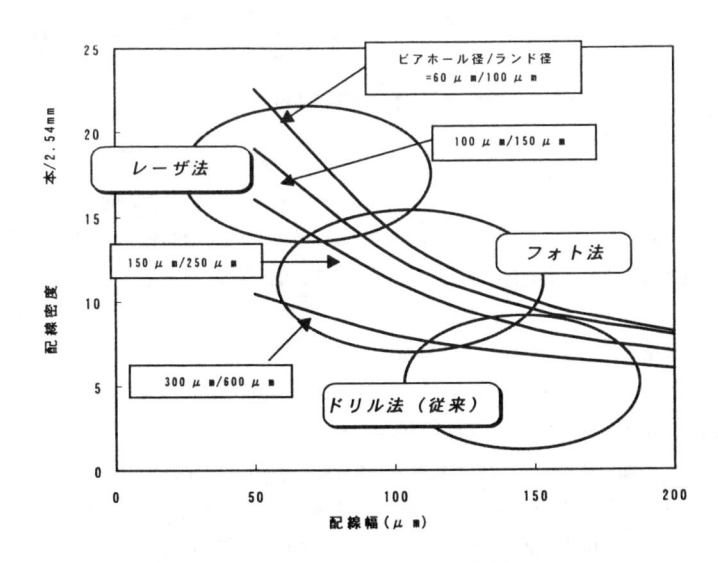

図3 高密度配線,小径化とIVH形式法

4 ビルドアップ配線板用絶縁材料

図4に各種プロセスにおけるビルドアップ材料の「製品形態」,「絶縁層形成法」,「IVH形成法」を示すとともに,各々に対応した当社の開発品を適用例として提示した。

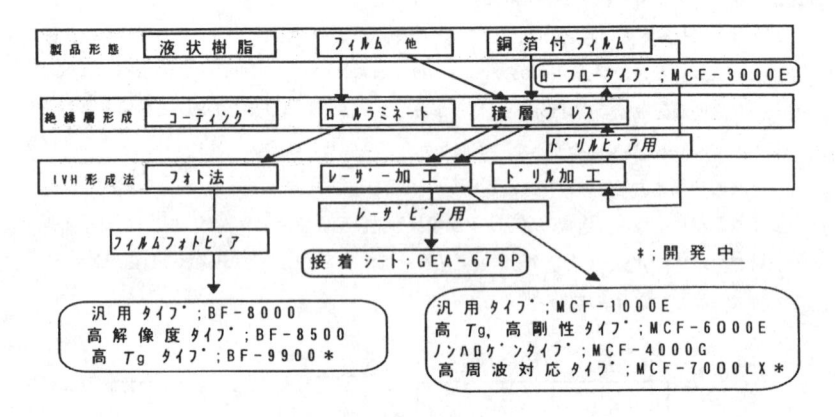

```
製品形態   液状樹脂      フィルム他      銅箔付フィルム
                                        ローフロータイプ；MCF-3000E
絶縁層形成  コーティング   ロールラミネート  積層プレス
                                        ドリルビア用
IVH形成法  フォト法      レーザー加工    ドリル加工
                        レーザビア用
           フィルムフォトビア  接着シート；GEA-679P     ＊；開発中

  汎用タイプ；BF-8000         汎用タイプ；MCF-1000E
  高解像度タイプ；BF-8500     高Tg,高剛性タイプ；MCF-6000E
  高Tgタイプ；BF-9900＊      ノンハロゲンタイプ；MCF-4000G
                             高周波対応タイプ；MCF-7000LX＊
```

図4 ビルドアップ配線板用絶縁材料

「製品形態」において,液状（インキ）は,カーテンコート,スクリーン印刷等で絶縁層を形成する。フィルムおよび銅箔付きフィルムは,ロールラミネートあるいは積層プレスを使用するが,材料の取り扱い,工程の簡略化に特長を有した製品が実用化されている。

特に,ロールラミネートは,絶縁層の両面同時形成が短時間に可能であることから,内層回路の成形性,硬化性等の技術課題の改善が急がれている。

「IVH形成法」は,感光性材料を使用したフォト法および熱硬化性材料を使用したレーザ法が一般的であり,各々に対応した絶縁材料を開発中である。

当社では,上記の各種ビルドアップ材料を応用したビルドアップ配線板（HITAVIA）を提案している。ローフロータイプMCF-3000Eの銅箔付き接着フィルムを先穴加工した後,多層化積層で得られる配線板（HITAVIA TYPE I）は,液晶ドライバーIC搭載用基板あるいはノートパソコン用マザーボードとして量産中である。

一方,高T_g,高剛性タイプの銅箔付き接着フィルムMCF-6000Eを応用したレーザビア法による配線板（HITAVIA TYPE II）は,IVHの小径化対応が可能で,高T_g,高剛性でそりが安定しているため,半導体パッケージ基板（PKG基板）およびモジュール基板分野や携帯電話等の携帯機

器用基板として量産中である。

5 材料の位置付け

ビルドアップ材料の位置付けを図5に示す。模式的に材料のT_gを縦軸に，また適用可能なIVH径を横軸に取り，一例として当社材料の位置付けを表したものである。

図5の左上楕円内に示すビルドアップ配線板の用途は，高T_gで小径IVHが必要となる半導体パッケージ分野であり，BGA,MCM-L (Multi Chip Module-Laminate) への適用化検討がなされている。また，図5の右下楕円内に示す用途は，FR-4レベルの特性で低価格対応が必要なマザーボード分野であり，携帯電話,デジタルビデオカメラへの適用が開始され，ノートパソコンなどへの展開が計画されている。

次に，フォトビア用絶縁材料およびレーザビア用絶縁材料の開発状況について報告する。

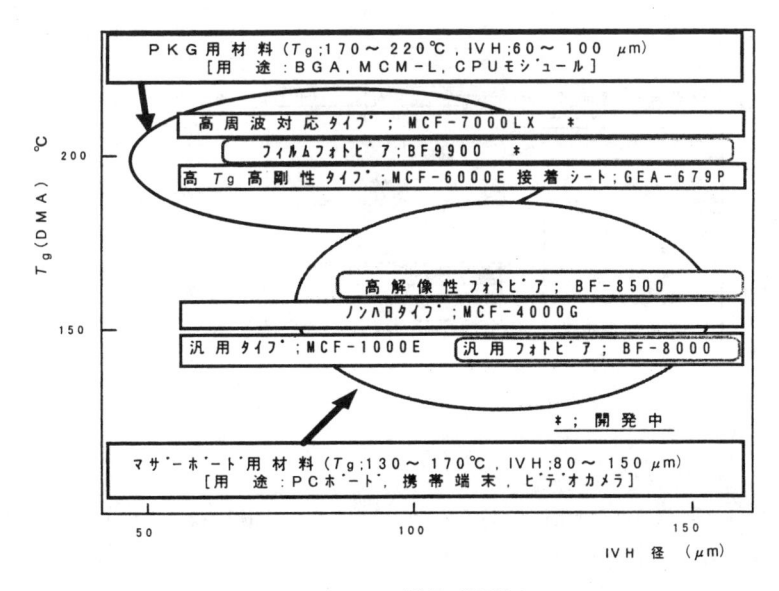

図5 ビルドアップ材料の位置付け

6 フォトビア用絶縁材料

6.1 感光性樹脂に要求される諸特性

フォトビア用感光性樹脂を適用したビルドアップ配線板は，日本IBMがSLC[5]を発表以来，各社で開発され，実用化が進んでいる。フォト法の特長は、IVH穴数に関係なく一括で穴形成できることにある。

感光性樹脂に要求される特性を，図6に示す。配線密度を飛躍的に高めるためには，ランドを小さくすることが不可欠であり，特に高解像性を有する高感度感光性樹脂が必要となる。現在では，$\phi 100\mu m$前後のフォトビアが実用化されている。そして，めっき銅との密着力が強く，層間およびライン間での絶縁信頼性に優れる材料が必要である。

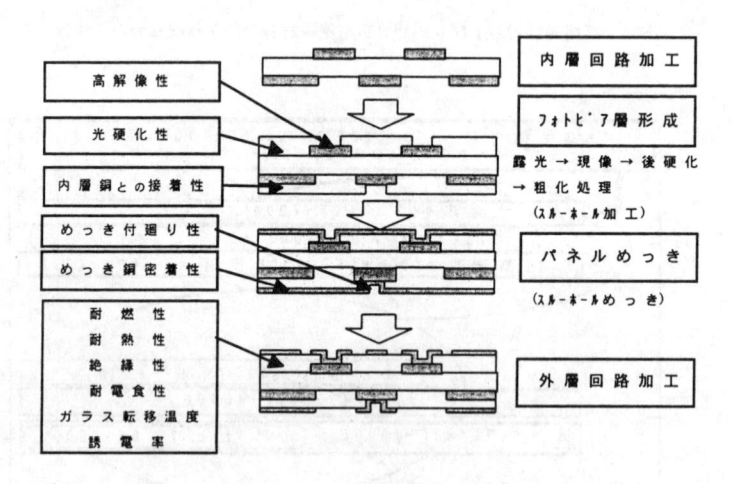

図6 感光性樹脂に要求される諸特性

フォトビアプロセスの実用化は，液状ソルダーレジストが主に検討されてきたが，近年，プロセスの簡略化が期待できるフィルム材料の評価も進んでいる。

フォトビアフィルム[6]は，ベースフィルム（PET）上にエポキシアクリレート/光開始剤を主とする光硬化性絶縁材料を塗布し，乾燥硬化後，ポリエチレンフィルムで保護している。つまり製品の形態は，回路形成用感光性フィルム材料に極めて近い。

したがって，通常の回路形成の際に感光性フィルムを用いる設備，操作基準をほぼそのまま踏

襲した形で絶縁層形成，ビアホール形成が行える利点がある。

フォトビア形成用絶縁材料のフィルム化に当たっては，液状レジスト系材料とは大きく異なった物理性状（溶融粘度，分子量など）が要求される。

また，回路形成用の感光性フィルムの主要成分であるアクリレート系ポリマー，アクリレート系モノマーやオリゴマーは，層間絶縁材料としては耐熱性，信頼性で不十分であるため，新たにエポキシ系をベースとする新規な光硬化性絶縁材料を設計する必要がある。

6.2 フォトビア製造プロセス（フィルムタイプ適用）

製造プロセスの概略を図7に示す。

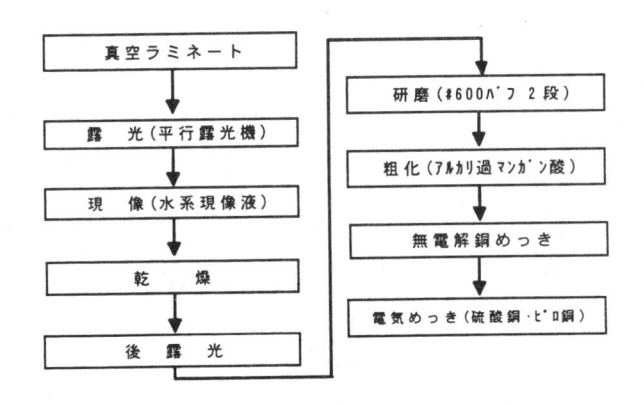

```
真空ラミネート          研 磨（#600バフ2段）
    ↓                        ↓
露 光（平行露光機）      粗 化（アルカリ過マンガン酸）
    ↓                        ↓
現 像（水系現像液）      無電解銅めっき
    ↓                        ↓
乾 燥                    電気めっき（硫酸銅・ピロ銅）
    ↓
後 露 光
```

図7　フォトビアフィルムを用いた製造プロセス

絶縁層の形成は，良好な内層回路埋め込み性を得るため真空ラミネータの使用が理想的である。通常のフォトリソ工程によってビアホールを形成後，後露光，後加熱により絶縁層を完全硬化させる。

現像は，水系現像液を使用する。高沸点有機溶剤を約10%含むが，不燃性であり，設備取り扱い等，従来のアルカリ現像型材料に準じた取り扱いが可能である。

粗化前のバフ研磨は，面内のばらつきを抑制することと，表面段差の平坦化を目的とする。粗化工程は，高いめっき銅ピール強度を安定して得るため，表面に微細な形状を形成する工程である。粗化液は，FR-4基板材料の標準デスミア液（過マンガン酸）で，通常条件範囲内で，粗化工程を兼ねることになり，工程の簡略化に有効である。

粗化終了後は，パネルめっき工程であり，標準プロセス（無電解めっき＋電気めっき厚付け）

をそのまま用いる。ピール強度を高く安定させるためには，無電解めっき後および電気めっき後の加熱処理が不可欠であり，この処理をすることで，ピール強度は，1.0～1.2kN/mを達成した。

表1は，開発したフォトビア材料の特長と代表特性を示したもので，製品形態，特性面で各種材料を提案することにより，選択の自由度が増加し，高機能配線板の開発促進が期待できる。

表1 フォトビア材の一般特性

特性項目	単位	フィルム汎用タイプ BF-8000	高解像度タイプ BF-8500	高T_gタイプ（＊1） BF-9900
絶縁層形成法	—	真空ラミネーター	真空ラミネーター	真空ラミネーター
絶縁層厚（標準）	μm	50/75	50/75	50
現像液	—	準水系	準水系	準水系
解像度	ϕ mm	0.11/0.15	0.08/0.10	0.06
ピール強度	kN/m	0.8～1.2	0.8～1.2	0.5～0.8
はんだ耐熱性（260℃フロート）	秒	60以上	60以上	60以上
耐電食（層間40μ）85℃85％100V	hr	500以上	500以上	500以上
ホットオイル信頼性（260℃）	サイクル	50以上	50以上	—
耐燃性（UL94）（＊2）	—	V-0相当	V-0相当	V-0相当
T_g（DMA）	℃	130～140	160～170	190～200

＊1；開発中　＊2；FR-4コアの両面にフォトビアフィルムを積層後試験

本試験結果より，フォトビア配線板は，従来工法の配線板と十分に競合できる特性を備えており，マザーボードへの適用を開始した。現在は，さらなる高密度化,多重化に適した高T_g,高解像性フォトビアフィルム BF-9900 の製品化を進めている。

7　レーザビア用絶縁材料（銅箔付き接着フィルム）

開発した銅箔付き接着フィルムの特長と一般特性を表2に示す。

この内，半導体パッケージ用高耐熱,高剛性ビルドアップ材料である高T_g, 高剛性タイプMCF-6000Eの開発状況を以下に説明する。

表2 銅箔付き接着フィルムの特性

特　性	処　理	単　位	汎用タイプ MCF-1000E	高Tg高剛性タイプ MCF-6000E
成形後の厚み	—	μm	50〜60	50〜60
ガラス転移温度	DMA	℃	150〜160	190〜195
表面粗さ	—	μm	1〜2	2〜3
弾性率	30℃	Gpa	4〜5	8〜10
	150℃		0.5	4〜6
熱膨張係数	30〜120℃	PPm/K	60〜70	20〜30
耐燃性*1	(UL94)	—	V-0相当	V-0相当
引き剥がし強さ	外層18μm	kN/m	1.4〜1.6	1.2〜1.3
	内層35μm		0.8〜1.0	0.7〜0.9
	めっき銅18μm		0.8〜1.0	0.8〜0.9
誘電率	(1MHz)	—	3.6〜3.8	4.2〜4.4
誘電正接	(1MHz)	—	0.025〜0.027	0.020〜0.022
耐電食性	85℃/85%/50V	hr	500以上	500以上
レーザ加工性*2	(100μm穴)	ショット	2〜3	3〜4
(膜厚；80μm)	(150μm穴)		3〜4	2〜3

*1　FR-4コアの両面に銅箔付き接着フィルムを積層後試験
*2　レーザ加工；住重GS500H（ダイレクト加工）周波数；150Hz, レーザ電圧；20kV

7.1 MCF-6000Eの開発コンセプト

　MCF-6000Eのベース樹脂は，すでに上市している当社の高耐熱性多層材料に用いている高T_gエポキシ銅張り積層板MCL-E-679と同じ硬化系を採用した[7]。ビルドアップ多層材料の樹脂系を内層コア基板と同じ系にすることで，層間接着性の向上，物性の均質性による接続信頼性の向上に繋がると考えた。

　しかし，エポキシ樹脂単独では，分子量が低いためキャリアフィルムに均一塗布することが困難であり，また表面の高弾性率化ができないため，ワイヤボンディング時に絶縁層が沈み込むなどの不具合が懸念される。

　そこで，高弾性率，低熱膨張率である充填剤を探索し改良した結果，特殊な充填剤をエポキシ樹脂に分散させることで，塗布性が良好で加工性にも優れ，さらにガラス布基材プリプレグに匹敵する高弾性率および低熱膨張率を有するビルドアップ材料を開発した。開発コンセプトを図8

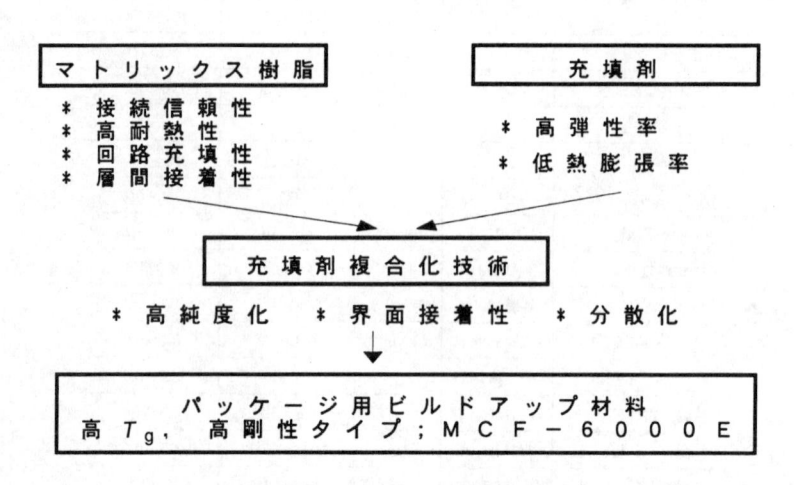

```
┌─────────────────────┐         ┌─────────────────────┐
│    マトリックス樹脂    │         │       充 填 剤       │
├─────────────────────┤         ├─────────────────────┤
│ * 接 続 信 頼 性     │         │ * 高 弾 性 率        │
│ * 高 耐 熱 性        │         │ * 低 熱 膨 張 率     │
│ * 回 路 充 填 性     │         │                     │
│ * 層 間 接 着 性     │         │                     │
└─────────────────────┘         └─────────────────────┘
                ↘               ↙
              ┌─────────────────────┐
              │   充 填 剤 複 合 化 技 術   │
              └─────────────────────┘
        * 高 純 度 化   * 界 面 接 着 性   * 分 散 化
                          ↓
        ┌───────────────────────────────────────┐
        │      パッケージ用ビルドアップ材料        │
        │  高 $T_g$, 高剛性タイプ；MCF-6000E    │
        └───────────────────────────────────────┘
```

図8 MCF-6000Eの開発コンセプト

に示す。

ただし,一般的に充填剤を配合した絶縁層の場合は,樹脂/充填剤界面の増加による絶縁信頼性が懸念される。そこで本開発では,充填剤の高純度化を実施するとともに,界面接着性を向上させるための界面処理技術と,充填剤の二次凝集粒子の生成を防ぎ分散性を向上できる効率的な混練技術などを取り入れた。

7.2 MCF-6000E使用ビルドアップ配線板の特性

表3には各材料のワイヤボンディング性およびワイヤプル強度を示した。MCF-6000Eを用いたビルドアップ配線板は,充填剤を含まない樹脂により得られるビルドアップ材料(汎用 レンジコートタイプ)と比較しても良好なワイヤボンディング性を示し,またワイヤプル強度についても高T_gガラス布基材プリプレグと同等の値を示している。

MCF-6000E適用品のビルドアップ配線板の特性を表4に示す。MCF-6000Eは,内層回路およびコアIVHの充填性に特に優れ,樹脂層80μmの銅箔付き接着フィルムを用いることで,板厚0.6mm,穴径0.3mmの内層コアIVHを多層成形時に一括充填することができる。

また,優れた表面平坦性を生かし,IVH付きビルドアップ配線板の表面にさらにMCF-6000Eを

表3 ワイヤボンディング性評価結果

項目	高T_g高剛性タイプ MCF-6000E	ガラス布 プリプレグ	汎用 レジンコートタイプ
ワイヤボンディング性	○	○	×
ワイヤプル強度(gf)	9～10	9～10	—

＊ワイヤボンディング条件；ヒートブロック温度200℃，絶縁層厚50μm

表4 MCF-6000E使用ビルドアップ配線板の特性

項目	試験条件	判定
コアIVH穴埋め性	内層板厚；0.6mm IVH径；0.3mm	充填性良好
内装回路充填性	樹脂層厚；80μm 導体厚；35μm	充填性良好
基板表面凹凸	コアIVH穴埋め後表面	3～5μm
微細配線形成性		$L/S=40/60\mu m$
レーザー加工性	CO_2レーザIVH加工	加工性良好
はんだ耐熱性	260℃60秒フロート	異常なし
耐PCT性	121℃0.2MPa96h	異常なし
接続信頼性	260℃ 10秒⇔20℃ 10秒 (オイル中)	100サイクル異常なし
	−65℃ 30分⇔125℃ 30分 (気相中)	1,000サイクル異常なし
耐電食性	85℃/85%RH DC50V印加	500h 異常なし

多層化することで，図9に示すような多重IVH付きビルドアップ配線板の製造も可能となる。

そして，MCF-6000Eを用いた多重IVH付きビルドアップ配線板（HITAVIA TYPE II）の量産を開始した。

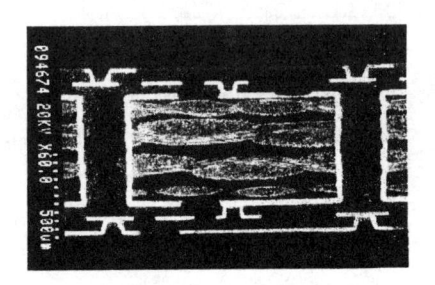

図9 多重IVH付きビルドアップ配線板 （MCF-6000E適用品）

8 今後の課題

現在,ビルドアップ材料は,フォト法,レーザ法などの各種プロセスに適合した製品が開発されている。今後は,CSPバンプピッチの微細化に伴い,マザーボードの微細配線化と半導体パッケージ基板のさらなる高性能化が必要になる。

われわれは,表5に示す高T_gエポキシ銅張り積層板(MCL-E-679シリーズ)との組み合わせで,高密度ビルドアップ配線板の用途拡大を図っている。

表5 高T_gエポキシ銅張り積層板 MCL-E-679シリーズの特性(厚みt 0.6)

項 目		MCL-E-679	MCL-E-679(LD)	MCL-E-679F*
ガラスクロス種類		E-ガラス	S-ガラス	E-ガラス
熱膨張係数 (TMA)	$\alpha \times 1$ (ppm/℃)	14~16	9~11	10~12
	$\alpha \times 2$ (ppm/℃)	6~8	3~5	7~9
	$\alpha z1$ (ppm/℃)	45~55	45~55	20~30
	$\alpha z2$ (ppm/℃)	230~250	230~250	100~120
	T_g (℃) (2000℃プレス)	173~183 —	173~183 —	160~170 (170~180)
バーコール硬度	200℃	25~35	32~37	47~52
表面粗さ	μm	5.0~13.0	5.0~13.0	2.0~3.0
吸水率 (wt%)	PCT5h	0.55~0.65	0.55~0.65	0.35~0.45
	40℃/90%, 168h	0.45~0.55	0.45~0.55	0.25~0.35
引き剥がし強さ	kN/m, 18μm	1.4~15	1.4~1.5	1.1~1.2
誘電特性	ε (1MHz)	4.6~4.8	4.3~4.4	4.8~4.9
	tanδ (1MHz)	0.014~0.015	0.015~0.016	0.008~0.009

＊;開発中

また今後は,高周波用途には伝送損失の少ない低tanδ材や環境負荷の小さなノンハロゲン材料が必要となる。特にノンハロゲン特性は,今後の材料開発では必須特性になるものと思われる。表6に,ノンハロゲンタイプの銅箔付き接着フィルムMCF-4000Gおよび開発中の高周波対応タイプMCF-7000LXの特性を示した。また,図10に,ノンハロゲン材料の複合化の一例を示す。

これらの市場動向は単にビルドアップ材料だけではなく多層配線板用材料に共通の課題である。

また,微細配線形成に適したセミアディティブ用ビルドアップ材料は,プロセス技術の最適化とともにBGA,MCM基板への適用が図られるであろう。

表6 MCF-4000GおよびMCF-7000LXの特性

項目	条件	単位	ノンハロゲンタイプ MCF-4000G	高周波対応 MCF-7000LX
標準仕様	銅箔 樹脂厚	μm μm	12・18 60〜100	12・18 40〜80
はんだ耐熱性	常態, 260℃フロート	秒	120以上	120以上
接着性	18μm電解銅 内層銅(*1)	kN/m	0.9〜1.0 0.5〜0.6	1.5〜1.6 0.7〜0.8
絶縁抵抗	常態 D-2/100	Ω Ω	10^{15}以上 10^{12}以上	10^{15}以上 10^{14}以上
耐燃性	UL94(*2)	—	V-0相当	V-0相当
成形性	18μm内層回路	—	良好	良好
T_g	DMA法	℃	150〜160	210〜220
CTE	X, Y方向 (T_g)	ppm/K	30〜40	50〜60
弾性率	常態	GPa	4.5	2.8
ε	1MHz/1GHz	—	3.8/3.7	2.8/2.7
Tan δ	1MHz/1GHz	—	0.009/0.015	0.006/0.007

(*1);内層銅箔処理として当社酸化還元処理適用
(*2);FR-4コアの両面に銅箔付き接着フィルムを積層後試験

パッケージ, 高密度配線板
◆MCL-E-679G
:パッケージ用ノンハロゲン基板

配線板
◆MCL-RO-67G
:マザーボード用ノンハロゲン基板

ビルドアップ層
◆MCF-4000G:ノンハロゲン銅箔付き接着フィルム

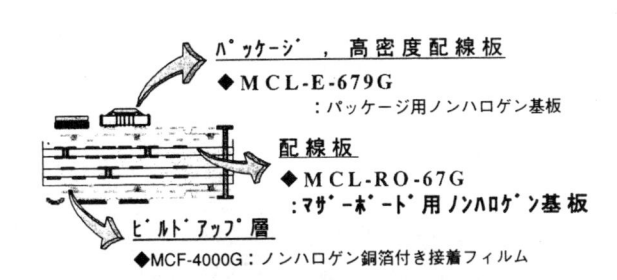

図10 ノンハロゲン配線板への適用例

文　　献

1) 第13回エレクトロニクス実装学術講演論文(1999)
2) 青野好矩：新規プリント配線板用積層材料とその応用，回路実装学会誌，13(1), 1(1998)
3) 信耕豊太郎：高機能性有機実装基板，エレクトロニクス実装学会誌，2(2), 81(1999)
4) 塚田裕：ビルドアップ配線板の動向と光硬化性樹脂による技術，回路実装学会誌，13(2), 65 (1998)
5) 塚田裕；表面配線プリント回路基板(SLC)の特徴と応用，電子材料, 30(4), 103 (1991)
6) 山寺隆：フォトバイア形成用絶縁材料，表面実装技術，17(1), 26 (1997)
7) 小林和仁他：多重IVH付きビルドアップ配線板用銅箔付き多層材料MCF-6000E，日立化成テクニカルレポート，No.30, 25(1998-1)

第2章　CSPの開発とパッケージ材料

石田芳弘[*]

1　CSPの構造と特徴

表1にCSPの構造と特徴をまとめた。ICの接続方式にはワイヤーボンディング法（WB法）とフリップチップ法（FC法）がある。基板はフレキシブル基板またはリジッド基板を使うことができる。

WB法では，コア厚が0.05ミリのフレキシブル基板を使った構造と，コア厚が0.1ミリのリジッド基板の片面または両面を使った構造がある。コストおよびコアの腰の強さ等の問題により，リ

表1　CSPの構造と特徴

（表中単位：ミリ）

接続方式	A）WB法	B）WB法	C）FC法
断面構造			
基板材質	テープ/リジッド	リジッド	リジッド
基板コア厚	0.05/0.1	0.1	0.2
層数	片面	両面	両面
パッケージ厚	1.2/1.25	1.3	0.95
ボール高さ	0.4	0.4	0.4
基板厚	0.08/0.13	0.17	0.27
IC厚	0.4	0.4	0.2
封止厚	0.3	0.3	0.05（B'g）

*　Yoshihiro Ishida　長瀬産業㈱　電子・情報材料部　電子メディア部門
　　メディアデバイス設計センター　副センター長

ジッド基板の両面が使われ始めている。

リジッド基板に関する片面／両面の違いは，穴あけをレーザーで行うか／ドリルで行うかの違いである。現状ではドリル穴あけの方が安くできるが，レーザー技術の進歩によりレーザー穴あけのコストは急速に安くなると思われる。さらに，パッケージ高さの問題，小径による狭ピッチパッケージでの設計自由度の問題等へ対応するため，レーザー穴あけに移行すると思われる。

パッケージ厚は，WB法では1.2～1.3ミリとなるが，FC法では1.0ミリを切ることが可能となる。しかし，FC法には，バンプ構造／バンプの2ndソースの問題，さらに実装装置等のインフラの問題がある。パッケージコストはFC法が安くなるが，全てのICに適用することは難しく，万能ではない。

ここではリジッド基板を使ったCSPを中心に考える。

2 CSPの開発

CSPの開発においては，
(1) 高密度配線基板の開発
(2) パッケージデザイン
(3) パッケージ製造プロセス
(4) CSP用材料

が重要になる。

2.1 高密度配線基板の開発

ボールピッチが狭ピッチ化されても各ボールに対するビアは必要である。しかし，狭ピッチ化に対応して基板のビア・ランドは小さくならない。表2は，ボールピッチと基板の配線ルールの関係を示したものである。パッケージのピン数はビア間のライン数に依存するが，ボールピッチが小さくなることで急速にライン幅が狭くなっている。そのため，パ

表2 ボールとピッチと基板配線ルールの関係

（単位：ミリ）

ボールピッチ	0.8	1.27
ビアランド径	0.4	0.45
ライン／スペース ビア間1本	0.133/0.133	0.273/0.273
2本	0.080/0.080	0.164/0.164
3本	0.057/0.057	0.117/0.117
4本	0.044/0.044	0.091/0.091
5本	0.036/0.036	0.074/0.074
6本	0.030/0.030	0.063/0.063

ターン銅箔厚を薄くすることで,高密度配線基板の開発が行われている。

また,相対的に配線ルールの緩和が可能であるソルダーレジストの位置精度の向上,穴あけをNCドリルからレーザー変更することによりビア径の小径化,これに伴ったレーザー穴あけに適した基板材料の開発,ランド径の小径化が重要である。

一方,信頼性面から検討すると,パターン幅が細くなり,パターン厚みが薄くなることでパターンの熱サイクル耐性が急速に低下している。現在の広く認定されている基板材およびソルダーレジストは,熱サイクルによりクラックが発生し,これが原因で銅パターンに断線が発生するおそれがある。早急に熱耐性のよい材料への変更または開発が必要である。

2.2 パッケージデザイン

CSPは,パッケージサイズが小さくなっているが,相対的にボンディングパターン・ビア・ランド等は小さくなっていないため,デザイン余裕度は小さくなっている。そのため,適切なネットリストを作成しない場合,より高密度な配線ルールを使った基板を設計し,製造することになる。そのため,パッケージデザインの検討が非常に重要になってくる。

低コストなCSPを作るため,パッケージ設計時に容易にパッケージのネットリストと基板の配線ルールを検証する設計ツールを使うことが有効である。CAD Design Service Inc.のElectronics Packaging Designerもその一つである。

2.3 パッケージ製造プロセス

CSP製造におけるコストアップ要因に基板コストがある。特に,CSPでは基板サイズが小さくなっており,最終段階まで単個処理をしない製造プロセスが必要となる。

2.3.1 基板サイズ

従来の基板でのパッケージの製造サイズは,基板コストを優先していなかった。PBGA(Plastic Ball Grid Array)は,パッケージサイズが27ミリ,35ミリ等大きいため,パッケージ製造を優先しても,基板製造コストにはほとんど影響はしない。しかし,CSPでは,パッケージサイズが,6ミリ角,13ミリ角と小さいため,スリット穴等による数ミリの基板ロスが大きく基板コストに影響する。

PBGA/CSPパッケージでは,パッケージコストの中で基板コストの比率が大きいため,基板コストを下げることが非常に重要である。特に,MAP (Molded Array Package) と呼ばれている切断しろのみでパッケージを基板上に配置する考え方は有効である。

例えば,従来の27ミリ角PBGAの40×187.5ミリの基板サイズの場合,27ミリ角パッケージの取り個数は6個である(スリット等により3.5ミリ必要)。同じ基板から9ミリ角のCSPを取る

とき，3.5ミリのスリットを必要とした場合，取り個数は28個（＝2×14）だが，0.15ミリの切断しろのみとした場合，取り個数は57個（＝3×19）になる。

すなわち，切断しろのみでのパッケージ配置により，同じサイズの基板から約2倍のパッケージ基板が取れることになる。

基板の材料メーカーで製造される基板の原反サイズは，1000×1000ミリまたは1000×1200ミリである。このサイズの基板から，各基板メーカーにより各基板メーカーの製造に適した製造サイズに切断され（例えば，330×400ミリ，500×400ミリ，500×600ミリ等），CSP基板は製造される。基板コストを下げるには，基板メーカーの製造サイズに影響されにくく，パッケージの製造がしやすいパッケージの製造サイズを選定する必要がある。

原反から考えると，基板メーカーは必ず1000ミリの基板を切断することになるから，基板メーカーの製造サイズの1辺は1000ミリの整数割としている。すなわち，500ミリ／333ミリ／250ミリを使っている。

そこで，500ミリと333ミリから基板製造での製造耳を除いた整数割のサイズをパッケージ製造における基板サイズの1辺にすることが基板コストを大きく下げる一つの要因となる。すなわち，78～80ミリ／39～40ミリが，基板メーカーによらず，基板メーカーが製造サイズを大きくしコストダウンしたときもパッケージ製造の基板サイズに影響しない最もよい1辺の長さである。

表3は基板製造サイズ，パッケージ製造サイズとパッケージサイズによる各サイズによる取り

表3　各製造サイズとPKGサイズによる取り個数の関係

基板製造サイズ	PKG製造サイズ	PKG製造サイズの取り個数			基板平方メートル当たりのPKG取り個数		
		PKGサイズ／ミリ			PKGサイズ／ミリ		
		6×6	9×9	13×13	6×6	9×9	13×13
330×400	80×125	198	84	40	17,820	7,560	3,600
500×400	80×125	198	84	40	17,820	7,560	3,600
500×600	80×145	231	98	50	18,480	7,840	4,000
500×600	80×116	187	77	40	18,700	7,700	4,000
330×400	40×190	116	57	26	13,920	6,840	3,120
500×400	40×190	116	57	26	13,920	6,840	3,120
500×600	40×190	116	57	26	13,920	6,840	3,120
330×400	40×187.5	112	57	26	13,440	6,840	3,120
500×400	40×187.5	112	57	26	13,440	6,840	3,120
500×600	40×187.5	112	57	26	13,440	6,840	3,120

個数の関係を示したものである。基板製造サイズを 330×400 ミリから 500×400 ミリ，500×600 ミリと変え，これから取れる最適なパッケージ製造サイズを選び，パッケージサイズが 6×6 ミリ，9×9 ミリ，13×13 ミリの時の基板製造での基板平方メートル当たりの取り個数を計算している。

従来の 40×187.5 ミリのパッケージ製造サイズは，基板製造サイズによらないサイズである。この場合の基板コストは，単位面積当たりの NC 穴数が違うため（27 ミリ角 256 ピンの平方メートル当たりの穴数は 184,320 穴＝256×720，6 ミリ角 36 ピンの穴数は 483,840 穴＝36×13,440）単純にコスト比較できないが，27 ミリ角の基板単価が 50 円とすると 6 ミリ角の基板単価は 2.68 円（＝50×720/13,440）＋αとなる。CSP では穴加工コストへの依存性は大きい。

パッケージ製造サイズを 40×190 ミリにすることで，6×6 ミリパッケージでは 3.6％，取り個数が増える。さらに，パッケージ製造サイズの 1 辺を 80 ミリにすることで，約 30％強，取り個数を増やすことができる。パッケージ製造サイズの決定においては，各辺のバランス（基板全体を一体封止するため，封止後の反り防止のため）およびサイズ当たりの作業時間を考慮した取り個数も重要な因子であるが，パッケージ製造サイズを 80×116 ミリから 80×145 ミリと長さをフレキシブルにする検討が重要となる。

写真 1 は，CARSEM SEMICONDUCTORE SDN BHD 製の WB 用および FC 用の MAP 型基板である。写真 2 はシチズン時計㈱製の FC 実装した MAP 型基板である。

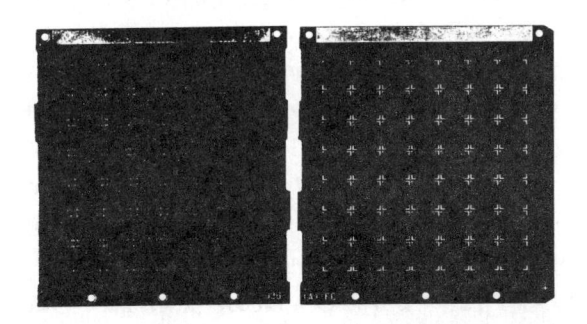

写真 1　CARSEM SEMICONDUCTOR SDN BHD 製 MAP 型基板

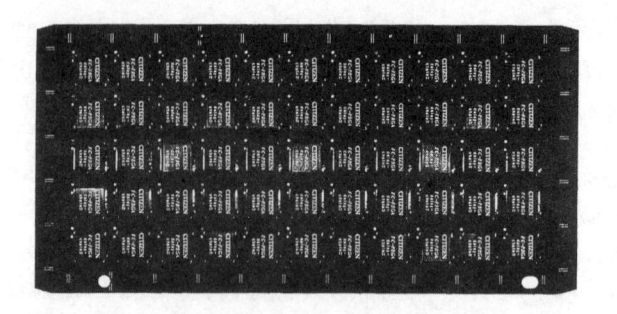

写真2　シチズン時計㈱製FC実装済MAP型基板

2.3.2　封止法

　多数個取りしたパッケージ基板を封止する場合，従来の様に各パッケージ間で封止樹脂を独立させることはできない。そのため，トランスファーモールド樹脂，ポッティング樹脂ともに，封止後のパッケージの反りを少なくすることが重要であり，線膨張係数，T_g点等の物理定数を基板に合わせるとともに，適切な硬化条件を選ぶ必要がある。

2.3.3　薄型化研磨

　小型携帯機器に使用されるCSPでは，パッケージサイズとともにパッケージ厚みが重要である。ワイヤーボンディングでトランスファーモールド封止する場合，多数個取りした基板で一括封止するため，チップは小さいが，全てのチップ上に薄く封止することは非常に難しい。また，ポッティング封止では，封止厚は薄くできるが，マザーボード実装時に問題となるパッケージ表面の平坦性を保証することは難しい（平坦性は，ダイシングによる単個化工程で基準面となるため，非常に重要である）。さらに，フリップチップボンディングの場合，チップを薄くすることでパッケージを薄くできるが，薄いウエファーによるバンピングは，バンピング工程でウエファー割れを起こすためバンピングできない。また，バンピング後ウエファー状態で薄く削ることは，バンプによるウエファー上の凹凸のため，これも難しい。

　CSPパッケージ実装工程は，従来のPBGA実装工程と違い，実装基板上に多数のパッケージが実装されており，封止後，封止樹脂／ICを削ってパッケージを薄くすることは，工程上もコスト上も大きな問題はない。

　この薄型化研磨工程を追加することは，ワイヤーボンディングでトランスファーモールド封止する場合も，封止工程が非常に簡単になるメリットがある。ポッティング封止する場合も，平坦性を確保し，ダイシング工程時の基準面になるメリットがある。フリップチップボンディングの場合も，ボンディング工程までウエファー割れがなくなり，封止時の封止樹脂のチップ裏面への

はみ出しを無視することができる等のメリットがある。

このように，薄型化研磨工程の追加は，工程が長くなるデメリットはあるが，全ての方式でメリットも多いだけでなく，パッケージの薄型化に容易に対応できる。従って，CSPパッケージ実装工程では，封止後の薄型化研磨は非常に重要である（図1参照）。

2.3.4 パッドマーク

パッケージ製造に投入される個々の基板が，100％良品であることはあり得ない。取り個数が多いため，不良場所を特定した基板を集めて実装することもなかなかできない。また，全体封止をするため，基板につけたマークも後で確認できなくなる。最終工程まで，個々のパッケージ部が露出するボール面にマークを着けることは，工程ロスおよびミスの原因となり採用しにくい。

工程上，この不良処理をいかに上手に行うかがCSP実装工程のポイントとなる。

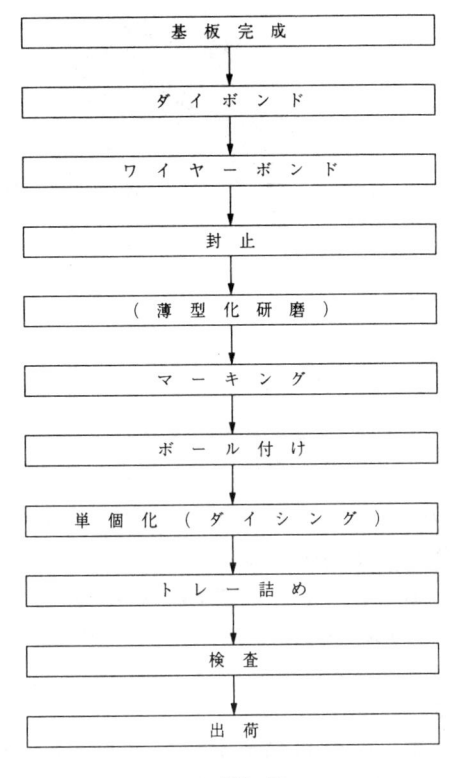

```
┌─────────────┐
│  基 板 完 成  │
└─────────────┘
      │
┌─────────────┐
│  ダイボンド   │
└─────────────┘
      │
┌─────────────┐
│ ワイヤーボンド │
└─────────────┘
      │
┌─────────────┐
│    封  止    │
└─────────────┘
      │
┌─────────────┐
│ (薄型化研磨)  │
└─────────────┘
      │
┌─────────────┐
│  マーキング   │
└─────────────┘
      │
┌─────────────┐
│  ボール付け   │
└─────────────┘
      │
┌─────────────┐
│単個化(ダイシング)│
└─────────────┘
      │
┌─────────────┐
│  トレー詰め   │
└─────────────┘
      │
┌─────────────┐
│    検  査    │
└─────────────┘
      │
┌─────────────┐
│    出  荷    │
└─────────────┘
```

図1　CSP製造工程フロー

2.3.5 ダイシングによる単個化

ダイシングのポイントはダイシング時の基準面（IC面またはボール面）と耳処理である。

IC面基準（ボール面よりダイシング）は，(a)ダイシング後のボール面の単個洗浄が不要である，(b)パッケージ外形に対するボール位置精度が優れている，(c)ボール表面のダイシング後の後処理が不要である，等メリットは多い。

耳処理で大きく問題となる部分は，ダイシング後の基板の4角とFC実装時の不良パッケージの処理である。これらの部分は，ダイシングにより個辺に分離された後も確実に基準面に接着されていないと，これらの個辺によりダイシングブレードが破損したり，良品パッケージを傷つける等の問題が発生する。耳処理は簡単であるが重要な問題である。

写真3 ㈱野田スクリーン製 MAP 型基板

2.4 CSP用材料
2.4.1 基板

　パッケージを薄くするには基板を薄くする必要がある。リジッド基板のよいところは，それ自体がキャリアーとなりうることであるが，基板コア厚が0.15ミリまでは問題ないが，0.1ミリ厚では，従来の0.1ミリプリプレグ基板では基板の腰が弱く，キャリアーとして使えない。そこで，腰の強い基板材料が必要となる。

　BT材では，0.05ミリプリプレグを2枚重ねて0.1ミリコア材とし，腰を強くしたCCL-HL832-HSが開発・市販されている。写真3は，基板製造時，予めビアを穴埋めすることで反りを改善した㈱野田スクリーン製のMAP型基板である。

2.4.2 ソルダーレジスト

　現在PBGAに広く使われているソルダーレジストは無電解金メッキ耐性が良くない。これが，無電解金メッキのボンディング性に大きく影響している。

　ソルダーレジストの密着力だけでなく，無電解メッキ液中へのソルダーレジストの溶出はボンディング性の評価自体に大きく影響するため，早急な改良が必要である。

2.4.3 無電解金メッキ

　良好で安定しているボンディング特性が得られる無電解金メッキは，CSPでは，コストとパッケージ特性に大きく影響する。

　コスト面からみた場合，共通電極の切断を無視し，ボール面よりダイシングできるため，工程が簡単になると同時に，ダイシングソー幅のみを加えたピッチでパッケージを配列できるため，取り個数が増えることで，基板コストを安くすることができる。さらに，メッキ電極の接続が必要ないため，設計時自由度が増し，設計自体が容易になると同時に，フルグリッドパッケージの基板では，表2で示した設計ルールを電解メッキ基板に比べ1段階緩やかにすることも場合により可能となる。

一方，パッケージ特性からみた場合，ボール面よりダイシングできるため，ボール位置とダイシング時のターゲットマークを同じにすることができるため，パッケージ外形に対するボール位置精度が良くなり，狭ピッチパッケージでのマザーボードへの搭載が容易になる。

第3章　CSP実装の方法と実装材料

萩本英二[*]

1　はじめに

　CSP実装の基本的スタンスは，従来の表面実装用PKGと同様，一括リフローが可能であることが条件であり，現実の用途でもそのように使用されている。

　現実に流通しているCSPのパッドピッチは1.0mm未満ということになっていて，0.8mmピッチと0.5mmピッチの2種類がある。EIAJの定義による厳格な解釈によると，FBGAとして規格上は0.65mmピッチもあるが，現実には知られていない。

　実装に関しては実装後の信頼性に対する配慮が欠かせない。ここでは，多く使用されている0.8mmピッチでの実績を踏まえ，0.5mmピッチで生じるであろう課題について述べる。

2　実装方法と実装条件

2.1　温度設定

　一括リフローといっても，熱源がいくつかある。現行では温風ないしは赤外線（IR）加熱と温風併用赤外線（IR）加熱が良く知られており，CSPであっても同様なベルト炉が使用できる。別にそうでなければならないという制約ではないが，熱ストレスの面からは，熱容量の小さいCSPなので，加熱方式としては，温風ないし温風併用IR加熱が望ましい。

　実装条件の留意点も同様で，CSP単独のものはない。多くは他の部品と混載されて，該当ボードとして実装条件が規定される。特にCSP特有の課題はないが，CSP単独では熱容量が小さいので温度設定を低くした方が良いのであるが，そうすると大型部品との混載が難しくなる。図1に，その様子を示す。

　図1によれば，使用はんだの融点を越え，規定した最高温度に至るまでの温度範囲にリフロー加熱域を設ける。通常，耐熱性のない部品に合わせて最高温度が設定される。部品の熱容量が大きいとなかなか部品温度は上がらず，加熱域に達するところで，ようやく，はんだが溶けることになる。一方，CSPのような小型部品はあっという間に温度が上がるが，今度は上がりすぎる心

　　＊　Eiji Hagimoto　　日本電気㈱　　半導体高密度実装技術本部　　実装開発エキスパート

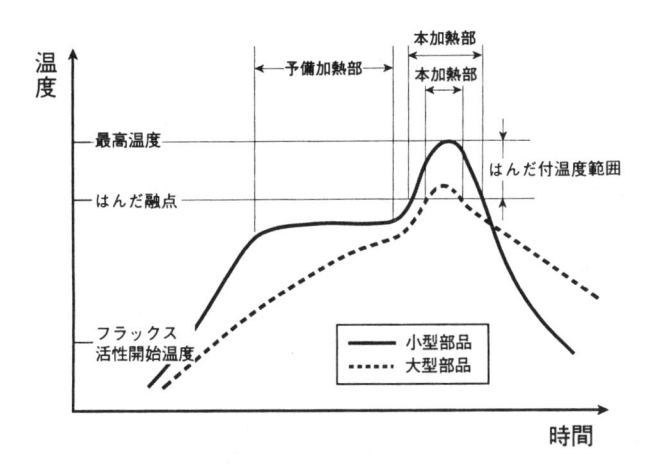

図1 熱容量の異なる部品の昇温特性

配をしなければならず，上限温度に達しないようにしなければならない。

現実のBGAやQFPを混載する例を図2に示す。対象としてはBGAであるが，PKGの持つ熱容量で大きく変わることがわかる。こうした事情はCSPでも当てはまる。

現状は，比較的熱容量の大きいQFPとの混合搭載が多いと考えられ，熱容量差が大きいので温

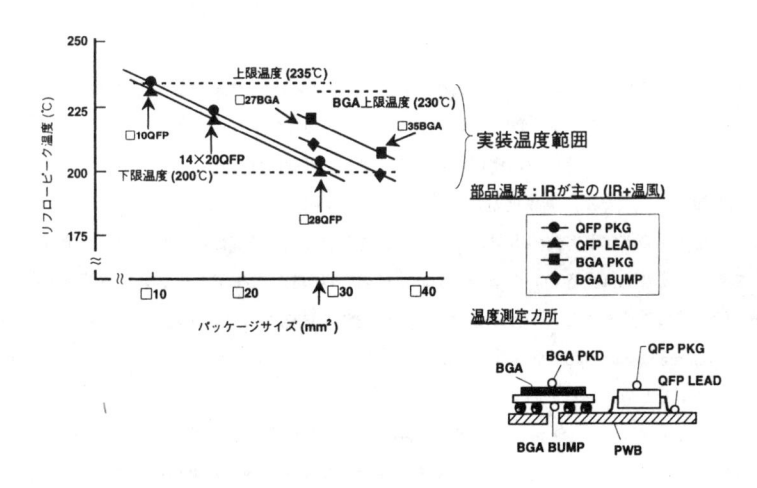

図2 リフローにおける部品サイズの制限

度設定には気を使う必要がある。

しかし，これもBGA/CSPといった面実装PKGの普及に伴って，熱容量の課題は薄れてきて，CSPのような小型部品に温度設定を合わせるようになるものと考えられる。

2.2 温度プロファイル

温度プロファイルでも，今までの条件と大きく離れているわけではない。通常ならそのままでも使用できるであろう。留意する点としては，はんだ内ボイドの発生を防止することである。

SMDであるQFPでは，たとえ少々はんだ内部にボイドがあっても強度が維持できる。実際に実装されたQFPのリードを剥がしてみると，外観が正常であっても，たくさんのボイドが見つかることがある。

BGAの場合，接続主体がはんだであり，QFPのようにはんだが接着剤として限定された機能を果たすよりも大きな機能を分担している。従って，ボール付け根にボイドが集中するとボールの強度が劣化することがあり得る。

ボイドの発生しにくいはんだペーストを使うことはもちろんだが，リフロー条件でも，最高温度域に至る予備加熱域でペーストの揮発分を十分抜いておくことが必要である。

2.3 予備はんだ

通常の一括リフローとともに，はんだクリームのスクリーン印刷により，実装基板上に予備はんだを設けることが行われている。この予備はんだは，CSPのボールピッチがファインとなると難易度が上がってくる。

0.8mmピッチであると，0.4mmピッチのQFPを実装できる実力があれば，ほぼ現状技術でいける。0.5mmピッチとなると少々難しくなり，スクリーンからのクリームはんだの抜けが思わしくなくなってくる。はんだ粒を微細化したり，スクリーンの開口部の仕上げなどが大きく効いてくることが知られているが，実装技術レベルに依存している。

こうした作業の実体が実装の歩留を分けることになるので，予備はんだがきちんと付いていることを確認する意味は大きい。従来から0.4mmピッチのQFPでは採用された実績があるが，スクリーン印刷後に外観検査を行い，予備はんだの完全性を確認することが効果的である。

今後，0.5mmピッチのCSPやさらなる狭ピッチのCSPを実装する場合には，こうした実装前検査が必須になると考えられる。

実装の実務面で言えば，予備はんだが十分供給されていれば，リフローでの実装不良は驚くほど少ないのが通常である。溶融はんだによるセルフアライメントの効果が機能しているのだが，こうしたことは経験してみないとなかなか理解しがたいことなのかも知れない。

徐々にではあるが，QFPよりも扱いやすいとのセットユーザーも現れてきており，様々な課題がありながら，普及が進行している。

2.4 CSPの基板上のレイアウト

これは実装方法に入れて良いのか疑問のあるところだが，実は，この実装基板上のCSP位置による実装信頼性に及ぼす影響が無視できないことがわかってきた。

すなわち，通常CSP側での破壊ポイントははんだボールの付け根であり，そこは形状的に応力集中が生じる場所である。しかし，発生する絶対応力が小さいのであれば，問題ない範囲であり，はんだボールに余分な応力を生じさせない工夫の意味がある。例えば，加熱により膨張係数の違いから膨脹差が生じるが，そのとき，実装基板が反って，その延びを吸収してしまうと，発生する応力値が下がることになる。図3にその様子をシミュレーションした例を示す。

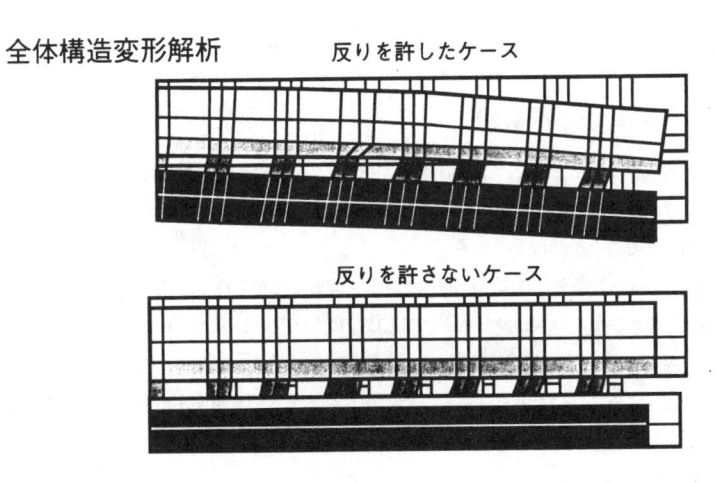

全体構造変形解析　反りを許したケース

反りを許さないケース

図3　実装基板の反りとボールの変形
［引用：信学技報，1CD94-159（1994-11）］

これを，そうした実装基板が変形できないような状態，例えば，両面実装などで，そうした曲げ変形ができないようにしておくと，もろに熱膨脹差によって生じた応力がはんだボールに加わり，破壊を加速する。先にソニー㈱によって発表された，両面実装基板での信頼性レベルが片面実装のおよそ1/2，というデータもこれで説明がつくことになる。

また，そうした，基板の拘束条件を変えた場合のデータとして，シャープ㈱から発表されたものを，図4に示す。

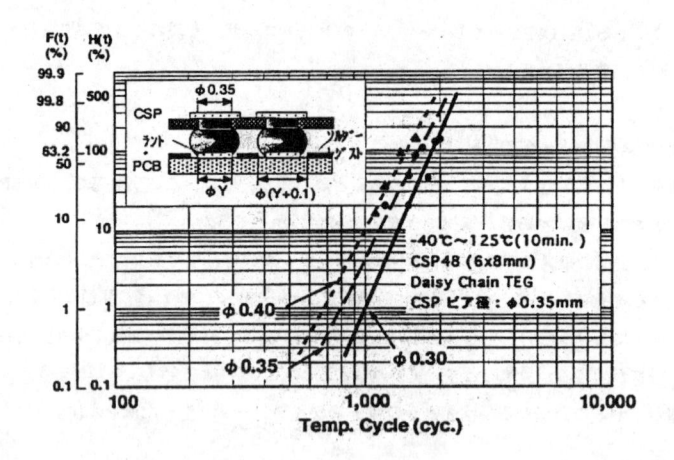

図4 実装基板ランド径の影響
（シャープ）

このようにオフセットした方が良い結果が出ており，従来，定性的に言われていた高密度実装が起こす課題が明らかになりつつある。先人達のこうしたデータが有効に活かされ，続々とデータが公開されることを期待している。

しかし，こうした現象は将来，FCやベアチップ実装でも起き得るものであり，こうした場合の対処の仕方を検討するのも必要である。例えば，従来部品のレイアウトをシミュレーションしてみると，電気的にも熱膨張的に見ても最適な部品レイアウトがあるはずで，それを探すような設計手法が確立することになろう。こうした手法も高密度実装を指向すると必須になろう。

2.5 修 理

実装不良を生じたCSPの修理については，実装状態が目視できないことから，初期の頃にはX線等による可視化が検討されたが，もともとセルフアライメントによって実装不良の発生が極端に小さいことから，現状でもリペアの機会はそう多くはない。しかし，使用する基板が高価であったり，既に他部品が搭載されて付加価値が付いている基板を廃棄することはできないので，技術的には重要である。

現状であると，携帯機器を中心にしたCSP搭載の実装基板サイズはさほど大きくない。そこで，一般的には部品搭載基板をヒータブロックなどで予熱しておき，不良CSPの部分をさらに赤外線加熱や熱風で加熱してやると，該当CSPのみ取り外すことができる。

携帯電話のような小さな基板では，既にそうしたリペア装置の実績があると聞いている。例えば，㈱光輝のRD-100Kといった装置が知られている。

3 実装材料

実装材料としては，はんだボールと基板側にあらかじめ塗布されたクリームはんだということになって，はんだが一般的である。

3.1 はんだ材料
3.1.1 はんだの性質

通常，Sn/Pb合金のはんだが使用される。Pbを使用することについては，現在，環境に対する配慮から課題が出ている。搭載部品に耐熱性の無いものがある場合には，その耐熱性を考慮した，さらに第3の金属で合金化して，さらに低融点としたはんだが使用される場合がある。

いずれにせよ，組成については，共晶状態が推奨される。それは，一般に合金化すると融点が下がるが共晶組成時に一番低いこと，そして，エリアアレイタイプのPKG，例えばBGAに使用するはんだはその溶融はんだの表面張力を利用して搭載位置出しを容易にするため，低温で液体状態を作りやすい共晶はんだが有利だからである。

固層と液層が混じるような温度域をもつ共晶以外の合金組成では，融点温度が高い上，短い時間で通過する加熱域で十分熔けず，セルフアライメントの効果を発揮できないことがあり得る。

3.1.2 信頼性に与える影響

Sn/Pbはんだは，いわゆる熱粘弾性体として非常に特異な性質を持っている。こうした金属は，常温であっても，その性質上，クリープ特性を考慮しなければならない。

クリープとは，高温下で使用される材料に言われる特性で，一定荷重を掛けていると伸びがどんどん進む現象を言う。タービンや原子力容器などの高温下に力の掛かるような部材には必須の内容である。一般的に金属材料の絶対温度で比較して使用温度と融点の比が1/2を越えると，クリープ特性を考慮しなければいけないが，はんだは常温でも298°Kであり，0.65となって1/2を越えているからである。

はんだ接続の信頼性では，上記クリープ特性を考慮に入れないと，加速試験としての温度サイクルの結果判断を誤る可能性がある。温度域や放置時間，昇温特性などの試験条件が異なると，材料特性から不良モードそのものが変わる可能性があり，また結果に及ぼすはんだや実装基板の影響が比較しにくくなるからである。

例えば，温度サイクルの温度レンジが異なると，不良モードが異なることが知られている。従来のMILに準拠した試験条件では，温度範囲が大き過ぎる可能性がある。有機基板はある温度

（T_g：おおよそ130～150℃前後）で熱膨張係数が異なるので，T_gを越えた範囲のテストでは現実に起き得ない不良モードが出かねない。

現在，こうした試験条件の標準化が検討されており，ある基準でデータの蓄積が図られることが望ましい。

また，破壊の測定も常時モニターしておく必要がある。高温時に不良個所のクラックが口を開いてオープンになっても，室温では閉じて正常に戻ってしまう場合があり，判断を誤るからである。最近では市販品が手にはいるようになった。例えば，楠本化成（株）の接続信頼性評価システム MLR20 が挙げられる。

かつて，モールドPKGでPCTがクリアすべき信頼性指標となった（今でも主張される場合がある）が，加圧環境は現実には存在せず，製品評価には適切でないと言える。もともとは材料開発時の判断指標であったのが，いつの間にかPKGの是非を左右するようになってしまった過去の事例を見ても，信頼性試験の意味が使用環境の加速試験としての意味を期待して行うのであれば，合理的な試験条件の統一を考慮していく必要がある。

3.1.3 鉛フリーの動向

はんだの成分であるPbが人体に毒であり，容易に廃棄され，人体に摂取されるおそれのあるところから，鉛フリーが言われており，鉛の使用を制限，禁止する動きがある。一方で，鉛に代わる材料があるかというと，現在までのところ，Sn/Pb合金に匹敵するものが見つかっていない。

接続の基本はSnが分担しており，合金化しにくいPbは添加元素としての役割であるから，Sn系の低融点合金が検討されている。現状であると，少々融点が上がるが，Sn/Ag系にさらに別の元素，例えば，Cu, Bi などを混ぜた合金が有望視されている。

しかし，基板に実装される電子部品の外形はどんどん小型化しており，耐熱性の余裕がなくなりつつある。また，現状の部品材料で耐熱性の無いものもある。現実的には，1種類のはんだ代替物で済まず，何種類もの代替物を用途に合わせて使い分けることになりそうだ。

3.2 アンダーフィル材料

CSPを実装する製品は携帯用途が多いため，信頼性の面では，機械的な強度が重視される。顧客の使用環境からラフハンドリングが予想されるためである。

現状では，定まった標準的な試験条件があるわけではないが，膝の高さからの落下，机の高さからの落下，キー操作による基板変形の影響といった実用的なファクターを定めて評価することが実務的に行われている。

そうした試験では，基板の変形によりCSPに曲げ応力が加わると接続部に大きな力が加わるので，温度サイクルテストのように，はんだボールないしはその周辺でクラックを生じる場合があ

る。中でも落下に伴う衝撃力による実装基板の曲げ変形が与える応力は厳しく，従来のQFPのようにリードがそうした衝撃力を吸収してくれるわけではないので問題となる。

　これらも，実装基板のハウジングに対する固定方法を考慮して，衝撃の掛かる時間や曲げ変形を抑える工夫で緩和できるが，セットの内容によっては必ずしも採用できるとは限らず，CSPの実装状態で解決することが求められている。

　このために，一般的に知られているのが，FCで採用されているアンダーフィルである。CSPを基板と一体化して曲げ変形による応力を分散させることを狙ってのことだが，工数が掛かる点はQFPに比較して不利となる。

　CSPのみならず，BGA実装一般のこうした実装にまつわる工夫は，ようやく緒についたばかりである。CSP単体に対して過酷な要求をするだけでなく，セットを応力緩和システムと見て，基板，外装構造，CSPといった構成部品全体を含むシステム全体での解決策が望まれる。

4　実装基板

　本節では，基板材料に言及するのは他節と重複することになるので，実装信頼性との関係について述べてみたい。すなわち，実装基板との組み合わせで，換言するとデバイスとPKGと実装基板（技術）の3要素を考えねば，高い実装信頼性を達成できない。図5にその様子を示す。

　従来のPKGのみでの評価では，信頼性の保証をすることができない。デバイスとPKGと実装基板（技術）を含んだシステムとして位置付け，対処することが必要となる。この点は，従来のSMDであるQFPの取り扱いと決定的に異なる。

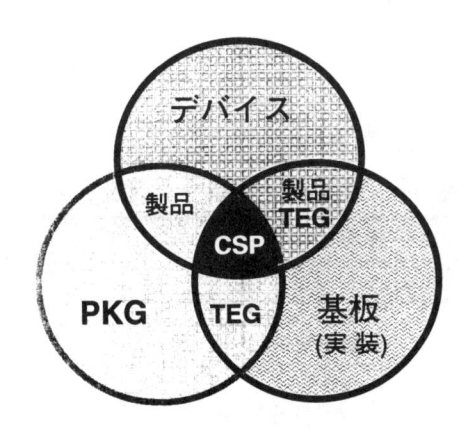

図5　CSPの信頼性マップ

また，CSP搭載の基板の多くは，高密度配線を必要とするため，従来のサブトラクト基板でなくビルドアップ基板となることが予想され，基板製法の良否が実装信頼性に及ぼす影響度も大きいところから，基板自体の信頼性を確認することも重要である。

実際に実装不良品を解析してみると，必ずしもCSPが破壊したケースばかりでなく，基板側配線が断線したケースもあり，不良品は該当部分を断面カットするなりして不良原因を確認しないと，的確な不良対策を誤る。

ビルドアップ部分はガラスなどの基材が入っていない場合が多く，膨張係数もベースの基板よりも大きくなっており，銅箔のピール強度が比較的低いので，注意が必要である。また，ビルドアップ層の層数が増えてくると，層間の配線段差が大きくなり，温度サイクルなどのストレス試験に耐えられなくなる。現在，2層までが一般的であり，これ以上の多層とするには，何らかの製法上の工夫が必要であろう。

これらの事情は，CSPと基板がはんだを介してダイレクトに接続されていることに起因している。したがって，CSP，はんだ接続部，基板の3部材間における力のバランスを考慮せず，一部の強化のみでは，単に不良発生箇所が移るだけで，高信頼性結果を期待できないことになる。例えば，強度を上げるために剛性を上げるのみでは，他の弱い部分にしわ寄せされて，その部分に破壊が生じるだけである。ヤング率の低い材料を使うなど部材の変形能を高める工夫が求められる。図6に考慮すべき部位について示す。

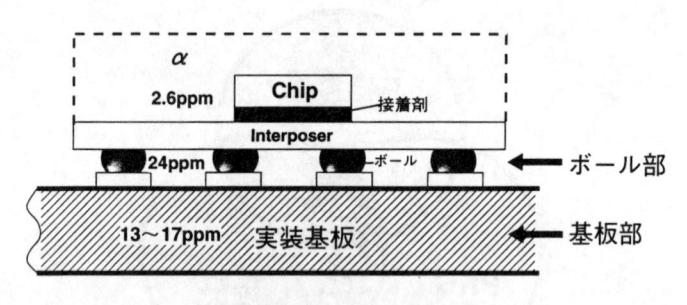

図6 BGA/CSPの耐T/C性対策

基板での対策では，表面のランドのサイズが影響することが知られている。当然であるが，基本的には基板側とCSP側とのボール付け根における応力を過大に集中させないための工夫が必要

である。基板側だけランド径を大きくしても，CSP側に応力集中してしまうので，付け根の寸法が同じ程度になるようバランスを取ることが必要である。

はんだ材料面では，共晶はんだ以外では高温はんだやCuコア入りはんだボールがあり，強度を上げることができる。ただし，これは溶融はんだの表面張力を減殺するので，実装歩留まりとのトレードオフとなりかねない。

また，この部位ではアンダーフィルの手法が効果があることは前に述べた。CSPに関する強度では，PKGが薄いほど曲げ変形に対する耐性が向上する。曲げ剛性は厚みの3乗で効いてくるからである。将来動向としてCSPは薄くなることが期待されているが，同時に温度サイクルに強くなることになる。

5 まとめ

CSPは従来の延長線上に載るものでなく，新たなインフラ，すなわち実装基板はもとより，実装方法などの技術レベル，ソケットなどのフィクスチャー，CSPを取り囲む技術インフラが必要な市場創造型のPKGである。そして，信頼性も顧客を巻き込んだ形でしか保証が難しくなるとともに，周辺インフラの整備状況がBGA/CSP実装の進展に大きく影響を及ぼす。

CSPは，もはや一過性の単なる小型PKGの領域を越えて，BGA，CSPそしてFCへと繋がる面実装PKGの重要な一翼を担っており，PKGとしても究極の形態と言ってよい。今後続くであろうさらなる高密度実装のインフラがCSPによって培われ発展することを願う。

第4章　マルチチップモジュール (MCM) と材料

角井和久[*]

1　はじめに

近年の傾向として，省スペース，可搬・携帯性を重視したノートパソコン（ノートPC）に人気が高く，各社ユニークな製品が開発され，性能や操作性を落とさず小型・軽量で携帯性に優れたものが数多く出荷されてきている。これらの製品は，それぞれにシステム的新技術を盛り込み，小型・軽量化技術として実装技術で新技術を生かしたものが多い。

本章では，サブノートPCに採用した小型・軽量化技術に寄与したマルチチップモジュール（MCM）技術について述べる。

MCMは，これまでパッケージ化されたMPUや半導体チップをマザーボードに実装する，いわゆるSMT技術が中心であったが，MPUとその周辺チップにベアチップを採用し，当社の小型実装技術（ソルダーレスフリップチップ実装技術）でMCMとして完成させた。

2　MCM技術

2.1　ソルダーレスフリップチップ実装技術

当社では，1994年，他社に先駆け，プリント配線板上に市販のベアチップを接着剤を使用して搭載する技術を開発した。この技術は，当社の超小型（ポケット型）ワードプロセッサに採用された。

この製品の実装技術は，ベアチップ

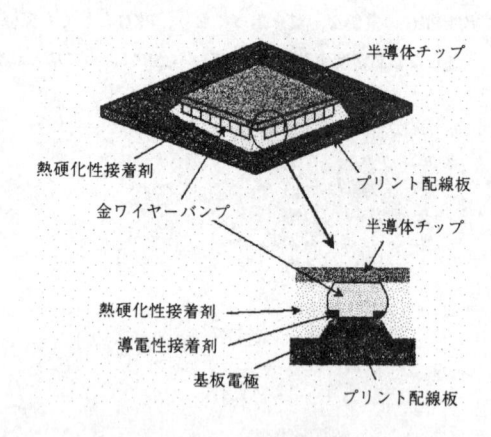

図1　接合構造

---

[*] Kazuhisa Tsunoi　富士通㈱　テクノロジ本部　第二テクノロジ統括部　実装技術開発部　プロジェクト課長

1個がプリント配線板上に搭載されているもので，プリント配線板は一般のガラスエポキシ材を使ったパターン配線が120μmピッチの汎用技術であった。

本技術の構造（図1）は，半導体チップに金ワイヤーを使ってバンプを形成し，そのチップを導電性接着剤と熱硬化性接着剤を用いて基板電極と接合している。安定した接合とチップを保護するために，熱硬化性の接着剤を半導体チップとプリント板の間に均一に充填している。

2.2 フリップチップ実装技術の必要性

ノートPCを小型・軽量化する場合，ハードディスク（HDD），電池パック，キーボード等は性能・操作性に影響するため構造，機能を変えることはほとんどない。従って，メインボード，冷却部品，筐体等が小型・軽量化の大きなポイントとなる。

小型・軽量化の解決策として，メーカーによっては，マザーボードへ搭載する部品を半導体集積技術でASIC化して対応する例もある。しかし，我々は，流通している最新の部品を集めて，素早くそれをモジュール化する方式をとっている。周知のように，パソコンの製品寿命は短命化の一途をたどり，今や年に数回のサイクルで新製品が登場する。メーカーにとって製品開発の遅れは致命的であり，最新機能でコストパフォーマンスの良い製品をタイムリーに実現すること（Time to Market）が重要である。

この解決策の一つが高密度実装技術を生かして部品のモジュール化を実現することである。そして，この高密度実装技術を支える最新技術がフリップチップ技術で，その重要性がますます高まってきている。

2.3 フリップチップ実装における課題

ベアチップの採用にあたっては，常にマイクロBGAとの比較がされる。ここでは長所，短所を簡単に整理してみる。

(1) KGD（Known Good Die）の供給

マイクロBGAの場合には，供給元で出荷試験が施されるため，ユーザーは安心してその素子を使用することができる。ところが，ベアチップの場合には，特定のメーカーを除き，まだフルスペックで出荷試験をできる環境が整っていない。このため，100％試験が実施されていない素子の採用は，ユーザサイドのリスクが大きく，ベアチップ適用に踏みきれないユーザも多いのが現状である。

(2) コストダウンタイプFCA（Flip Chip Attach）方式

一般に，はんだを使用したC4（Controlled Collapse Chip Connection）が広く採用されている。この場合は，ベアチップの端子にあらかじめ，めっき法等ではんだが形成され，ユーザに供給さ

れる。

　ところが，めっき処理を行うことで，未処理品と比較して若干コストが上がることは明白である。このため，一般の未処理ベアチップを購入，採用する方が低コスト化を図れると考えられる。

(3) リワーク

　(1)項でも述べたが，仮に不良ベアチップを実装してしまい，最終試験で不良が発覚した場合には，それのリワークが必要となる。さらには実装ミスによる不具合発生の場合も同様であり，リワーク技術はベアチップ実装にとって重要技術と考えられる。

2.4 フリップチップ実装
2.4.1 実装フロー

　実装フローについて述べる。まずベアチップに金ワイヤーを使用してバンプを形成する。このままでは，バンプ高さにバラツキがあるので，バンプ高さを均一にする。この状態で，バンプ先端に導電性の接着剤を塗布する。そして，チップをプリント配線板に位置決めし，搭載する。こ

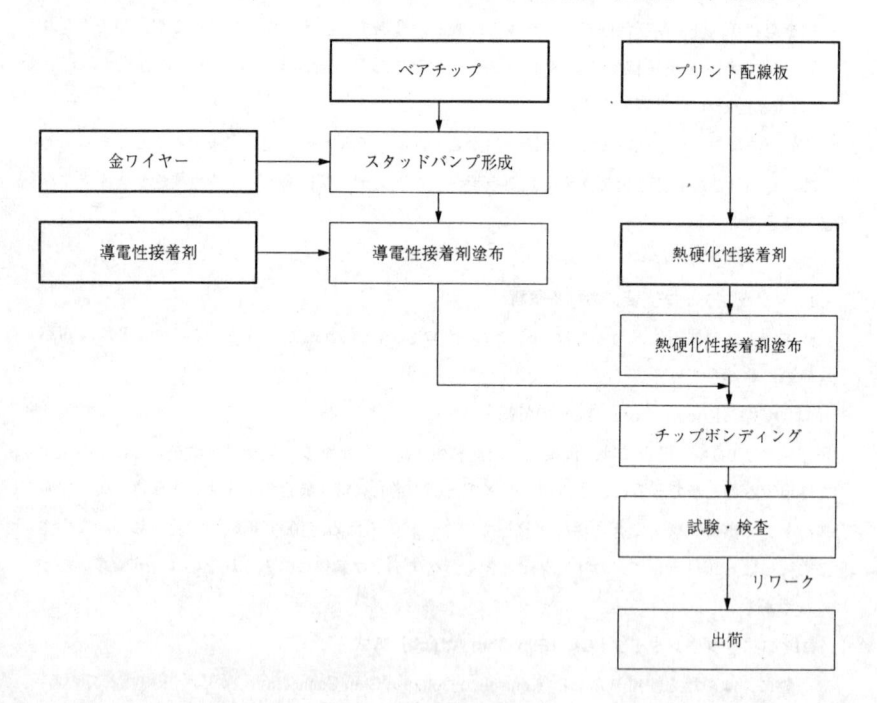

図2　ベアチップ実装フロー

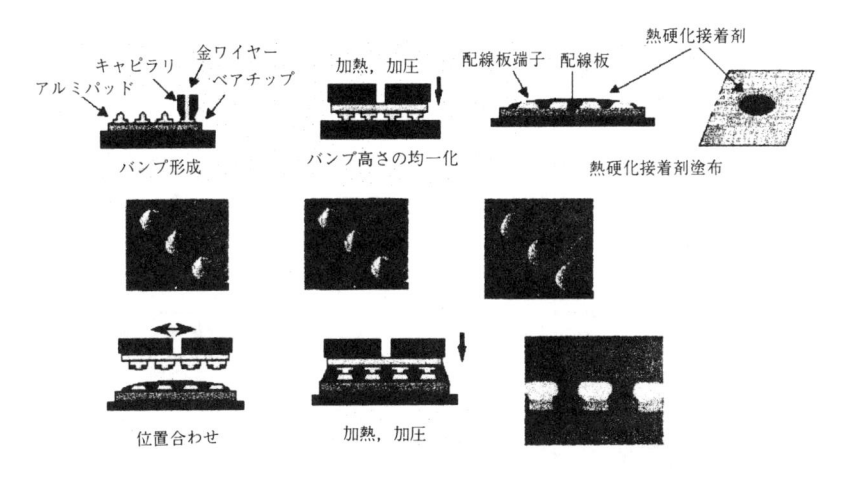

図3 ベアチップ実装フローの概要

の時にプリント配線板上には，あらかじめ熱硬化性接着剤を塗布しておき，搭載時の熱と圧力により接着剤の硬化で接合をとる。ベアチップ実装のフローを図2，図3に示す。

2.1項で，1994年に当社が開発したソルダーレスフリップチップ実装技術の製品紹介をしたが，年を経るとともに半導体チップの端子ピッチは狭ピッチ化が進み，現在では当時の120μmから85μmまで進んでいる。このため，PC用MCMを実現するには，高密度プリント配線板，ベアチップ実装方式およびそこに適用する接着剤の新規開発が必要となった。

以下，これらの要素技術について紹介する。

2.4.2 高密度プリント配線板

ベアチップ端子ピッチ85μmの対応とプリント配線板のシュリンク化のため，配線ピッチとスルーホール孔径の縮小化が必要となった。このため，一般の積層板の上に，層を積み上げるビルドアップ基板を採用することとした。

この方式をとることで，配線ピッチの縮小化が図れ，さらには各層間の接続に小径のビアを採用できるため，配線率の飛躍的向上が図れた。表1に仕様を示す。また，その断面写真を写真1に示す。

2.4.3 導電性接着剤

導電性接着剤は，ベアチップにバンプを形成後，平坦化し，その後，バンプの先端に転写して供給する。この際に粘度のコントロールが重要なポイントとなる。代表特性について表2にまとめた。

表1 ビルドアップ基板の仕様

項 目	ビルドアッププリント配線板	従来プリント配線板（参考）
材料	ビルドアップ部＝感光性エポキシ樹脂 コア部＝FR-4	FR-4
層数	8（コア部＝4／ビルドアップ＝4）	8
板厚（mm）	0.75	1.2
導体厚さ（μm）	ビルドアップ層＝12／コア層＝35	35
ライン／スペース（μm）	50/50（端子部＝40/45）	100/154
スルホール孔径／ランド径（μm）	ϕ200（コア部孔埋め）／ϕ420	ϕ350（貫通）／□600
フォトビア孔径／ランド径（μm）	ϕ100／ϕ100	
サブストレートサイズ（mm）	50×50	100×100
サブストレート重量（g）	5.9	34.7

2.4.4 熱硬化性接着剤

チップの端子ピッチは85μmと非常に狭くなっており，熱硬化性接着剤の選定が非常に重要になった。このため，従来の市販タイプよりも，実装性，信頼性，ハンドリング性に優れた高機能接着剤を富士通研究所で独自に開発した。不純物の含有率を下げて絶縁性を高め，従来タイプの約1/3の硬化時間にしてチップ実装時のスループットも向上させた。代表特性を表3に示す。

さらに，10μmギャップの櫛形パターンによる絶縁評価を行い，良好な結果を得ている（接着剤-2タイプ）。評価結果を表4に，テストパターンを図4に，経時変化を図5に示す。

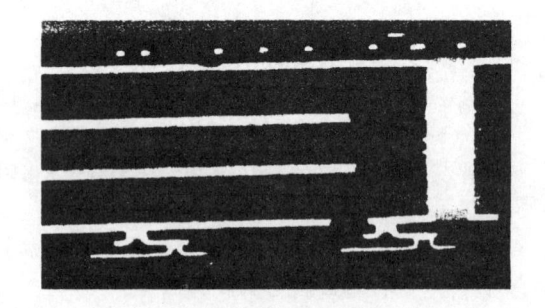

写真1 ビルドアップ基板の断面

表2 導電性接着剤の特性

項目		内容
接着剤の種類		エポキシベース
フィラー		Ag系
特性	粘度	20000cps
	ゲルタイム	170℃／30秒
	シェルフライフ	－30℃／6ヵ月 RT／2週間
	熱膨張係数	40ppm／℃

2.4.5 実装条件

ベアチップの端子ピッチ$85\mu m$の実装を可能とするため，従来のバンプ形成条件を見直し，バンプの縮小化に対応した。さらに，チップ搭載精度を向上させるため，設備のセンシング技術も改良を加えた。

また，ビルドアップ基板では，絶縁層にガラスクロスを含まないので，絶縁層の変形が大きく，過剰変形で基板のパターン・パッドでチップの回路面にダメージを与えるおそれがある。このため，実装圧力は慎重に設定・コントロールしなければならない。そこで，図6のようにビルドアップ基板の変形特性を調査し，実装の加圧力を決定している。

図6からわかるように，ガラスエポキシ基板に比べ，ビルドアップ基板は設定加重を低く抑え

表3 熱硬化性接着剤の特性

項目		内容
接着剤の種類		エポキシベース
フィラー		シリカ／アルミナ
特性	粘度	10000cps以下
	硬化時間	10～30秒
	ヤング率	1000kg/mm^{2}以下
	硬化収縮率	2％以下
	ガラス転移温度	125℃ 150℃以上
	不純物イオン濃度 Na$^+$ K$^+$ Cl$^-$	 1ppm以下 1ppm以下 10ppm以下
	吸水率	0.5％以下
	熱膨張係数	100ppm以下
	α線	5ppb以下

表4 熱硬化性接着剤の信頼性評価結果

項目	条件	結果
高温放置試験	130℃／1000時間	0/20サンプル異常無し
高温高湿バイアス試験	85℃／85％RH／5.5V／1000時間	0/20サンプル異常無し
温度サイクル試験	－55～125℃／1000サイクル	0/20サンプル異常無し

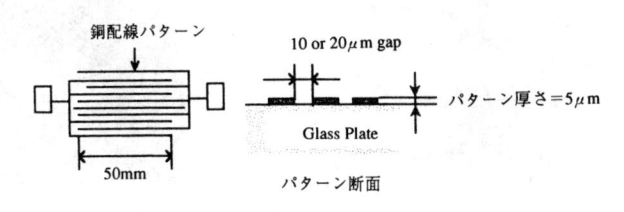

図4 熱硬化性接着剤のテストパターン

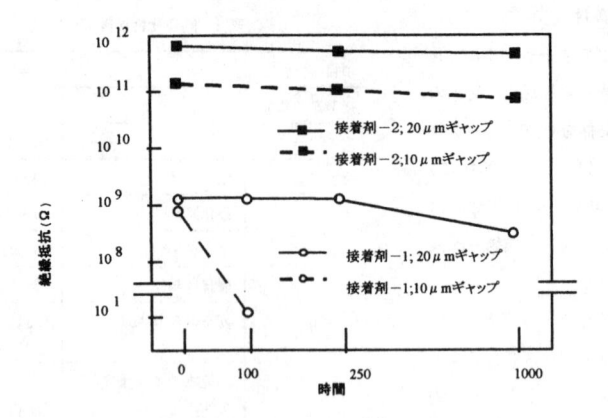

図5 絶縁特性の経時変化

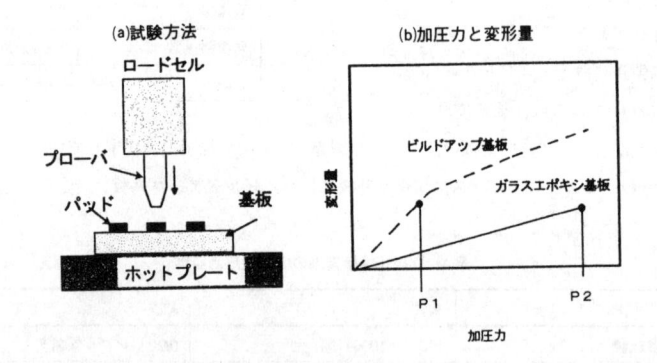

図6 基板パッドの荷重・変形特性
(a)試験方法
(b)加圧力と変形量

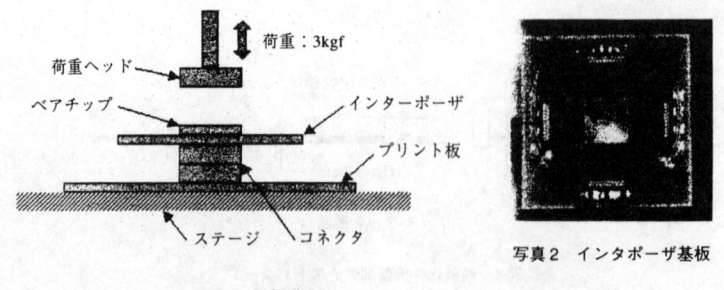

図7 評価構造

写真2 インタポーザ基板

表5 リワーカブル接着剤の評価結果

接着剤	耐リフロー	TC	PCT	取り外し	再搭載	耐リフロー	TC	PCT
1	OK	NG	NG	OK	OK	OK	—	—
2	OK	OK	OK	OK	OK	OK	OK	OK
3	OK	NG	NG	OK	OK	OK	—	—
4	OK	NG	NG	NG	—	—	—	—
5	OK	NG	NG	NG	—	—	—	—
6	OK	OK	OK	OK	OK	OK	OK	OK

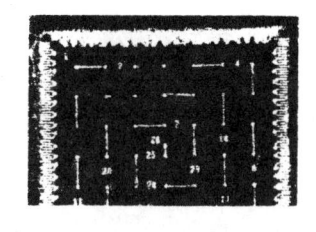

写真3 リペア直後　　写真4 拭き取り後

る必要がある。最終的な加重は，接合の信頼性も考慮して決定した。

2.4.6 打鍵評価

ノートPCの装置厚さを薄くするために，極力，付帯部品を削除した構造をとることが必要になってきた。このため，キーボードの打鍵時の衝撃がベアチップに直接加わる可能性が高くなり，打鍵衝撃による信頼性を確認した。評価部材の構造とインターポーザ基板を図7，写真2に示す。

評価判定は打鍵1,000万回後の導通抵抗，試験中の瞬断，ベアチップ外観および接合部観察で行った。常温，90℃雰囲気での評価を実施し，問題が無いことを確認した。この結果から，はんだボール接合等と同等以上の接合信頼性を確認できた。

2.4.7 リワーク

2.4.4項で述べた熱硬化性接着剤を使用した場合のリワークタクトをさらに向上させるため，新規の接着剤を開発している。評価サンプルでの信頼性評価が完了し，実用化の見通しを得ることができた。

6種の接着剤での評価結果を表5に示す。2種で問題の無いことを確認し，最終的に1種に絞り込み，最終評価を行った。結果として，前処理（リフローストレス）後の温度サイクル／PCT／高温放置／高温高湿放置／温湿度サイクル試験を実施して，良好な結果を得ている。

表6 サイズ，重量比較

	従来方式（SMD実装）	MCM化
サイズ（mm）	110×90	50×50
重量（g）	55	16

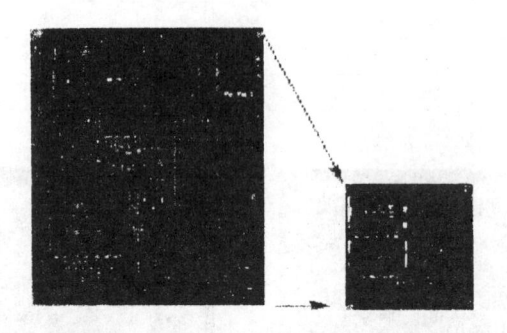

写真5 ベアチップ使用による小型軽量化の効果

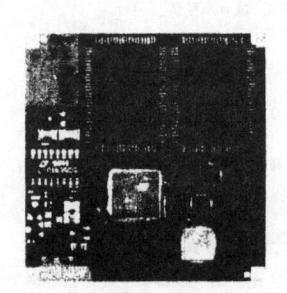

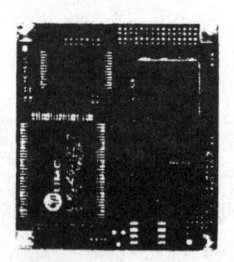

50*50mm　　42*46mm　　36*41mm

写真6 MCM推移

写真3,4にリペア後，拭き取り後の状態を示す．

3　MCMの製品化

上記した技術でノートPC用のMCMを製品化（写真5）して，サイズで約75％の削減，重量で約70％の削減を実現した（表6）．

写真6は当社のMCMの推移を示す．

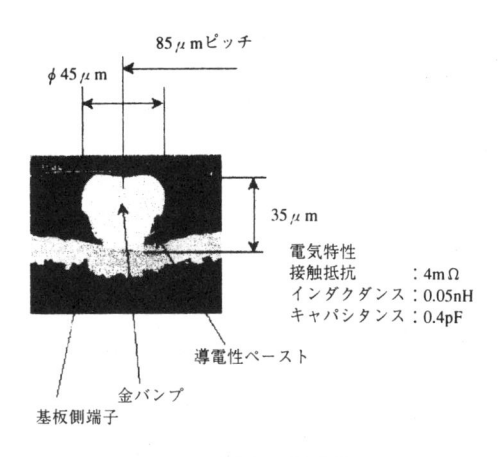

図8 接合部の電気特性

電気特性
接触抵抗　　　：4mΩ
インダクタンス：0.05nH
キャパシタンス：0.4pF

(図中ラベル: 85μmピッチ, φ45μm, 35μm, 導電性ペースト, 金バンプ, 基板側端子)

4 信頼性評価

4.1 接合部における電気特性

接合部の電気特性を図8に示す。接触抵抗値は4mΩと非常に小さく，良好な結果が得られている。さらに，インダクタンス，キャパシタンスも，一般のパッケージと比較して1桁以上低いことが確認できた。

写真7には接合部の断面形状を示す。

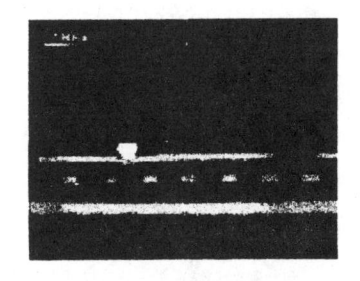

写真7　接合部の詳細

表7　MCM信頼性試験結果

項目	条件	結果
高温バイアス試験	135℃／5.5V／600時間	25MCMで異常無し
高温高湿バイアス試験	85℃／85%RH／5.5V／1000時間	25MCMで異常無し
温度サイクル試験	−65～125℃／500サイクル	25MCMで異常無し
PCT	121℃／100%／2.1atm／48時間	25MCMで異常無し
振動試験	10～500Hz／10G	25MCMで異常無し
衝撃試験	500G	25MCMで異常無し

4.2 信頼性評価結果

MCMの信頼性試験結果を表7に示す。この試験はシステムレベルの評価試験で，製品の実使用環境を考慮して決めた。

5 まとめ

小型軽量化の実現手段の一つとして，ベアチップ実装採用は有効である。これらの効果を見極め，適用拡大に努めたい。また，今後は，このはんだを使用しない技術が適用され，環境にやさしい技術として選択されることを望む。

また，パソコンの個人向け底辺の拡大やモバイルオフィスの拡大に伴い，ノートPCの需要はますます大きくなっている。特に，その特徴から，省スペース（デスクトップ代替）型としての用途にとどまらず，携帯型（モバイルPC）としての変貌も著しい。

実装技術は，システム技術に比べ顧客からは見えにくいが，その範囲は多岐に渡り，優劣が製品の差別化を大きく左右するキーテクノロジーである。今後とも，顧客満足度の高い製品をタイムリーに提供できるよう，実装技術からのソリューション開発に一層努力していく所存である。

文　献

1) 角井和久：ソルダーレスフリップチップ実装と実用化について，フリップチップ実装技術と信頼性向上策セミナーテキスト(1996.12.3)
2) H. John : Law, "Flip Chip Technologies", McGraw-Hill, ISBN 0-07-036609-8 (1996)
3) 平野由和：携帯型ノートパソコン用MCM，第11回回路実装学術講演大会論文集，p27-28 (1997)
4) 前野善信，草谷敏弘：ノートPC用MCMサブストレート，第11回回路実装学術講演大会論文集，p29-30(1997)
5) Baba. Shunji : Low-cost Flip Chip Technology for Organic Substrates, *FUJITSU Sci.Tech J.*, VOL.34
6) 角井和久：SMTフォーラム，ノートブックPCにおける先端実装事例(1998.10)

《CMC テクニカルライブラリー》発行にあたって

弊社は、1961年創立以来、多くの技術レポートを発行してまいりました。これらの多くは、その時代の最先端情報を企業や研究機関などの法人に提供することを目的としたもので、価格も一般の理工書に比べて遙かに高価なものでした。

一方、ある時代に最先端であった技術も、実用化され、応用展開されるにあたって普及期、成熟期を迎えていきます。ところが、最先端の時代に一流の研究者によって書かれたレポートの内容は、時代を経ても当該技術を学ぶ技術書、理工書としていささかも遜色のないことを、多くの方々が指摘されています。

弊社では過去に発行した技術レポートを個人向けの廉価な普及版《CMC テクニカルライブラリー》として発行することとしました。このシリーズが、21世紀の科学技術の発展にいささかでも貢献できれば幸いです。

2000年12月

株式会社 シーエムシー出版

モバイル型パソコンの総合技術 (B742)

1999年　9月27日　初　版　第1刷発行
2005年　2月24日　普及版　第1刷発行

　　　　監　修　　大塚　寛治　　　　　　　Printed in Korea
　　　　発行者　　島　健太郎
　　　　発行所　　株式会社　シーエムシー出版
　　　　　　　　　東京都千代田区内神田1-13-1　豊島屋ビル
　　　　　　　　　電話 03 (3293) 2061

〔印刷　株式会社高成 HI-TECH〕　　　　　© K. Otsuka, 2005

定価は表紙に表示してあります。
落丁・乱丁本はお取替えいたします。

ISBN4-88231-849-0　C3054　¥3600 E

☆本書の無断転載・複写複製（コピー）による配布は、著者および出版社の権利の侵害になりますので、小社あて事前に承諾を求めて下さい。

CMCテクニカルライブラリーのご案内

ディジタルハードコピー技術
監修／高橋恭介／北村孝司
ISBN4-88231-845-8　　　　　　　B738
A5判・236頁　本体3,600円＋税（〒380円）
初版1999年7月　普及版2004年12月

構成および内容：総論／書き込み光源とその使い方（レーザ書き込み光源 他）／感光体（OPC感光体／ZnO感光体 他）／トナーおよび現像剤（トナー技術の動向／カーボンブラック 他）／トナー転写媒体（転写紙／OHP用フィルム 他）／ブレード、ローラ類（マグネットロール／カラー用ベルト定着装置技術）

執筆者：高橋恭介／北村孝司／片岡慶二 他18名

電気自動車の開発
監修／佐藤 登
ISBN4-88231-844-X　　　　　　　B737
A5判・296頁　本体4,400円＋税（〒380円）
初版1999年8月　普及版2004年11月

構成および内容：[自動車と環境]自動車を取り巻く環境と対応技術 他［電気自動車の開発とプロセス技術］電気自動車の開発動向／ハイブリッド電気自動車の研究開発 他［駆動系統のシステムと材料］永久磁石モータと誘導モータ 他［エネルギー貯蔵、発電システムと材料技術］電動車両用エネルギー貯蔵技術とその課題 他

執筆者：佐藤登／後藤時正／堀江英明 他19名

反射型カラー液晶ディスプレイ技術
監修／内田龍男
ISBN4-88231-843-1　　　　　　　B736
A5判・262頁　本体4,200円＋税（〒380円）
初版1999年3月　普及版2004年11月

構成および内容：反射型カラーLCD開発の現状と展望／反射型カラーLCDの開発技術（GHモード反射型カラーLCD／TNモードTFD駆動方式反射型カラーLCD／TNモードTFT駆動方式反射型カラーLCD 他）／反射型カラーLCDの構成材料（液晶材料／ガラス基板／プラスチック基板／透明導電膜／カラーフィルタ他）

執筆者：内田龍男／溝端英司／飯野聖一 他27名

電波吸収体の技術と応用
監修／橋本 修
ISBN4-88231-842-3　　　　　　　B735
A5判・215頁　本体3,400円＋税（〒380円）
初版1999年3月　普及版2004年10月

構成および内容：電波障害の種類と電波吸収体の役割〈材料・設計編〉広帯域電波吸収体／狭帯域電波吸収体／ミリ波電波吸収体〈材料定数の測定法編〉材料定数の測定法〈新技術・新製品の開発編〉ITO透明電波吸収体／新電波吸収体とその性能／強磁性共鳴系電波吸収体 他〈応用編〉無線化ビル用電波吸収建材／電波吸収壁

執筆者：橋本修／石野健／千野勝 他19名

ポリマーバッテリー
監修／小山 昇
ISBN4-88231-838-5　　　　　　　B731
A5判・232頁　本体3,500円＋税（〒380円）
初版1998年7月　普及版2004年8月

構成および内容：ポリマーバッテリーの開発課題と展望／ポリマー負極材料（炭素材料／ポリアセン系材料）／ポリマー正極材料（導電性高分子／有機硫黄系化合物 他）／ポリマー電解質（ポリマー電解質の応用と実用化／PEO系／PAN系ゲル状電解質の機能特性 他）／セパレーター／リチウムイオン二次電池におけるポリマーバインダー／他

執筆者：小山昇／高見則雄／矢田静邦 他22名

ハイブリッドマイクロエレクトロニクス技術
ISBN4-88231-835-0　　　　　　　B728
A5判・327頁　本体3,900円＋税（〒380円）
初版1985年9月　普及版2004年7月

構成および内容：[総論編]ハイブリッドマイクロエレクトロニクス技術とその関連材料［基板技術・材料編］新SiCセラミック基板・材料 他［膜形成技術編］厚膜ペースト材料と膜形成技術 他［パターン加工技術編］スクリーン印刷技術 他［後処理プロセス・実装技術編］ガラス、セラミックス封止技術と材料 他［信頼性・評価編］ 他

執筆者：二瓶公志／浦 満／内海和明 他30名

電気化学キャパシタの開発と応用
監修／西野 敦／直井勝彦
ISBN4-88231-830-X　　　　　　　B723
A5判・170頁　本体2,700円＋税（〒380円）
初版1998年10月　普及版2004年6月

構成および内容：[総論編]序章／電気化学的な電荷貯蔵現象／電気二層キャパシタ（EDLC）の原理［技術・材料編］コイン型、円筒型キャパシタの構成と製造方法／水溶液系電気二重層キャパシタ／分極性カーボン材料／電解質材料 他［応用編］電気二重層キャパシタの用途／電気二重層キャパシタの電力応用 他

執筆者：西野敦／直井勝彦／末松俊造 他5名

電磁シールド技術と材料
監修／関 康雄
ISBN4-88231-814-8　　　　　　　B707
A5判・192頁　本体2,800円＋税（〒380円）
初版1998年9月　普及版2003年12月

構成および内容：EMC規格・規制の最新動向／電磁シールド材料（無電解メッキと材料・イオンプレーティングと材料 他）／電波吸収体（電波吸収理論・電波吸収体の評価法・軟磁性金属を使用した吸収体 他）／電磁シールド対策の実際（銅ペーストを用いたEMI対策プリント配線板・コンピュータ機器の実施例）

執筆者：渋谷昇／平戸昌利／徳田正満 他15名

※書籍をご購入の際は、最寄りの書店にご注文いただくか、㈱シーエムシー出版のホームページ（http://www.cmcbooks.co.jp/）にてお申し込み下さい。

CMCテクニカルライブラリーのご案内

半導体セラミックスの応用技術
監修／塩﨑 忠
ISBN4-88231-800-8　　　　　　　B693
A5判・223頁　本体2,800円＋税　（〒380円）
初版1985年2月　普及版2003年6月

構成および内容：[材料編]酸化物電子伝導体／イオン伝導体／アモルファス半導体／[応用編]NTCサーミスタ／PTCサーミスタ／CTRサーミスタ／$SrTiO_3$系半導体セラミックスコンデンサ／チタン酸バリウム系半導体コンデンサ／バリスタ／ガスセンサ／固体電解質応用センサ／セラミック湿度センサ／光起電力素子 他
執筆者：塩﨑忠／宮内克己／仁田昌二 他15名

エレクトロニクスパッケージ技術
編著／英 一太
ISBN4-88231-796-6　　　　　　　B689
A5判・242頁　本体3,600円＋税　（〒380円）
初版1998年5月　普及版2003年4月

構成および内容：まだ続くICの高密度化・大型化・多ピン化／ICパッケージング技術の変遷／半導体封止技術（エポキシ樹脂の硬化触媒・低応力化のためのエポキシ樹脂の可撓性付与技術／CTBNによるエポキシ樹脂の低応力化と低収縮化／ポップコーン現象／層間剥離 他）／プリント配線用材料／マルチチップモジュール／次世代の実装技術と実装用材料／次世代のソルダーマスク材料

非接触ICカードの技術と応用
監修／宮村雅隆・中崎泰貴
ISBN4-88231-788-5　　　　　　　B681
A5判・257頁　本体3,600円＋税　（〒380円）
初版1998年3月　普及版2003年2月

構成および内容：[総論編]非接触ICカード事業の展開／RFIDのLSIと通信システム／[応用編]テレホンカード／CLカードによるキャッシュレス／保健・医療／乗車券システム／ゲートレス運賃徴収システム／高速道路のゲート／RFIDセキュリティシステム 他 [材料・技術編]カード用フィルム・シート材料／アンテナコイル 他
執筆者：石上圭太郎／西下一久／中崎泰貴 他28名

フォトポリマーの基礎と応用
監修／山岡亜夫
ISBN4-88231-787-7　　　　　　　B680
A5判・336頁　本体4,300円＋税　（〒380円）
初版1997年1月　普及版2003年3月

構成および内容：フォトポリマーの基礎／光機能材料を支えるフォトケミストリー [レジスト材料の最新応用技術] 金属エッチング用／フォトファブリケーション用／リソグラフィ／製版用／レーザー露光用 他 [ディスプレイとフォトポリマー] カラーフィルター／LCD／表面光反応と表面機能化／電着レジスト／ヒートモード記録の発展 他
執筆者：山岡亜夫／唐津孝／青合利明 他15名

人工格子の基礎
監修／權田俊一
ISBN4-88231-786-9　　　　　　　B679
A5判・204頁　本体3,000円＋税　（〒380円）
初版1985年3月　普及版2003年2月

構成および内容：総論（電気的性質・光学的性質・磁気的性質）／半導体人工格子（設計と物性・作製技術・応用）／アモルファス半導体人工格子（デバイス応用）／磁性人工格子／金属人工格子／有機人工格子／その他（グラファイト・インターカレーション，その他のインターカレーション化合物）
執筆者：權田俊一／八百隆文／佐野直克 他10名

光機能と高分子材料
監修／市村國宏
ISBN4-88231-785-0　　　　　　　B678
A5判・273頁　本体3,800円＋税　（〒380円）
初版1996年5月　普及版2003年1月

構成および内容：[基礎編]新たな光技術材料／光機能素材／[応用編]メソフェーズと光機能／光化学反応と光機能（超微細加工用レジスト・可視光重合開始剤・光硬化性オリゴマー 他）光の波動性と光機能／偏光特性高分子フィルム・非線形光学高分子とフォトリフラクティブ高分子光学材料／新しい光源と光機能化（エキシマレーザー 他）
執筆者：市村國宏／堀江一之／森野慎也 他20名

圧電材料とその応用
監修／塩﨑 忠
ISBN4-88231-777-X　　　　　　　B670
A5判・293頁　本体4,000円＋税　（〒380円）
初版1987年12月　普及版2002年11月

構成および内容：圧電材料の製造法／圧電セラミックス／高分子・複合圧電材料／セラミック圧電材料・電歪材料／弾性表面波フィルタ／水晶振動子／狭帯域二重モードSAWフィルタ／圧力・加速度センサ・超音波センサ／超音波診断装置／超音波顕微鏡／走査型トンネル顕微鏡／赤外撮像デバイス／圧電アクチュエータ 他
執筆者：塩崎忠／佐藤弘明／川島宏文 他14名

多層薄膜と材料開発
編集／山本良一
ISBN4-88231-774-5　　　　　　　B667
A5判・238頁　本体3,200円＋税　（〒380円）
初版1986年7月　普及版2002年10月

構成および内容：積層化によって実現される材料機能／層状物質…自然界にある積層構造（インタカレーション効果・各種セパレータ）／金属多層膜（非晶質人工格子・多層構造の配線材料）／セラミック多層膜／半導体超格子−多層膜（バンド構造の制御・超周期効果）／有機多層膜（電子機能・光機能性材料・化学機能材料）他
執筆者：山本良一／吉川明静／山本寛 他13名

※書籍をご購入の際は、最寄りの書店にご注文いただくか、㈱シーエムシー出版のホームページ（http://www.cmcbooks.co.jp/）にてお申し込み下さい。

CMCテクニカルライブラリーのご案内

二次電池の開発と材料
ISBN4-88231-754-0　　　　B647
A5判・257頁　本体3,400円+税（〒380円）
初版1994年3月　普及版2002年3月

構成および内容：電池反応の基本／高性能二次電池設計のポイント／ニッケル-水素電池／リチウム系二次電池／ニカド蓄電池／鉛蓄電池／ナトリウム-硫黄電池／亜鉛-臭素電池／有機電解液系電気二重層コンデンサ／太陽電池システム／二次電池回収システムとリサイクルの現状 他
◆執筆者：高村勉／神田基／山木準一 他16名

強誘電性液晶ディスプレイと材料
監修／福田敦夫
ISBN4-88231-741-9　　　　B634
A5判・350頁　本体3,500円+税（〒380円）
初版1992年4月　普及版2001年9月

構成および内容：次世代液晶とディスプレイ／高精細・大画面ディスプレイ／テクスチャーチェンジパネルの開発／反強誘電性液晶のディスプレイへの応用／次世代液晶化合物の開発／強誘電性液晶材料／ジキラル型強誘電性液晶化合物／スパッタ法による低抵抗ITO透明導電膜 他
◆執筆者：李継／神辺純一郎／鈴木康 他36名

イオンビーム技術の開発
編集／イオンビーム応用技術編集委員会
ISBN4-88231-730-3　　　　B623
A5判・437頁　本体4,700円+税（〒380円）
初版1989年4月　普及版2001年6月

構成および内容：イオンビームと個体との相互作用／発生と輸送／装置／イオン注入による表面改質技術／イオンミキシングによる表面改質技術／薄膜形成表面被覆技術／表面除去加工技術／分析評価技術／各国の研究状況／日本の公立研究機関での研究状況 他
◆執筆者：藤本文範／石川順三／上條栄治 他27名

半導体封止技術と材料
著者／英　一太
ISBN4-88231-724-9　　　　B617
A5判・232頁　本体3,400円+税（〒380円）
初版1987年4月　普及版2001年7月

構成および内容：〈封止技術の動向〉ICパッケージ／ポストモールドとプレモールド方式／表面実装〈材料〉エポキシ樹脂の変性／硬化／低応力化／高信頼性VLSIセラミックパッケージ〈プラスチックチップキャリヤ〉構造／加工／リード／信頼性試験〈GaAs〉高速論理素子／GaAsダイ／MCV〈接合技術と材料〉TAB技術／ダイアタッチ 他

プリント配線板の製造技術
著者／英　一太
ISBN4-88231-717-6　　　　B610
A5判・315頁　本体4,000円+税（〒380円）
初版1987年12月　普及版2001年4月

構成および内容：〈プリント配線板の原材料〉〈プリント配線基板の製造技術〉硬質プリント配線板／フレキシブルプリント配線板〈プリント回路加工技術〉フォトレジストとフォト印刷／スクリーン印刷〈多層プリント配線板〉構造／製造法／多層成型〈廃水処理と災害環境管理〉高濃度有害物質の廃棄処理 他

レーザ加工技術
監修／川澄博通
ISBN4-88231-712-5　　　　B605
A5判・249頁　本体3,800円+税（〒380円）
初版1989年5月　普及版2001年2月

構成および内容：〈総論〉レーザ加工技術の基礎事項〈加工用レーザ発振器〉CO2レーザ〈高エネルギービーム加工〉レーザによる材料の表面改質技術〈レーザ化学加工・生物加工〉レーザ光化学反応による有機合成〈レーザ加工周辺技術〉〈レーザ加工の将来〉他
◆執筆者：川澄博通／永井治彦／末永直行 他13名

カラーPDP技術
ISBN4-88231-708-7　　　　B601
A5判・208頁　本体3,200円+税（〒380円）
初版1996年7月　普及版2001年1月

構成および内容：〈総論〉電子ディスプレイの現状〈パネル〉AC型カラーPDP／パルスメモリー方式DC型カラーPDP〈部品加工・装置〉パネル製造技術とスクリーン印刷／フォトプロセス／露光装置／PDP用ローラーハース式連続焼成炉〈材料〉ガラス基板／蛍光体／透明電極材料 他
◆執筆者：小島健博／村上宏／大塚晃／山本敏裕 他14名

電磁波材料技術とその応用
監修／大森豊明
ISBN4-88231-100-3　　　　B597
A5判・290頁　本体3,400円+税（〒380円）
初版1992年5月　普及版2000年12月

構成および内容：〈無機系電磁波材料〉マイクロ波誘電体セラミックス／光ファイバ〈有機系電磁波材料〉ゴム／アクリルナイロン繊維〈様々な分野への応用〉医療／食品／コンクリート構造物診断／半導体製造／施設園芸／電磁波接着・シーリング材／電磁波防護服 他
◆執筆者：白崎信一／山田朗／月岡正至 他24名

※書籍をご購入の際は、最寄りの書店にご注文いただくか、㈱シーエムシー出版のホームページ（http://www.cmcbooks.co.jp/）にてお申し込み下さい。

CMCテクニカルライブラリーのご案内

機能性不織布の開発
ISBN4-88231-839-3　　　　　　　B732
A5判・247頁　本体3,600円＋税（〒380円）
初版1997年7月　普及版2004年9月

構成および内容：[総論編]不織布のアイデンティティ　他／[濾過機能編]エアフィルタ／自動車用エアクリーナ／防じんマスク　他［吸水・保水・吸油機能編］土木用不織布／高機能ワイパー／油吸着材　他［透湿機能編］人工皮革／手術用ガウン・ドレープ　他［保持機能編］電気絶縁テープ／衣服芯地／自動車内装材用不織布について　他
執筆者：岩熊昭三／西川文子良／高橋和宏　他23名

高分子制振材料と応用製品
監修／西澤 仁
ISBN4-88231-823-7　　　　　　　B716
A5判・286頁　本体4,300円＋税（〒380円）
初版1997年9月　普及版2004年4月

構成および内容：振動と騒音の規制について／振動制振技術に関する最新の動向／代表的制振材料の特性［素材編］ゴム・エストラマー／ポリノルボルネン系制振材料／振動・衝撃吸収材の開発　他［材料編］制振塗料の特徴　他／各産業分野における制振材料の応用（家電・OA製品／自動車／建築　他）／薄板のダンピング試験
執筆者：大野進一／長松昭男／西澤仁　他26名

複合材料とフィラー
編集／フィラー研究会
ISBN4-88231-822-9　　　　　　　B715
A5判・279頁　本体4,200円＋税（〒380円）
初版1994年1月　普及版2004年4月

構成および内容：[総括編]フィラーと先端複合材料［基礎編］フィラー概論／フィラーの界面制御／フィラーの形状制御／フィラーの補強理論　他［技術編］複合加工技術／反応射出成形技術／表面処理技術　他［応用編］高強度複合材料／導電、EMC材料／記録材料　他［リサイクル編］プラスチック材料のリサイクル動向　他
執筆者：中尾一宗／森田幹郎／相馬勲　他21名

環境保全と膜分離技術
編著／桑原和夫
ISBN4-88231-821-0　　　　　　　B714
A5判・204頁　本体3,100円＋税（〒380円）
初版1999年11月　普及版2004年3月

構成および内容：環境保全及び省エネ・省資源に対する社会的要請／環境保全及び省エネ・省資源に関する法規制の現状と今後の動向／水関連の膜利用技術の現状と今後の動向（水関連の膜処理技術の全体概要　他）／気体分離関連の膜処理技術の現状と今後の動向（気体分離関連の膜処理技術の概要）／各種機関の活動及び研究開発動向／各社の製品及び開発動向／特許からみた各社の開発動向

高分子微粒子の技術と応用
監修／尾見信三／佐藤壽彌／川瀬 進
ISBN4-88231-827-X　　　　　　　B720
A5判・336頁　本体4,700円＋税（〒380円）
初版1997年8月　普及版2004年2月

構成および内容：序論［高分子微粒子合成技術］懸濁重合法／乳化重合法／非水系重合粒子／均一径微粒子の作成／スプレードライ法／複合エマルジョン／微粒子凝集法／マイクロカプセル化／高分子粒子の粉砕　他［高分子微粒子の応用］塗料／コーティング材／エマルション粘着剤／土木・建築／診断薬担体／医療と微粒子／化粧品　他
執筆者：川瀬 進／上山雅文／田中眞人　他33名

ファインセラミックスの製造技術
監修／山本博孝／尾崎義治
ISBN4-88231-826-1　　　　　　　B719
A5判・285頁　本体3,400円＋税（〒380円）
初版1985年4月　普及版2004年2月

構成および内容：[基礎論]セラミックスのファイン化技術（ファイン化セラミックスの応用　他）［各論A（材料技術)］超微粒子技術／多孔体技術／単結晶技術［各論B（マイクロ材料技術)］気相薄膜技術／ハイブリット技術／粒界制御技術［各論C（製造技術)］超急冷技術／接合技術／HP・HIP技術　他
執筆者：山本博孝／尾崎義治／松村雄介　他32名

建設分野の繊維強化複合材料
監修／中辻照幸
ISBN4-88231-818-0　　　　　　　B711
A5判・164頁　本体2,400円＋税（〒380円）
初版1998年8月　普及版2004年1月

構成および内容：建設分野での繊維強化複合材料の開発の経緯／複合材料に用いられる材料と一般的な成形方法／コンクリート補強用連続繊維筋／既存コンクリート構造物の補修・補強用繊維強化複合材料／鉄骨代替用繊維強化複合材料／繊維強化コンクリート／繊維強化複合材料の将来展望　他
執筆者：中辻照幸／竹田敏和／角田敦　他9名

医療用高分子材料の展開
監修／中林宣男
ISBN4-88231-813-X　　　　　　　B706
A5判・268頁　本体4,000円＋税（〒380円）
初版1998年3月　普及版2003年12月

構成および内容：医療用高分子材料の現状と展望（高分子材料の臨床検査への応用　他）／ディスポーザブル製品の開発と応用／医療膜用高分子材料／ドラッグデリバリー用高分子の新展開／生分解性高分子の医療への応用／組織工学を利用したハイブリッド人工臓器／生体・医療用接着剤の開発／医療用高分子の安全性評価　他
執筆者：中林宣男／岩崎泰彦／保坂俊太郎　他25名

※ 書籍をご購入の際は、最寄りの書店にご注文いただくか、㈱シーエムシー出版のホームページ(http://www.cmcbooks.co.jp/)にてお申し込み下さい。

CMCテクニカルライブラリー のご案内

超高温利用セラミックス製造技術
ISBN4-88231-816-4
A5判・275頁　本体3,500円＋税（〒380円）
初版1985年11月　普及版2003年11月　B709

構成および内容：超高温技術を応用したファインセラミックス製造技術の現状と動向／ファインセラミックス創成の基礎／レーザーによるセラミックス合成と育成技術／レーザーCVD法による新機能膜創成技術／電子ビーム、レーザおよびアーク熱源による超微粒子製造技術／セラミックスの結晶構造解析法とその高温利用技術／他
執筆者：佐多敏之／中村哲朗／奥冨衛　他8名

プラスチック成形加工による高機能化
監修／伊澤槙一
ISBN4-88231-812-1　B705
A5判・275頁　本体3,800円＋税（〒380円）
初版1997年9月　普及版2003年11月

構成および内容：総論（成形加工複合化の流れ／自由空間での構造形成を伴う成形加工）／コンパウンドと成形の一体化／成形機能の複合化／複合成形機械／新素材・ポリマーアロイと組み合わせる成形加工の高度化／成形と二次加工との一体化による高度化／IMC（インモールドコーティング）技術の開発／異形断面製品の押出成形法　他
執筆者：伊澤槙一／小山清人／森脇毅　他23名

機能性超分子
監修／緒方直哉／寺尾　稔／由井伸彦
ISBN4-88231-806-7　B699
A5判・263頁　本体3,400円＋税（〒380円）
初版1998年6月　普及版2003年10月

構成および内容：機能性超分子の設計と将来展望／超分子の合成（光機能性デンドリマー／シュガーボール／カテナン　他）／超分子の構造（分子凝集設計と分子イメージング／水溶液中のナノ構造体　他）／機能性超分子の設計と応用展望（リン脂質高分子表面／星型ポリマー塗料／生体内分解性超分子　他）／特許からみた超分子のR＆D／他
執筆者：緒方直哉／相田卓三／柿本雅明　他42名

プラスチックメタライジング技術
著者／英　一太
ISBN4-88231-809-1　B702
A5判・290頁　本体3,700円＋税（〒380円）
初版1985年11月　普及版2003年10月

構成および内容：プラスチックメッキ製品の設計／メタライジング用プラスチック材料／電気メッキしたプラスチック製品の規格／メタライジングの方法／メタライジングのための表面処理／プラスチックメッキの装置の最近の動向／プラスチックメッキのプリント配線板への応用／電磁波シールドのプラスチックメタライジング技術の応用／メタライズドプラスチックの回路加工技術／他

絶縁・誘電セラミックスの応用技術
監修／塩崎　忠
ISBN4-88231-808-3　B701
A5判・262頁　本体2,700円＋税（〒380円）
初版1985年8月　普及版2003年8月

構成および内容：［基礎編］電気絶縁性と伝導性／誘電性と強誘電性　［材料編］絶縁性セラミックス／誘電性セラミックス　［応用編］厚膜回路基板／薄膜回路基板／多層回路基板／セラミック・パッケージ／サージアブソーバ／マイクロ波用誘電体基板と導波路／マイクロ波用誘電体立体回路／温度補償用セラミックコンデンサ／他
執筆者：塩崎忠／吉田真／篠崎和夫　他18名

炭化ケイ素材料
監修／岡村清人
ISBN4-88231-803-2　B696
A5判・209頁　本体2,700円＋税（〒380円）
初版1985年9月　普及版2003年9月

構成および内容：［基礎編］"有機金属ポリマーからセラミックスへの転換"の発展過程／特徴／セラミックスの前駆体としての有機ケイ素ポリマー／有機ケイ素ポリマーの熱分解過程／炭化ケイ素繊維の機械的特性／［応用編］炭化ケイ素繊維／Si-Ti-C-O系繊維の開発／SiCミニイグナイター／複合反応焼結体／耐熱電線・耐熱塗料／他
執筆者：岡村清人／長谷川良雄／石川敏功　他7名

ポリマーアロイの開発と応用
監修／秋山三郎・伊澤槙一
ISBN4-88231-795-8　B688
A5判・302頁　本体4,200円＋税（〒380円）
初版1997年4月　普及版2003年4月

構成および内容：［総論］構造制御／ポリマーの相溶化／リサイクル／［材料編］ポリプロピレン系／ポリスチレン系／ABS系／PMMA系／ポリフェニレンエーテル系他　［応用編］自動車材料／塗料／接着剤／家電・OA機器ハウジング／EMIシールド材料／電池材料／光ディスク／プリント配線板用樹脂／包装材料／弾性体／医用材料　他
執筆者：野島修一／秋山三郎／伊澤槙一　他33名

プラスチックリサイクルの基本と応用
監修／大柳　康
ISBN4-88231-794-X　B687
A5判・398頁　本体4,900円＋税（〒380円）
初版1997年3月　普及版2003年4月

構成および内容：ケミカルリサイクル／サーマルリサイクル／複合再生とアロイ／添加剤／［動向］欧米／国内／関連法規／［各論］ポリオレフィン／ポリスチレン他　［産業別］自動車／家電製品／廃パソコン他　［技術］分離・分別技術／高炉原料化／油化・ガス化装置／［製品設計・法規制・メンテナンス］PLと品質保証／LCA　他
執筆者：大柳康／三宅彰／稲谷稔宏　他30名

※ 書籍をご購入の際は、最寄りの書店にご注文いただくか、㈱シーエムシー出版のホームページ（http://www.cmcbooks.co.jp/）にてお申し込み下さい。

CMCテクニカルライブラリーのご案内

透明導電性フィルム
監修／田畑三郎
ISBN4-88231-780-X　　　　B673
A5判・277頁　本体3,800円＋税（〒380円）
初版1986年8月　普及版2002年12月

構成および内容：透明導電性フィルム・ガラス概論／［材料編］ポリエステル／ポリカーボネート／PES／ポリピロール／ガラス／金属蒸着フィルム／［応用編］液晶表示素子／エレクトロルミネッセンス／タッチパネル／自動預金支払機／圧力センサ／電子機器包装／LCD／エレクトロクロミック素子／プラズマディスプレイ　他
執筆者：田畑三郎／光谷雄二／礒松則夫　他25名

高分子の難燃化技術
監修／西沢　仁
ISBN4-88231-779-6　　　　B672
A5判・427頁　本体4,800円＋税（〒380円）
初版1996年7月　普及版2002年11月

構成および内容：各産業分野における難燃規制と難燃製品の動向（電気・電子部品／鉄道車両／電線・ケーブル／建築分野における難燃化／自動車・航空機・船舶・繊維製品等）／有機材料の難燃現象の理論／各種難燃剤の種類、特徴と特性（臭素系・塩素系・リン系・酸化アンチモン系・水酸化アルミニウム・水酸化マグネシウム　他）
執筆者：西沢仁／冠木公明／吉川高雄　他15名

ポリマーセメントコンクリート／ポリマーコンクリート
著者／大濱嘉彦・出口克宜
ISBN4-88231-770-2　　　　B663
A5判・275頁　本体3,200円＋税（〒380円）
初版1984年2月　普及版2002年9月

構成および内容：コンクリート・ポリマー複合体（定義・沿革）／ポリマーセメントコンクリート（セメント・セメント混和用ポリマー・消泡剤・骨材・その他の材料）／ポリマーコンクリート（結合材・充てん剤・骨材・補強剤）／ポリマー含浸コンクリート（防水性および耐凍結融解性・耐薬品性・耐摩耗性および耐衝撃性・耐熱性および耐火性・難燃性・耐候性　他）／参考資料　他

繊維強化複合金属の基礎
監修／大蔵明光・著者／香川　豊
ISBN4-88231-769-9　　　　B662
A5判・287頁　本体3,800円＋税（〒380円）
初版1985年7月　普及版2002年8月

構成および内容：繊維強化金属とは／概論／構成材料の力学特性（変形と破壊・定義と記述方法）／強化繊維とマトリックス（強さと統計・確率論）／複合材料の強さを支配する要因／新しい強さの基準／評価方法／現状と将来動向（炭素繊維強化金属・ボロン繊維強化金属・SiC繊維強化金属・アルミナ繊維強化金属・ウイスカー強化金属　他）

ハイブリッド複合材料
監修／植村益次・福田　博
ISBN4-88231-768-0　　　　B661
A5判・334頁　本体4,300円＋税（〒380円）
初版1986年5月　普及版2002年8月

構成および内容：ハイブリッド材の種類／ハイブリッド化の意義とその応用／ハイブリッド基材（強化材・マトリックス）／成形と加工／ハイブリッドの力学／諸特性／応用（宇宙機器・航空機・スポーツ・レジャー）／金属基ハイブリッドとスーパーハイブリッド／軟質軽量心材をもつサンドイッチ材の力学／展望と課題　他
執筆者：植村益次／福田博／金原勲　他10名

光成形シートの製造と応用
著者／赤松　清・藤本健郎
ISBN4-88231-767-2　　　　B660
A5判・199頁　本体2,900円＋税（〒380円）
初版1989年10月　普及版2002年8月

構成および内容：光成形シートの加工機械・作製方法／加工の特徴／高分子フィルム・シートの製造方法（セロファン・ニトロセルロース・硬質塩化ビニル）／製造方法の開発（紫外線硬化キャスティング法）／感光性樹脂（構造・配合・比重と屈折率・開始剤）／特性および応用／関連特許／実験試作法　他

高分子のエネルギービーム加工
監修／田附重夫／長田義仁／嘉悦　勲
ISBN4-88231-764-8　　　　B657
A5判・305頁　本体3,900円＋税（〒380円）
初版1986年4月　普及版2002年7月

構成および内容：反応性エネルギー源としての光・プラズマ・放射線／光による高分子反応・加工（光重合反応・高分子の光崩壊反応・高分子表面の光改質法・光硬化性塗料およびインキ・光硬化接着剤・フォトレジスト材料・光計測　他）プラズマによる高分子反応・加工／放射線による高分子反応・加工（放射線照射装置　他）
執筆者：田附重夫／長田義仁／嘉悦勲　他35名

ハニカム構造材料の応用
監修／先端材料技術協会・編集／佐藤　孝
ISBN4-88231-756-7　　　　B649
A5判・447頁　本体4,600円＋税（〒380円）
初版1995年1月　普及版2002年4月

構成および内容：ハニカムコアの基本・種類・主な機能・製造方法／ハニカムサンドイッチパネルの基本設計・製造・応用／航空機／宇宙機器／自動車における防音構造／鉄道車両／建築マーケットにおける利用／ハニカム溶接構造物の設計と構造解析、およびその実施例　他
執筆者：佐藤孝／野口元／田所真人／中谷隆　他12名

※書籍をご購入の際は、最寄りの書店にご注文いただくか、㈱シーエムシー出版のホームページ（http://www.cmcbooks.co.jp/）にてお申し込み下さい。

CMCテクニカルライブラリー のご案内

ハイブリッド回路用厚膜材料の開発
著者／英　一太
ISBN4-88231-069-4　　　　　　　　　B566
A5判・274頁　本体3,400円＋税（〒380円）
初版1988年5月　普及版2000年5月

◆構成および内容：〈サーメット系厚膜回路用材料〉〈厚膜回路におけるエレクトロマイグレーション〉〈厚膜ペーストのスクリーン印刷技術〉〈ハイブリッドマイクロ回路の設計と信頼性〉〈ポリマー厚膜材料のプリント回路への応用〉〈導電性接着剤、塗料への応用〉ダイアタッチ用接着剤／導電性エポキシ樹脂接着剤によるSMT他

導電性樹脂の実際技術
監修／赤松　清
ISBN4-88231-065-1　　　　　　　　　B562
A5判・206頁　本体2,400円＋税（〒380円）
初版1988年3月　普及版2000年4月

◆構成および内容：染色加工技術による導電性の付与／透明導電膜／導電性プラスチック／導電性塗料／導電性ゴム／面発熱体／低比重高導電プラスチック／繊維の帯電防止／エレクトロニクスにおける遮蔽技術／プラスチックハウジングの電磁遮蔽／微生物と導電性／他
◆執筆者：奥田昌宏／南忠男／三谷雄二／斉藤信夫他8名

最新二次電池材料の技術
監修／小久見　善八
ISBN4-88231-041-4　　　　　　　　　B539
A5版・248頁　本体3,600円＋税（〒380円）
初版1997年3月　普及版1999年9月

◆構成および内容：〈リチウム二次電池〉正極・負極材料／セパレーター材料／電解質〈ニッケル・金属水素化物電池〉正極と電解液〈電気二重層キャパシタ〉EDLCの基本構成と動作原理〈二次電池の安全性〉他
◆執筆者：菅野了次／脇原將孝／逢坂哲彌／稲葉稔／豊口吉徳／丹治博司／森田昌行／井土秀一他12名

※書籍をご購入の際は、最寄りの書店にご注文いただくか、㈱シーエムシー出版のホームページ（http://www.cmcbooks.co.jp/）にてお申し込み下さい。